"十三五"国家重点出版物出版规划项目
现代机械工程系列精品教材
普通高等教育"十一五"国家级规划教材

机械工程测试技术

第 3 版

主　编　陈花玲
副主编　张小栋　张　庆
参　编　张周锁　景敏卿　马松龄　张西宁
　　　　王　晶　李长勇　李　博

U0239430

机 械 工 业 出 版 社

本书为"十三五"国家重点出版物出版规划项目——现代机械工程系列精品教材，普通高等教育"十一五"国家级规划教材。

全书共十章。首先介绍机械测试信号分析和测量系统的基本特性等测试技术基础知识；接着介绍机械工程中常见的参数式传感器及其应用和发电式传感器及其应用；然后对近年来在机械工程测试中应用比较广泛的光电检测技术、无损检测技术、计算机测试技术进行专门介绍；最后，从系统角度介绍了测试系统的设计方法，并介绍了机械工程中一些典型测试系统的设计实例。

本书可作为机械工程学科各专业本科生的教材，也可供相应专业工程技术人员参考。

本书配套课件，欢迎选用本书的教师登录机械工业出版社教育服务网（www.cmpedu.com）下载。编者团队主讲的"机械工程测试技术"课程为国家级精品在线开放课程，欢迎同学们登录"爱课程"网站加入学习。

图书在版编目（CIP）数据

机械工程测试技术/陈花玲主编. —3 版. —北京：机械工业出版社，2018.1（2024.11 重印）

普通高等教育"十一五"国家级规划教材 "十三五"国家重点出版物出版规划项目 现代机械工程系列精品教材

ISBN 978-7-111-58777-4

Ⅰ.①机… Ⅱ.①陈… Ⅲ.①机械工程-测试技术-高等学校-教材 Ⅳ.①TG806

中国版本图书馆 CIP 数据核字（2017）第 317634 号

机械工业出版社（北京市百万庄大街 22 号 邮政编码 100037）
策划编辑：刘小慧 责任编辑：刘小慧 徐鲁融 安桂芳 王小东
责任校对：刘秀芝 封面设计：张 静
责任印制：常天培
北京机工印刷厂有限公司印刷
2024 年 11 月第 3 版第 13 次印刷
184mm×260mm·16.25 印张·357 千字
标准书号：ISBN 978-7-111-58777-4
定价：49.80 元

电话服务 网络服务
客服电话：010-88361066 机 工 官 网：www.cmpbook.com
　　　　　010-88379833 机 工 官 博：weibo.com/cmp1952
　　　　　010-68326294 金 书 网：www.golden-book.com
封底无防伪标均为盗版 机工教育服务网：www.cmpedu.com

第3版前言

工业 4.0 的崛起，促成了中国制造 2025 发展规划的实施。一些代表工业 4.0 的核心关键技术，如 3D 打印、机器人、物联网、云计算、大数据、虚拟现实和人工智能等都得到迅猛发展。而支撑这些关键技术发展的最基本、最活跃的专业基础理论知识都离不开测试技术，这不但表现在测试技术本身的各个组成要素——传感器、信号调理电路、信号处理以及显示与记录设备等都不断地得到技术革新或更新换代，朝着智能化、网络化、微型化和高度集成化方向发展，而且表现在它与互联网、计算机技术和通信技术一起广泛地应用到工农业生产、国防建设、医疗卫生和人民生活的各个领域，促进了这些领域的变革与发展。我国在新时代的科技崛起也离不开测试技术。从外骨骼机器人的自动视觉捕捉到天鲲号的焊缝无损检测，从无人驾驶汽车中的激光雷达传感到慧眼卫星的大数据同步观测，我们时刻感受到测试技术带来的科技自信，体现我国先进测试技术的产品在全球化舞台上拥有一席之地。

随着测试技术近年来的快速发展，作为该行业的高等教育工作者，我们有责任为机械工程领域的本科生传授机械工程领域中测试技术的最新发展。为此，我们对原来编写的《机械工程测试技术》教材进行再次修订。

在本次修订中，编者吸取了第 2 版和第 1 版教材的成功经验和不足教训，继续强化了教材内容的理论与实践相结合，尤其从系统设计的角度入手，进一步强化了测试系统设计思想及典型测试系统设计实例，其目的是强化学生对测试技术知识的深入学习和测试系统设计方法的掌握；此外，进一步增强了以计算机技术、光电技术和无损检测等为基础的现代测试技术的介绍，力求增新弃旧、优化组合，使本书成为一本紧跟时代发展的新教材。

本书具有以下特点：

1) 既强化了测试技术基础知识的讲解，又加重了测试系统的设计及实用测试技术的介绍。全书共十章，前五章属于测试技术基础知识，着重讲解绪论、机械测试信号分析、测量系统的基本特性、参数式传感器及其应用和发电式传感器及其应用等基础知识；后五章为测试系统设计及实用测试技术，重在介绍光电检测技术、无损检测技术、计算机测试技术、测试系统设计，以及典型测试系统设计实例等。

2) 为了强化系统思维，在分类介绍传感器的同时，辅之以相应调理电路的介绍。将参数式传感器和发电式传感器分别介绍，既详细阐述了它们各自的工作原理及其应用，又介绍了它们各自匹配的电桥、电荷放大器等典型调理电路，为学生迅速、准确地掌握两大类传感器的工作特点及其匹配调理电路的经典搭配，进而组建正确、合理的测量系统带来了方便。

3）加强以计算机技术、光电技术、无损检测等为基础的现代测试技术的讲解。首先，将"计算机测试技术"作为一章，试图反映测试技术向自动化和智能化发展的新趋势，以及计算机在测试技术中的应用与发展，帮助学生或工程技术人员学会运用所学的测试技术知识设计或构建现代的测试系统；其次，专门设置了"光电检测技术"和"无损检测技术"两章，重在介绍诸如激光、光纤等先进光电检测技术，以及超声波、红外、工业 CT 等无损检测技术。

4）强化了测试系统设计中的典型架构类型介绍、设计基本原则、设计步骤和典型放大、滤波电路，以及设计中所必需的抗干扰设计技术和精度设计技术。同时更新了最后一章"典型测试系统设计实例"，通过对一些典型工程实用测试系统的设计方法和设计过程的详细介绍，进一步从理论与实际两方面强化对学生的测试系统设计能力的培养。

本书建议教学学时数为 40~60 学时。测试基础知识为本科生教学必讲内容，测试系统设计及实用测试技术为选讲内容，教师可根据课程的学时数或具体情况来选取其中的部分章节内容，并应辅以相应的实验实践环节。

本书修订分工为：第 1 章由西安交通大学张小栋教授修订，第 2 章由西安交通大学张庆副教授修订，第 3 章由西安交通大学王晶副教授修订，第 4 章由西安交通大学张周锁教授修订，第 5 章由西安建筑科技大学马松龄副教授修订，第 6 章由西安交通大学陈花玲教授和李博副教授修订，第 7 章由新疆大学李长勇副教授修订，第 8 章由西安交通大学景敏卿教授修订，第 9 章由西安交通大学张西宁教授修订，第 10 章由马松龄副教授（10.1 节）、张周锁教授（10.2 节）、张小栋教授（10.3 节）、陈花玲教授（10.4 节）、张西宁教授（10.5 节）和景敏卿教授（10.6 节）共同修订。本书由陈花玲教授任主编，张小栋教授和张庆副教授任副主编，并负责全书的统稿及修改工作。

鉴于上述特点，本书得到机械工业出版社与西安交通大学的共同推荐与支持，决定再版第 3 版。在此，编者对机械工业出版社与西安交通大学的大力支持与帮助表示衷心的感谢。

由于本书是在第 2 版和第 1 版基础上改编的，为此，本书编者对先后参与第 1 版、第 2 版教材编写的西安交通大学的厉彦忠、吴筱敏、王铭华、苗晓燕、徐光华、侯成刚、梁霖老师，以及西安理工大学的杨静老师、华南理工大学的康龙云老师表示衷心的感谢。

全体编者热切期望使用本书的读者提出宝贵意见，以便进一步提高本书质量。为此，我们将不胜感谢！

编　者

第 2 版前言

21 世纪是信息科学的时代，作为其三大支柱的测试与控制技术、计算机技术和通信技术都得到了迅猛的发展。而测试技术是信息获取的来源，它的快速发展不但表现在组成该技术的各个要素——传感器、信号调理电路、信号处理以及显示与记录设备等不断地得到技术革新或更新换代，而且朝着智能化、微型化和高度集成化方向发展；同时，它与其他计算机技术和通信技术一道广泛地应用于工农业生产、国防建设、医疗卫生和人民生活的各个领域，其深度和广度甚至超出了人们的预期。

随着工程技术信息化的发展，测试技术与机械工程形成了紧密的结合，成了机械工程领域不可或缺的组成部分。为此，我们于 2001 年编写了《机械工程测试技术》教材，为机械工程领域的本科生传授所需的测试技术和试验技术等基础知识。在本次教材修订中，我们吸取了第 1 版教材的成功经验和不足，力求增新弃旧、优化组合，使本书尽可能反映测试技术的最新发展，满足机械工程领域人才培养的需求。

本次教材修订对第 1 版进行了较大的改动，具体工作集中在以下几个方面：

1）进一步强化了教材内容中理论与实践相结合的理念，除了继续沿用上篇为基础篇、下篇为应用篇外，在介绍各种传感器技术时，力争在各个部分增加一小节专门介绍其应用。

2）加强了测试技术新近发展成果的系统介绍。例如：在"计算机测试技术"一章，比较详细地介绍了智能仪器和虚拟仪器，试图反映测试技术向自动化和智能化发展的新趋势；在"其他测试技术"一章，加强了激光、光纤、超声波、工业 CT 检测技术等先进测试手段的介绍。

3）强化测试系统的设计与应用能力。将"测试系统设计"单独作为一章，重点介绍测试系统设计的基本原则、设计步骤，以及设计中所必需的抗干扰设计技术和精度设计技术。同时增加最后一章"典型测试系统设计实例"，通过对一些典型工程实用测量系统的设计或介绍，进一步强化了对学生的测试系统设计能力的培养。

本书建议的教学学时数为 40～60 学时。测试基础篇为本科生教学的必讲内容，测试系统设计及实用测试技术篇为选讲内容，教师可根据课程的学时数或其他具体情况来选取其中的部分章节内容，并应辅以相应的实验实践环节。

本书的编写分工是：第1章由西安交通大学陈花玲教授编写，第2章由西安交通大学徐光华教授和梁霖博士共同编写，第3章由西安交通大学张周锁副教授编写，第4章由西安建筑科技大学马松龄副教授编写，第5章由西安理工大学杨静副教授编写，第6章由华南理工大学康龙云教授、西安交通大学张小栋副教授共同编写，第7章由西安交通大学张小栋副教授编写，第8章由西安交通大学侯成刚副教授编写，第9章由西安交通大学陈花玲教授、张小栋副教授共同编写，第10章由西安建筑科技大学马松龄副教授（10.1节），以及西安交通大学徐光华教授（10.2节和10.6节一部分）、张周锁副教授（10.3节）、张小栋副教授（10.4节）、陈花玲教授（10.5节）和景敏卿教授（10.6节另一部分）共同编写。全书由陈花玲教授任主编，徐光华教授和张小栋副教授任副主编，并负责全书的统稿及修改工作。

本书已被列入西安交通大学"十一五"教材建设规划、普通高等教育"十一五"国家级教材规划和机械工业出版社机械精品教材。在此，编者对机械工业出版社与西安交通大学的大力支持与帮助表示衷心的感谢。

中国高校机械工程测试技术研究会副理事长、西北工业大学的石秀华教授，自动检测分会（即原西北分会）副理事长、西安建筑科技大学的谷立臣教授对本书进行了认真、细致的审阅，从教材的编写提纲到最后的定稿无不浸含着他们的心血和汗水，在此一并表示衷心的感谢。

由于本书是在第1版基础上改编的，为此，编者对参与第1版教材编写的西安交通大学的厉彦忠、吴晓敏、王铭华和苗晓燕老师表示衷心的感谢！

全体编者热切期望使用本书的读者提出宝贵意见，以便进一步提高本书质量。为此，我们将不胜感谢！

编　者

第1版前言

"机械工程测试技术"课程是面向"机械工程及自动化"大专业,即涵盖现有的机械工程和能源与动力工程各专业本科生的一门工程技术课。它涉及机械工程领域中的非电量电测技术和其他测试技术等知识,是工业生产与科学研究必不可少的重要技术手段。

随着中国高等教育与世界接轨的发展趋势,原有的机械类和能动类两大专业势必会进一步合并,显然现有的机械类教材无法满足这个宽口径的"机械工程及自动化"大专业的教学要求。与此同时,测试技术作为一种应用十分广泛的实用技术,一方面必须强调理论与实践相结合,即测试基础理论知识与实用测试技术相结合,只有这样,才能有助于测试技术知识的深入学习,才能有助于测试技术的快速发展;另一方面,随着相关学科技术的飞速发展,测试技术也在突飞猛进地发展,以计算机技术、光电技术等为基础的现代测试技术在整个测试技术领域中占有越来越重要的地位。为此,有必要在现有相关教材的基础上,取长补短,求同存异,增新弃旧,优化组合,编写一本适应于大机械类专业的"测试技术"主干课程教材。

本书定名为《机械工程测试技术》,它具有以下特点:

1)既重视了测试技术基础知识的讲解,又注重实用测试技术的介绍。全书分上下两篇,其中上篇为测试基础篇,它借助了原机械类教材的优势,着重讲解信号分析、测量装置基本特性、测量误差分析与处理、信号的获取与调理,以及计算机测试技术等;下篇为实用测试技术篇,它综合了原能动类教材的长处,重在介绍力、压力和位移、温度、振动和噪声、转速与功率、流量与流速等常见机械工程参数的实用测量技术。

2)本书不是原有两类教材的简单合并,而是力求创新、优化重组教材的教学内容和体系。其一是将以往机械类教材的"传感器"和"信号调理"两部分章节重组为"信号获取与调理"一章,放在了基础篇,以突出这两部分内容的关联性;其二是在基础篇增添了"计算机测试技术"一章,试图反映测试技术向自动化和智能化发展的新趋势以及计算机在测试技术中的应用与发展,并帮助学生或工程技术人员学会运用所学测试技术知识设计或构建现代的测试系统。

3)机械工程中广泛应用的非电量电测技术为主要讲解内容,同时又根据机械工程及自动化一级学科相应专业的实际需要,兼顾了其他方法的测量技术,如流量与流速测量技术等;在本书的尾部增加了"其他测试技术"一章,重在介绍一些先进的测试技术或特种测试技术，诸如激光、CCD、光纤等典型的光测技术和红外、超声等无损检测技术，试图与前述的常规测量方法相得益彰。

4）注重"测试技术"课程与其相关工程技术课程及专业选修课程的相互位置和关系，试图达到既保证本门课程体系的完整性，又能尽量避免与其他相关主干课程（如"控制工程基础""数控技术""互换性与测量技术"等）发生冲突，同时能更好地为后续专业选修课程（如"自动化元件""现代信号分析方法""机械故障诊断""振动与噪声控制技术""微机自动检测与控制""机械电子工程设计"等）的学习打下良好基础。

本书建议的教学学时数为40~60学时。测试基础篇为本科生教学的必讲内容，实用测试技术篇为选讲内容，教师可根据课程的学时数或其他具体情况选取其中一部分章节讲授，并应辅以相应的实验实践环节。

全书共十二章。其中，第一、九章由西安交通大学陈花玲教授编写，第二、三章由西安交通大学张周锁讲师编写，第四章由西安建筑科技大学马松龄副教授、西安交通大学王铭华讲师共同编写，第五章由西安理工大学杨静讲师编写，第六章由西安交通大学张小栋副教授、西安建筑科技大学马松龄副教授共同编写，第七章由西安交通大学张小栋副教授、吴筱敏副教授编写，第八章由西安交通大学厉彦忠教授编写，第十章由西安交通大学吴筱敏副教授编写，第十一章由西安交通大学王铭华讲师编写，第十二章由西安交通大学张小栋副教授编写。此外，西安交通大学的苗晓燕讲师也参加了部分章节的初稿编写。全书由陈花玲教授担任主编，厉彦忠教授和张小栋副教授二人担任副主编，并共同负责全书统稿及修改工作。

由机械工业出版社教授编辑室与西安交通大学机械工程学院共同策划与组织的"西部地区部分高校机械类主干课系列教材"编审委员会在对本书审定后，同意将本书纳入该系列教材之中，并计划首批出版。在此，编者对机械工业出版社及该编审委员会的大力支持表示衷心的感谢。

中国高校机械工程测试技术研究会自动检测分会（即原西北分会）理事长、西北工业大学的石秀华教授主审了本书，她从教材的编写提纲到最后的定稿都花费了大量心血和精力；分会秘书长、西安建筑科技大学谷立臣教授也一直关心本书的编写工作，曾为教材的撰写成稿提出了许多宝贵的改进意见。此外，清华大学严普强教授仔细地阅读了本书的编写大纲，并提出了一些宝贵的意见和建议。在此一并表示衷心的感谢。

编者衷心地期望使用本书的教师、工程技术人员及学生能提出宝贵的反馈意见，以便进一步提高本书质量。为此，我们将不胜感谢！

编　者

2001 年 8 月

目　　录

1

绪论

1.1 课程的意义及目的

1.1.1 本课程的意义

测量与测试是两个密切关联的技术术语。测量是以确定被测物属性量值为目的的全部操作；测试则是具有试验性质的测量，或者可理解为测量和试验的结合。测试技术是指测试过程中所涉及的测试理论、测试方法、测试设备等。广义来看，测试属于信息科学的范畴，是人们从客观事物中提取有用信息，从而达到认识事物、掌握事物发展规律的目的。本课程的主要研究对象是测试技术。但是，由于测试与测量紧密相关，故在本书中并未严格区分测试与测量。

测试是科学研究的一个基本方法。科学研究除了理论研究之外，试验研究历来是科学研究的重要手段之一，也是一种最基本的研究手段，即使是在计算机仿真计算盛行的今天仍不失其重要性，而试验研究必然离不开对被研究对象特性参数的测量。事实上，在科学技术领域内，许多新的发现与发明往往是通过测试直接获得的，或者是以测试技术为基础的。因此，测试是人类认识客观世界的重要手段，是科学研究的根基。

测试是工程技术领域中一个重要的技术。工程研究、产品开发、生产监督、质量控制和性能试验等，都离不开测试技术。在生产活动中，新的工艺与设备的开发依赖于测试技术的发展水平，而且可靠的测试技术对于生产过程自动化、设备的安全与经济运行都是不可缺少的先决条件。在广泛应用的自动控制技术中，测试装置已成为控制系统的重要组成部分。在各种现代装备系统的制造与实际运行工作中，测试工作内容已占首位，测试系统的成本已达到装备系统总成本的 50% ~70%，它是保证现代工程装备系统实际性能指标和正常工作的重要手段，是其先进性能及实用水平的重要标志。例如：为了对工件进行精密机械加工，需要在加工过程中对各种参数，如位移量、角度、圆度、孔径等直接相关参量，以及振动、温度、刀具磨损等间接相关参量进行测试分析，并由计算机进行分析处理，实现实时在线监测，然后由计算机实时地对执行机构给出进给量、进给速度等控制调节指令，才能保证预期高质量要求，否则得到的将是次品或废品。据有关资料统计：大型发电机组需要 3000 只传感器及其配套监测仪器；大型石油化工厂需要 6000 只传感器及其配套监测仪器；一个钢铁厂需要 20000 只传感器及其配套监测仪器；一个电站需要 5000 只传感器及其配套监测仪器；一架飞机需要 3600 只传感器及其配套监测仪器；一辆汽车需要 30 ~100 只传感器及其配套监测仪器等。由此可见，测试技术在工程技术领域中占有非常重要的地位。随着机械设备向大容量、多参数方向发展，以及其自动化水平的日益提高，机械工程中各重要参量的测点数量会越来越多，且测试准确性、可靠性的要求也会越来越高。

总之，测试技术已广泛地应用于工农业生产、科学研究、国防建设、交通运输、医疗卫生、环境保护和人民生活的各个方面，并在其中发挥着越来越重要的作用，成为国民经济发展和社会进步的一项必不可少的重要基础技术。使用先进的测试技术已成为经济高度发展和科技现代化的重要标志之一。

根据被测对象、测试方法和测试参数的不同，测试的种类是很多的。因此，各行各业都有自己的测试任务与测试技术，机械工程测试技术只是其中的一种。机械工业担负着装备国民经济各个部门的任务，随着社会的发展和技术的进步，机械工业面临着更新产品、革新生产技术、提高产品质量、提高经济效益和参与国际市场竞争的挑战，而机械工程测试技术将是机械工业应对上述挑战的重要基础技术之一。

1.1.2　本课程的目的

为了说明本课程的目的，这里给出在工业生产中常见的两个典型应用测试技术问题。

问题一：**生产线上传送带的速度检验**

某工厂批量生产中等尺寸大小的三种不同类型的产品 A、B 和 C，成批生产中每次只能生产一种产品。但是在生产过程中必须由操作员对每个产品进行质量检验，图 1-1 所示为产品质量检查传送带。如果正在生产 A 产品，检验只需要 5s，对 B 产品进行检验需要近 1min，而对 C 产品进行检验则需要几分钟。因此，针对每一种产品，生产系统必须留出合理的时间让检验员完成每种产品的检验，这就要求实时测量传送带的速度，以便对其进行控制。

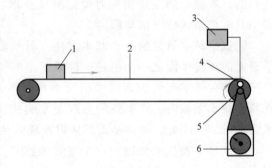

图 1-1　产品质量检查传送带

1—待检产品　2—传送带　3—带速显示　4—速度传感器　5—驱动电动机　6—速度控制

为了实现速度量的实时测量，必须解决以下问题：

（1）传感器的选择　仅依赖于电动机速度控制并不能得到精确的带速控制。这是因为随着传送带上产品重量的不同，电动机的负载也不同。尽管速度控制设定在同一位置上，但是负载不同可能导致带速时快时慢。因此，需要使用传感器对带速进行有效的测量。可选用的测量速度的传感器有：交流旋转发电机、直流旋转发电机、带 LED 和光电检测器的转轴编码器、磁簧开关传感器、霍尔效应传感器和变磁阻传感器等。

（2）显示方式的选择　为了掌握带速的变化，必须实时显示带速。可选用的模拟显示方法有：动圈式仪表、示波器等。

（3）后续测量系统的设计　根据上述选择的传感器与显示仪表，往往还需要设计连接两者的测量电路。例如：如果传感器选用交流旋转发电机，而显示方式选用动圈式仪表，这就需要设计将交流信号转换为直流信号的转换电路；又由于交流旋转发电机有时会产生过量的电气噪声干扰，在转换电路后还需要接入一个噪声滤波器等。

（4）系统的效能分析　根据上述选择的各个环节，需要进行技术经济分析。分析比较采用不同传感器、显示方式及其配套的后续测量系统的技术性能、实用性、经济性等，从而确定最佳的测试系统。

问题二：薄钢板生产中的厚度控制

薄钢板生产中的工序之一是让高热的金属板在两轧辊之间通过，通过调整轧辊之间的距离减小钢板的厚度并提高其机械性能。显然，要生产高质量的钢板，必须精确控制轧辊之间的距离，使其厚度符合要求。在轧钢厂实际生产中，钢板一般要通过若干对轧辊后才能达到它的厚度要求，但为了便于分析，本例中只讨论其中一对轧辊，如图 1-2 所示。

在这个问题中，检测钢板厚度的变化是非常重要的，一般通过比较钢板实际厚度与设定厚度值，将其差值转变为误差信号，再通过适当的信号调制和接口技术，反馈信号控制可动轧辊的位置作动器，来实现钢板厚度控制。

为了实现钢板厚度（线位移）的精确实时测量，同样必须解决以下问题：

（1）传感器的选择　由于轧钢生产线中的高温和粉尘等因素，测量钢板厚度的传感器工作环境恶劣，因此，除了考虑传感器必须满足测量精度要求之外，还需要

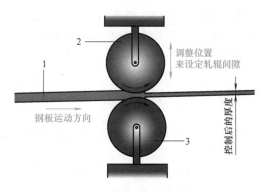

图 1-2　薄钢板生产过程示意图
1—钢板　2—可动轧辊　3—固定轧辊

考虑在传感器周围采取一些保护和隔热措施，且需要考虑便于经常更换的问题。可选的线性位移传感器有：线性电位差计、线性可变差动变压器（LVDT）、可变面积电容器等。

（2）显示方式的选择　要保证来自厚度位移传感器信息的实时采集分析，可考虑选用动圈式仪表、伺服绘图记录仪、紫外线或热力阵列记录仪、坐标绘图仪或者数据采集系统等。

（3）后续测量系统的设计　若传感器选择电容传感器，就必须把它连接到交流电桥的一个桥臂上。当钢板厚度为所设定值时，电桥处于平衡状态输出为零；当钢板厚度大于或者小于设定值时，电桥就有输出，输出信号的相位取决于实际厚度的值是大于还是

小于设定值，据此可确定可动轧辊的移动方向，以获得所需钢板的厚度。在交流电桥输出端接上相敏检波器，便可以获得与电容量变化成比例的直流信号，其极性由电容传感器输出变化的方向决定。

（4）系统的效能分析　同样，对可能选择的各种传感器及其后续测量系统进行深入的技术经济分析。例如，采用电容位移传感器检测钢板厚度具有精度高，响应快，灵敏度高，并能在恶劣的环境下工作的优势，特别适合于钢板厚度的检测。

由上面介绍可以看出，学习本课程的目的就是要使学习者掌握机械工程测试技术中所涉及的相关理论与技术，达到能够针对具体测试任务分析测试对象的技术要求，然后根据其技术要求设计或选择测试系统各个环节，最后对所设计或选择的测试系统各环节进行组合形成测试系统，还需要对其进行技术经济分析，使设计或选择的系统各环节及其组合系统不仅能满足测试性能要求，也要经济实惠。

1.2　测试方法的分类与系统组成

根据信号的物理性质，可以将其分为非电量信号和电量信号。例如，随时间变化的力、位移、速度、加速度、温度、应力等属于非电量信号；而随时间变化的电流、电压则属于电量信号。在测试过程中，常常将被测的非电量信号通过相应的传感器转换为电量信号，以便于传输、调理（放大、滤波）、分析处理和显示记录等，称其为非电量电测技术。因此，本课程主要以非电量电测技术为主进行介绍，在此基础上也介绍一些其他相关测试技术。

1.2.1　测试方法的分类

测试方法是指在实施测试中所涉及的理论运算方法和实际操作方法。测试方法可按多种原则分类。

1. 按是否直接测定被测量的原则分类

按照获得测量参数结果的方法不同，通常可把测量方法分为直接测量法和间接测量法。直接测量法是指被测量直接与测量单位进行比较，或者用预先标定好的测量仪器或测试设备进行测量，而不需要对所获取数值进行运算的测量方法。例如，用直尺测量长度，用水银温度计测量温度，用万用表测量电压、电流、电阻值等。而间接测量法是指被测量的数值不能直接由测试设备来获取，而是通过所测量到的数值与被测量间的某种函数关系经运算而获得的被测值的测量方法。例如，对一台汽车发动机的输出功率进行测量时，总是先测出发动机转速 n 及输出扭矩 M，再由关系式 $N_e = Mn$ 计算其功率值。

2. 按传感器是否与被测物接触分类

按照传感器是否与被测物体有机械接触的原则可以将测量方法分为接触测量法与非接触测量法。接触测量法往往比较简单，如测量振动时常用带磁铁座的加速度计直接放在所测位置进行测量；而非接触测量法可以避免传感器对被测对象的机械作用及对其特性的影响，也可以避免传感器受到磨损。例如，同样是测量振动，也可采用非接触式的电涡流传感器测量振动位移，由于没有接触，传感器对试件的动力学特性不产生附加影响。

3. 按被测量值是否随时间变化分类

在讨论测量问题时，有时会遇到"静态测量"和"动态测量"两个术语。其中"静态"和"动态"是指被测量值是否随时间而变化，而不是指被测物体是否处于机械静止或运动中。当被测量值可以认为是恒定的，如物体的几何尺寸，这种测量被称为静态测量；而当被测量值是随时间变化的，如切削温度，这种测量被认为是动态测量。在进行静态测量和动态测量时，两者对测量装置特性的要求和测得数据的处理是有很大差别的，工作中必须密切注意。本课程主要介绍动态测量技术。

1.2.2 测试系统的组成

在机械工程实际中，常有两类测试系统，即状态检测中的测试系统和自动控制中的测试系统。

1. 状态检测中的测试系统

状态检测中的测试系统将测量结果以人体感官可以感知的形式，如指针的偏转、数码管的显示等输出。操作者根据输出量的变化做出判断，或者停机检修，或者对生产过程或设备运行情况进行调整，使其运行于预期的状态。

状态检测中的测试系统的基本组成可用图 1-3 表示。一般来说，测试系统包括传感器、信号调理、信号处理、显示与记录等四个典型环节。有时测试工作所希望获取的信息并没有直接载于可检测的信号中，这时测试系统就需要选用合适的方式激励被测对象，使其产生既能充分表征其动态变化又便于检测的信息。

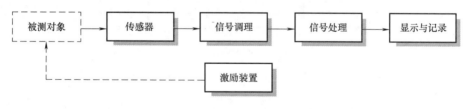

图 1-3 测试系统框图

在测试系统中，传感器的作用是：当接收被测量的直接作用后，能按一定规律将被测量转换成同种或别种量值输出，其输出通常是电量信号。例如，金属电阻应变片是将机械应变值的变化转换成电阻值的变化，电容式传感器测量位移时是将位移量的变化转换成电容量的变化。

传感器输出的电量信号种类很多，输出功率又太小。一般不能将这种电量信号直接输入到后续的信号处理电路或输出元件中去。信号调理环节的主要作用就是对这个电量信号进行转换、放大和滤波，即把来自传感器的信号转换成更适合于进一步传输和处理的信号。例如，将幅值放大、将阻抗的变化转换成电压的变化等。这时的信号转换，在多数情况下是电量信号之间的转换。从种类来看，将各种电量信号转换为电压、电流、频率等少数几种便于测量的电量信号，输出功率至少应达到毫瓦级。

信号处理环节接收来自信号调理环节的信号，并进行各种运算、滤波、分析，将结果输出至显示、记录或控制系统。例如，为了对机械故障进行诊断，常常需要对测量的振动时域信号进行傅里叶变换，使时域信号变成频域信号，然后通过对其频谱特性分析判断其故障原因。

信号显示与记录环节以观察者易于识别的形式来显示测量的结果，或者将测量结果存储，供必要时使用。

图1-3中激励装置环节是在系统的特性参数不能直接检测时，人为地对系统增加的激励环节，并非所有的测试系统必须具有的环节。

上述工程测试系统所包含的传感器、信号调理电路、信号处理电路、数据显示与记录设备等四个环节是大多数测试系统的基本组成，当然并非所有测试系统均包含所有四个环节。在某些情况下，信号调理和信号处理电路可能简化去掉；当测量系统构成自动控制系统的一个组成单元时，有可能显示、记录设备也被简化掉，或并入控制器，只有传感器是必不可少的。

2. 自动控制中的测试系统

自动控制中的测试系统是将测量结果转化为控制计算机可以接收的信号，输入到控制计算机，由控制计算机做出判断，并通过执行机构对生产过程或设备运行状态进行调节，使其运行于预期的状态。所以状态检测中的测试系统可以是开环的，而自动控制系统一般是闭环的，且测试系统必然是此闭环自动控制系统的必要组成环节，如图1-4所示。

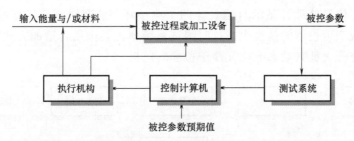

图1-4　测试系统在自动控制系统结构图中的位置

1.3　测试技术的发展

测试技术与科学研究、工程实践密切相关。测试技术的发展可促进科学技术水平的提高，而科学技术水平的提高反过来又可促进测试技术的发展，两者相辅相成推动社会生产力不断前进。近年来随着科学技术的飞速发展，使得测试技术的发展也非常迅速，其发展主要表现在两个方面：一是传感器技术自身的发展，二是计算机测试技术的发展。

1.3.1　传感器技术的发展

如前所述，传感器是测试系统中必不可少的一个重要环节，因而可认为它是生产自动化、工业装备、监测诊断等系统中的一个基础环节。由于它的重要性，20世纪80年代以来，国际上出现了"传感器热"。例如：日本把传感器技术列为20世纪80年代十大技术之首；美国把传感器技术列为20世纪90年代22项关键技术之一；我国自"十五"以来，也陆续把MEMS传感器技术、科学仪器等研究列为国家重大研发计划。因此，当今传感器技术得到了飞速的发展，其中以下三方面的发展最为引人注目。

1. 物性型传感器大量涌现

物性型传感器是依靠敏感材料本身的物理属性随被测量的变化来实现信号的变换。例如，早期的电阻应变片传感器就是利用金属或半导体材料的电阻值随机械应变而发生变化制成的传感器，随后的压电晶体传感器是利用晶体材料或陶瓷材料在力和加速度作用下发生的压电效应制成的传感器等。因此，这类传感器的开发实质上是新材料的开发。目前发展最迅速的新材料是半导体、陶瓷、光导纤维、磁性材料，以及诸如形状记忆合金、具有自增殖功能的生物体材料等的智能材料。这些材料的开发，不仅使可测量的量增多，使力、热、光、磁、湿度、气体、离子等方面的一些参量的测量成为现实，也使集成化、小型化和高性能传感器的出现成为可能。此外，当前控制材料性能的技术已取得长足的进步，这种技术一旦实现，将会完全改变原有敏感元件设计的概念：从根据材料特性来设计敏感元件转变成按照传感要求来合成所需的材料。

总之，传感器正经历着从以机构型为主转向以物性型为主的过程。

2. 集成、智能化传感器的开发

随着微电子学、微细加工技术和集成化工艺等方面的发展，出现了多种集成化传感器。这类传感器，或是同一功能的多个敏感元件构成阵列型传感器，如将多个MOS电容器集成在一起形成线阵列或面阵列的CCD光学传感器；或是多种不同功能的敏感元件集成一体，成为可同时进行多种参量测量的传感器，如将温度传感器和流量传感器集成在一起，不但可以测量流体系统的温度，也可以测量其流量，甚至在此基础上还能实现热量的测量。若将微处理芯片集成于传感器中，或是将传感器与放大、运算、温度补偿等电路集成为一体，使传感器具有部分智能，就构成了智能传感器，如在一些特殊环境下使用的智能压力传感器就具备温度自动补偿功能等的压力测量用传感器。

3. 物联网传感器的迅速发展

随着科学技术的发展，近年来物联网技术得到快速发展。物联网架构可分为三层：感知层、网络层和应用层。感知层由各种传感器构成，它是物联网识别物体、采集信息的来源；网络层由各种网络，包括互联网、广电网、网络管理系统和云计算平台等组成，是整个物联网的中枢，负责传递和处理感知层获取的信息；应用层是物联网和用户的接口，它与行业需求结合，实现物联网的智能应用。

可见，用于物联网感知层的传感器（物联网传感器）除了应具备必需的传感功能之外，更重要的是应该具备对外的通信接口，才能有效地将信息发送给网络。它包括二维码标签、射频识别RFID标签和读写器、摄像头、红外感应器、激光扫描器、全球定位系统（GPS）等感知系统，它们按约定的协议，把任何物品与互联网连接起来，进行信息交换和通信，以实现智能化识别、定位、跟踪、监控和管理。物联网传感器早已渗透到诸如工业生产、智能家居、宇宙开发、海洋探测、环境保护、资源调查、医学诊断、生物工程，甚至文物保护等极其广泛的领域。因此，物联网传感器技术在发展经济、推动社会进步方面的重要作用是十分明显的。

1.3.2　计算机测试技术的发展

传统的测试系统是由传感器或某些仪表获得信号，再由专门的测试仪器对信号进行分析处理而获得有用和有限的信息。随着计算机技术的发展，测试系统中也越来越多地融入了计算机技术。出现了以计算机为中心的自动测试系统。这种系统既能实现对信号的检测，又能对所获得信号进行分析处理以求得有用信息，因而称其为计算机测试系统，并由此形成相应的计算机测试技术。

1.　一般计算机测试系统

图 1-5 所示为计算机测试系统的基本形式。它能完成对多点、多种随时间变化参量的快速、实时测量，并能进行数据处理与信号分析，由测得的信号求出与研究对象有关的信息或给出其状态的判别。它与图 1-3 所示的测试系统的最大区别是将图 1-3 中的信号处理部分和显示与记录部分用图 1-5 中的数据采集卡和计算机两部分来完成。计算机是整个测试系统的神经中枢，它使整个测试系统成为一个智能化的有机整体，在软件导引下按预定的程序自动进行信号的采集与储存，自动进行数据的运算分析与处理，指令其以适当形式输出、显示或记录测量结果。为了实现计算机测量，数据采集卡是必有的环节，它用来将信号的模拟量由 A-D 转换器转换为幅值离散化的数字量；另一方面，它可由衰减器和增益可控放大器进行量程自动切换，且可由多路切换开关完成对多点多通道信号的分时采样，以实现将时间连续信号经过采样后变为离散的时间序列，以供计算机进行数值处理与分析。

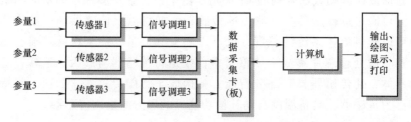

图 1-5　计算机测试系统的基本形式

计算机测试系统除了上述基本型外，对于功能复杂的测试系统，往往具有各种各样的分析功能模块，整个测试系统是由一些具有一定功能的模块相互连接而成的。由于各模块千差万别，组成系统时相互间接口是一项非常重要与复杂的任务，近年来随着计算机技术和仪器控制技术的发展，特别是仪器和计算机及其他控制设备之间连接的规范化，形成了标准通用接口。标准通用接口型测试系统是由模块（如台式仪器或插件板）组合而成，所有模块的对外接口都按规定标准设计。组成系统时，若模块是台式仪器，用标准的无源电缆将各模块连接起来就构成系统；若模块为插件板，只要将各插件板插入标准机箱即可。组成这类系统非常方便，如 GPIB 系统、VXI 系统就属于这类系统。

2.　网络化测试系统

计算机测试系统一般由数据采集、数据分析、数据表示这三部分组成。当将这三个位于不同地理位置的部分由网络连起来从而完成测试任务的时候，就可以形成网络化测试系统，如图1-6所示。在网络化测试系统中，被测对象可通过测试现场的数据采集设备，将测得的数据或信息通过网络传输给异地的计算机去分析处理，分析后的结果又可被执行机构查询使用，使数据采集、传输、处理分析成为一体，甚至实现实时采集、实时监测等。

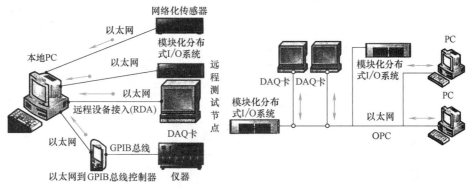

图1-6 网络化测试系统

网络化仪器的最大特点就是可以实现资源共享，使一台仪器为更多的用户所使用，降低了测试系统的成本。对于有危险的、环境恶劣的数据采集工作可实行远程采集，将采集的数据放在服务器中供用户使用。重要的数据实行多机备份，能够提高系统的可靠性。另外，网络可以使测试人员不受时间和空间的限制，随时随地获取所需的信息。同时网络化测试系统还可以实现测试设备的远距离测试与诊断，这样可以提高测试效率，减少测试人员的工作量。而且，网络化仪器还十分便于修改和扩展。

网络已成为现代测试非常重要的技术基础。网络化测试系统可以实现跨地域、跨时间的测试，实现测试的高度自动化、智能化，缩短研究时间，测试人们不易、不能接触的测试点，因此是一种颇具发展前景的测试技术。慧眼卫星需要在天地间进行大数据的同步观测，这离不开网络化测试技术的发展，扫描右侧二维码观看相关视频。

科普之窗
中国创造：慧眼卫星

3. 嵌入式测试系统

嵌入式系统有时称为嵌入式计算机系统，是和现实的物理世界相结合的，控制着某些特定的硬件的专用计算机系统。图1-7所示为嵌入式系统的一般结构，它包括硬件和软件两部分。硬件包括嵌入式处理器/控制器/数字信号处理器、存储器及外设器件、输入输出端口、图形控制器等；软件部分包括应用软件和嵌入式操作系统。应用软件控制着系统的运作和行为，嵌入式操作系统控制着应用程序与硬件的交互作用。

嵌入式系统必须具备以下四个特性：执行特定功能；以微处理器及其外围为核心；严格的时序与高稳定性；全自动操作循环。它特别强调"量身定做"的原则，也就是说，基于某一种特殊用途，针对这项用途开发出特定的系统，即所谓定制化，因此当把一个具体测试对象与嵌入式系统结合起来，就构成了一个嵌入式测试系统。

嵌入式系统和具体应用是紧密结合在一起的，它的升级换代也是和具体产品同步进行，因此嵌入式系统产品一旦进入市场，具有较长的生命周期。嵌入式系统中的软件，一般都固化在只读存储器中，而不是以磁盘为载体，可以随意更换，所以嵌入式系统的应用软件生命周期也和嵌入式产品一样长。嵌入式系统中的软件更强调可继承性和技术

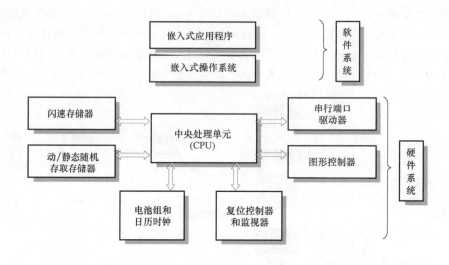

图 1-7 嵌入式系统的一般结构

衔接性，发展比较稳定。嵌入式处理器的发展也体现出稳定性，一个体系一般要存在 8~10 年的时间。

4. 虚拟仪器

近年来，随着微电子技术与计算机技术的飞速发展，测试技术与计算机深层次的结合正引起测试仪器领域里一场新的革命，一种全新的仪器结构概念导致了新一代仪器——虚拟仪器的开发。

最简单的虚拟仪器是将数据采集卡插入计算机空槽中，利用软件在屏幕上生成某种仪器的虚拟面板，在软件导引下进行采集、运算、分析和处理，实现仪器功能并完成测试的全过程，这就是虚拟仪器。即由数据采集卡与计算机组成仪器通用硬件平台，在此平台基础上调用测试软件完成某种功能的测试任务，便构成该种功能的测试仪器，成为具有虚拟面板的虚拟仪器。

在测试平台上，调用不同的测试软件就构成不同功能的仪器，它可方便地将多种测试功能集于一体，实现多功能仪器。因此，软件在该系统中占有十分重要的地位。由此，出现了"软件就是仪器"的概念。在大规模集成电路迅速发展的今天，系统的硬件越来越简化，软件越来越复杂，集成电路器件的价格逐年大幅下降，而软件成本费用则大幅上升。

软件技术对于现代测试系统的重要性，表明计算机技术在现代测试系统中的重要地位。但不能认为，掌握了计算机技术就等于掌握了测试技术。这是因为，其一，计算机软件永远不能完全取代测试系统的硬件；其二，不懂得测试系统的基本原理就不可能正确地组建测试系统，就不可能正确地应用计算机进行测试。一个专门的程序设计者，可以熟练而巧妙地编制科学计算的程序，但若不懂测试技术，则根本无法编制测试程序。因此，现代测试技术既要求测试人员熟练掌握计算机应用技术，更要牢固掌握测试技术的基本理论和方法。

1.4 本课程的研究内容

本课程所涉及的对象是机械工程领域中常用物理量的测试，这是一门技术基础课。主要内容包括：

（1）测试技术基础知识　即信号在时域和频域动态变化特性，以及测试装置的基本特性。使学生认识到：动态测量时，不但要使测量装置的静态特性满足静态测量误差要求，更重要的必须使待测信号与测量装置之间频率结构相匹配，以满足系统所规定的动态测量误差要求。

（2）测试信号的获取与调理技术　使学生从理论上与方法上掌握现代测试系统中各种常用传感器的基本原理及其相应的调理电路，通过对其典型应用的介绍使学生加深了解这些传感器的性能特点及其配套的调理电路。

（3）新型检测技术　主要从工程实践出发，介绍近年来发展迅速的光电检测技术和无损检测技术，使学生在掌握传统的工程参数测量技术基础上，进一步掌握目前工程实际中使用越来越多的新型检测技术原理和方法。

（4）测试系统设计　主要从系统设计角度讲述测试技术，使学生掌握基本的测试系统架构、一般测试系统的设计原则及设计步骤，常见的放大、滤波等调理电路，以及系统设计中应考虑的精度设计、抗干扰设计等问题。

（5）计算机测试技术　主要讲述计算机测试系统的组成、智能仪器以及虚拟仪器，使学生掌握计算机测试技术的概念及主要内容，认识和掌握先进的虚拟仪器测试技术理论与实用技术。

（6）测试系统实际案例　通过若干个实际测试系统的案例介绍，一方面拓宽学生掌握测试技术的知识面，另一方面使学生加深测试系统的设计思路，为今后实际应用奠定基础。

思考题与习题

1-1　叙述测试系统在自动控制系统中的地位和作用。

1-2　静态测量与动态测量的区别是什么？

1-3　测试系统一般由哪些环节组成？各个环节有什么功能？

1-4　测量与测试的概念有什么区别？

1-5　举例说明接触测量与非接触测量的优缺点。

1-6　通过查找相关资料，指出一台数控机床常用哪些传感器。

1-7　计算机测试系统的特点是什么？

1-8　嵌入式测试系统与一般计算机测试系统有何区别？

1-9　虚拟仪器的含义是什么？

2

机械测试信号分析

机械测试中的被测量信号一般都是时间的函数，反映着被测对象的状态或特性。根据信号分析理论、方法并采用适当的手段和设备，对信号进行变换与处理的过程称为信号分析。本章主要介绍机械工程测试中常见信号的分类和分析方法。

2.1 信号的表示与分类

2.1.1 信号的表示

信号作为一定物理现象的表示，它包含着丰富的信息，因而是研究客观事物状态或属性的依据。例如，旋转机械由于动不平衡产生振动，那么振动信号就反映了该旋转机械动不平衡的状态信息，因此它就成为研究旋转机械动不平衡的依据。

数学上，信号可以表示为一个或多个自变量的函数或序列。例如，信号 $x(t)$，其中 t 是自变量，可以是时间变量，也可以是空间变量。

信号可以有多种方式来表示，但是在所有的情况下，信号中的信息总是包含在某种变化形式的波形之中。除时域波形之外，"频谱"也是信号的常用表示方法，它是频率的函数，与信号的时域波形一一对应。如果信号的频谱不是恒定的而是随时间变化的，那么还可以用"时频分析"方式更加准确地描述信号的频谱分布和变化。

由此可见，信号通常以时间域（简称时域）、频率域（简称频域）和时频域来表示，相应的信号分析则分为时域分析、频域分析和时频分析。值得指出的是，对同一被分析信号，可以根据不同的分析目的，在不同的分析域进行分析，提取信号不同的特征参数。从本质上看，信号的各种描述方法仅是在不同域进行分析，从不同的角度去认识同一事物，并不改变同一信号的实质。而且信号的描述可以在不同的分析域之间相互转换，如傅里叶变换可以使信号描述从时域变换到频域，而傅里叶反变换可以将信号从频域变换到时域。

2.1.2 信号的分类

为了深入了解信号的物理实质，有必要对其进行分类研究。对于机械测试信号（或测试数据），通常有以下几种分类方法：

1. 按所传递信息的物理属性分类

信号可分为机械量（如位移、速度、加速度、力、温度、流量等）、电学量（如电流、电压等）、声学量（如声压、声强等）和光学量（如光通量、光强等）。

2. 按照时间函数取值的连续性和离散性分类

信号可分为连续时间信号和离散时间信号。对于某一信号，若自变量时间 t 在某一段时间内连续取值，则称此信号为时间的连续信号。模拟信号属于时间连续信号，如图 2-1a所示。

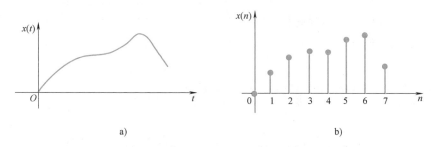

图 2-1　连续信号和离散信号
a）连续信号　b）离散信号

对于某一信号，若时间 t 只在一些确定的时刻取值，称此信号为时间的离散信号。图 2-1b 是将图 2-1a 中的连续信号进行等时距采样后的结果，它就是离散信号。模拟信号经计算机模-数转换（A-D 采样）后的数字序列是离散信号，也称为数字信号。

3. 按照信号随时间变化的特点分类

信号可分为确定性信号和非确定性信号两大类。

（1）确定性信号　能够用明确的数学关系式描述的信号，或者可以用实验的方法以足够的精度重复产生的信号，属于确定性信号。确定性信号又可分为周期信号和非周期信号。

周期信号是经过一定时间重复出现的信号，它满足

$$x(t) = x(t+nT) \tag{2-1}$$

式中，T 为周期；$n = 0$，± 1，± 2，$\cdots$简谐（正、余弦）信号和周期性的方波、三角波等非简谐信号都是周期信号。

将确定性信号中那些不具有周期重复性的信号称为非周期信号。非周期信号有准周期信号和瞬变非周期信号两种。准周期信号是由两种以上的周期信号合成的，但各周期信号的频率相互之间不是公倍关系，无公有周期，其合成信号不满足周期信号的条件，例如

$$x(t) = \sin t + \sin \sqrt{2}\, t \tag{2-2}$$

这是两个正弦信号的合成，其频率比不是有理数，无法按某一时间间隔重复出现。在机械工程测试中，这种信号往往出现于机械转子振动信号、齿轮噪声信号中。除准周期信号之外的非周期信号是一些在一定时间内存在，或随着时间的增长而衰减至零的信号，称为瞬变非周期信号，如按指数衰减的振荡信号、各种波形（矩形、三角形）的单个脉冲信号等。

（2）非确定性信号　非确定性信号又称为随机信号，可分为平稳随机信号和非平稳随机信号两类。如果描述随机信号的各种统计特征（如平均值、均方根值、概率密度函数等）不随时间推移而变化，则这种信号称为平稳随机信号。反之，如果在不同采样时间内测得的统计参数不能看作常数，则这种信号就称为非平稳随机信号。

在机械工程测试中，随机信号大量存在，如汽车行驶时的振动信号、环境噪声信号、切削材质不均匀工件时的切削力信号等。由于这类信号无法用数学公式进行精确描述，因而也无法预见今后任一时刻此信号确切的大小，只能用统计数学的方法给出今后某一时刻此信号取值的概率。

2.2　信号的时域分析

直接观测或记录的信号一般是随时间变化的物理量，这种以时间作为自变量的信号表达称为信号的时域描述。时域描述是信号最直接的描述方法，它能够反映信号的幅值随时间变化的特征。信号的时域分析就是求取信号在时域中的特征参数以及信号波形在不同时刻的相似性和关联性。

2.2.1　时域信号特征参数

对信号 $x(t)$ 进行时域统计分析，可以获得信号的峰值、峰峰值、平均值、方差、均方值、均方根值等时域特征参数。时域统计分析一般是针对时间间隔 T 内的信号进行分析。如果 $x(t)$ 为周期信号，则 T 应为信号的周期；如果 $x(t)$ 为非周期信号，则 $T \to \infty$ 时可获得准确值，否则得到的是近似估计值。

（1）峰值和峰峰值　峰值是信号在时间间隔 T 内的最大值，用 x_p 表示，即

$$x_p = \max\{x(t)\} \tag{2-3}$$

峰峰值是信号在时间间隔 T 内的最大值与最小值之差，用 x_{p-p} 表示，即

$$x_{p-p} = \max\{x(t)\} - \min\{x(t)\} \tag{2-4}$$

它表示了信号的动态变化范围，即信号幅值的分布区间。

（2）平均值　在时间间隔 T 内信号的平均值定义为

$$\mu_x = \frac{1}{T}\int_0^T x(t)\,\mathrm{d}t \tag{2-5}$$

它表示了信号幅值变化的中心趋势，也称为固定分量或直流分量，即不随时间变化的

分量。

（3）方差和均方差　在时间间隔 T 内信号的方差定义为

$$\sigma_x^2 = \frac{1}{T} \int_0^T \left[x(t) - \mu_x \right]^2 \mathrm{d}t \tag{2-6}$$

它表示了信号的分散程度或波动程度。σ_x 称为均方差或标准差，也表示了信号的分散程度。

（4）均方值和均方根值　在时间间隔 T 内信号的均方值定义为

$$\varphi_x^2 = \frac{1}{T} \int_0^T x^2(t) \, \mathrm{d}t \tag{2-7}$$

也可称为平均功率，它表示了信号的强度大小。信号的均方根值 φ_x 是均方值的平方根，也称为有效值，它表示了信号的平均能量。

可以证明，均方值、方差和平均值之间的关系为

$$\varphi_x^2 = \sigma_x^2 + \mu_x^2 \tag{2-8}$$

这些统计参数从不同方面反映了信号的特征，如在故障诊断中一种最简单常用的方法就是将均方根值作为故障程度的判断依据。

2.2.2　时域相关分析

为了反映一个信号幅值随时间变化的波动规律，即在不同时刻信号幅值的相关程度，可以采用自相关函数来分析。而对于不同的机械信号来说，为了描述它们之间的相关程度，可以采用互相关函数来分析。

（1）自相关函数　信号 $x(t)$ 的自相关函数定义为

$$R_x(\tau) = \frac{1}{T} \int_0^T x(t) x(t - \tau) \, \mathrm{d}t \tag{2-9}$$

它描述了信号一个时刻的取值与相隔 τ 时刻取值的依赖关系，或相似程度。

自相关函数具有以下性质：

① 自相关函数是偶函数，满足

$$R_x(\tau) = R_x(-\tau) \tag{2-10}$$

② 当 $\tau = 0$ 时，自相关函数具有最大值。

③ 随机信号的自相关函数，当 $\tau \to \pm\infty$ 时，收敛到平均值的平方，即

$$\lim_{\tau \to \pm\infty} R_x(\tau) = \mu_x^2 \tag{2-11}$$

④ 周期信号的自相关函数仍然是同频率的周期信号，不收敛，但不具备原信号的相位信息。

自相关函数主要应用于判断信号的性质和检测混淆在随机噪声中的周期信号。图 2-2a、b 分别给出某齿轮箱振动信号 $x(t)$ 及其自相关函数 $R_x(\tau)$，可见，信号 $x(t)$ 波形杂乱，难以发现其中是否存在周期成分，但从自相关函数 $R_x(\tau)$ 中可以清晰地辨识出该齿轮箱振动中存在明显的周期信号，根据该周期值可以进一步判断对应的具体齿轮啮合对，进而确定振动的来源。

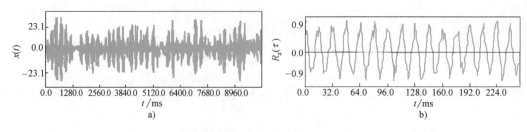

图 2-2　齿轮箱振动信号及其自相关函数

a）齿轮箱振动信号　b）自相关函数

（2）互相关函数　信号 $x(t)$ 和 $y(t)$ 的互相关函数定义为

$$R_{xy}(\tau) = \frac{1}{T} \int_0^T x(t) y(t - \tau) \mathrm{d}t \tag{2-12}$$

它表示两个信号幅值之间的相互依赖关系。

互相关函数具有以下性质：

① 互相关函数既不是偶函数，也不是奇函数，它满足

$$R_{xy}(\tau) = R_{yx}(-\tau) \tag{2-13}$$

② 两个相互独立的信号的互相关函数等于零。

③ 两个频率相同的周期信号的互相关函数仍然是同频率的周期信号，同时保留了信号的相位信息。两个频率不同的周期信号不相关，互相关函数等于零。

互相关函数主要用于检测和识别存在于噪声中的两信号的关联信息。例如，为了测量激励噪声信号 $h(t)$ 在某一通道中的传输速度，可以采用如图 2-3 所示的测量方法。用两个传感器分别测量距离为 L 的两个位置的响应信号，对两路信号进行互相关分析，最大值所在的时刻 τ_m 即为激励信号 $h(t)$ 经过两个传感器的时间差，则激励信号的平均传输速度等于 L/τ_m，τ_m 的符号反映了传输的方向。

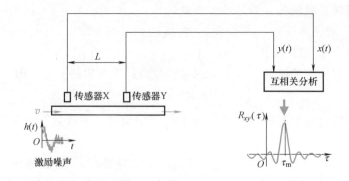

图 2-3　互相关分析的应用

需要强调的是，如果信号是随机信号，在本节上述特征参数的定义公式中，应该对时间间隔 T 取趋于无穷大的极限。

2·3 信号的频谱分析

在工程实际中，有的信号主要在时域表现其特性，如电容充放电的过程；而有的信号则主要在频域表现其特性，如机械振动。若信号的特征主要在频域表示的话，则相应的时域信号看起来可能杂乱无章，但在频域则解读非常方便。例如，多级齿轮传动系统在运转中产生的振动信号，其中既包含了多对齿轮的啮合信号，又包含了各个齿轮轴回转产生的振动信号，再加上环境噪声的影响，从合成的时域信号中根本无法鉴别各个振动分量，从而也就无法确定振动的主要来源。为此，根据工程应用的需要，有时需要把时域信号变换到频域加以分析，即以频率作为独立变量建立信号与频率的函数关系，称其为频域分析，或频谱分析。

频谱分析就是将复杂信号经傅里叶变换分解成若干单一的谐波分量来研究，每个谐波分量由确定的频率、幅值和相位唯一确定，从而获得信号的频率结构以及各谐波分量的幅值和相位信息。傅里叶变换就是将一个信号的时域表示形式映射到频域表示形式。简单通俗理解就是把看似杂乱无章的信号考虑成由一定振幅、相位、频率的基本正弦（余弦）信号组合而成，目的就是找出这些基本正弦（余弦）信号中振幅较大（能量较高）信号对应的频率，从而找出杂乱无章的信号中的主要振动频率特点。如减速器发生故障时，通过傅里叶变换做频谱分析，根据各级齿轮转速、齿数与信号频谱中较大振幅分量的对比，可以快速判断哪级齿轮出现损伤。

如图 2-4 中所示的复杂信号 $x(t)$，时域分析很困难，但可以将其分解为四个谐波分量之和，将这些谐波分量投影到频率-幅值（f-a）确定的坐标平面上，得到信号的幅值谱或幅频谱，反映组成该复杂信号的不同频率分量的幅值信息；投影到频率-相位（f-φ）确定的坐标平面上，则得到信号的相位谱或相频谱，反映组成该复杂信号的不同频率分量的相位信息。

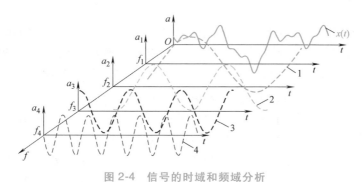

图 2-4　信号的时域和频域分析

频谱分析是工程信号处理中应用最广泛的分析方法。通过频谱分析，一是可以了解被测信号的频率构成，选择与其相适应的测试仪器或系统，从而获得准确的测试数据；二是可以从频率的角度了解和分析测试信号，获得测试信号所包含的更丰富的信息，更好地反映被测物理量的特征。

根据信号的分类，本节将利用傅里叶级数展开方法对周期函数进行频谱分析，在此基础上，通过使周期函数的周期逼近无穷大，引出非周期函数的频谱分析方法——傅里叶变换，最后利用相关函数的傅里叶变换，给出随机信号的频谱分析方法——功率谱密度函数。

2.3.1　周期信号的频谱分析

由数学分析可知，任何周期函数 $x(t)$ 在一个周期内处处连续，或者只存在有限个间断点，而且在间断点处函数值不跳变到无穷大，即满足狄里赫利（Dirichlet）条件，则此函数可以展开为傅里叶级数。周期函数（信号）的傅里叶级数展开有三角函数形式以及复指数形式。

1. 周期信号的三角函数展开式与频谱

周期信号的傅里叶级数的三角函数展开式为

$$x(t) = a_0 + \sum_{k=1}^{\infty} (a_k \cos k\omega_0 t + b_k \sin k\omega_0 t) \tag{2-14}$$

式中，$k = 1, 2, 3, \cdots$ 为正整数；$a_0 = \dfrac{1}{T} \int_{-T/2}^{T/2} x(t) \mathrm{d}t$，是函数在一个周期内的平均值，也称为直流分量；$a_k = \dfrac{2}{T} \int_{-T/2}^{T/2} x(t) \cos k\omega_0 t \mathrm{d}t$，是第 k 次谐波分量余弦项的幅值；$b_k = \dfrac{2}{T} \int_{-T/2}^{T/2} x(t) \sin k\omega_0 t \mathrm{d}t$，是第 k 次谐波分量正弦项的幅值；$\omega_0 = \dfrac{2\pi}{T}$，是基波圆频率。

通过数学变换，式（2-14）还可表示为

$$x(t) = a_0 + \sum_{k=1}^{\infty} A_k \cos(k\omega_0 t + \phi_k) \tag{2-15}$$

式中，$A_k = \sqrt{a_k^2 + b_k^2}$，$A_k$ 为第 k 次谐波的幅值；$\phi_k = -\arctan(b_k/a_k)$，$\phi_k$ 为第 k 次谐波的相位角。

式（2-14）和式（2-15）均称为周期信号的三角函数展开式。三角函数展开式可以清楚表明，周期信号是由有限多个或无限多个简谐信号叠加而成，这一结论对于工程测试非常重要。因为如果测量装置的输入-输出特性可以用满足叠加原理的线性常系数微分方程来描述，则当一个复杂的周期信号输入到此装置时，它的输出信号就等于组成此信号的所有各次简谐谐波分量分别输入到此装置时所引起的输出信号的叠加。这样就可以把一个复杂信号的作用看成为若干个简谐信号作用的和，从而使问题简化。

从周期信号的傅里叶级数展开式可以看出，幅值、相位和圆频率是描述周期信号谐波组成的三个基本要素。若以频率作为横坐标，以各次谐波的幅值和相位作为纵坐标分别作图，可以得到该信号的幅值谱和相位谱，称其为频谱图。这样便可以从频谱图中清楚地知道该周期信号的频率成分、各频率成分的幅值和初始相位，以及各次谐波在周期信号中所占的比例。

例 2-1　图 2-5a 所示为一周期性矩形波，在一个周期内有

$$x(t) = \begin{cases} 1 & 0 < t < T/2 \\ 0 & t = 0, \ \pm T/2 \\ -1 & -T/2 < t < 0 \end{cases}$$

求此信号的频谱（频率构成）。

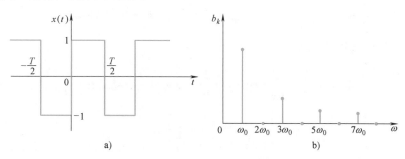

图 2-5　周期性矩形波信号

a）矩形波时域图　b）矩形波频谱图

解： 可以利用式（2-14）将该矩形波展开为傅里叶级数，从而获得其频谱特性，即

常值分量　$a_0 = \dfrac{1}{T}\displaystyle\int_{-T/2}^{T/2} x(t)\,\mathrm{d}t = 0$　　　（因被积函数为奇函数）

余弦分量　$a_k = \dfrac{2}{T}\displaystyle\int_{-T/2}^{T/2} x(t)\cos k\omega_0 t\,\mathrm{d}t = 0$　（因被积函数为奇函数）

正弦分量　$b_k = \dfrac{2}{T}\displaystyle\int_{-T/2}^{T/2} x(t)\sin k\omega_0 t\,\mathrm{d}t = \dfrac{4}{T}\displaystyle\int_{0}^{T/2}\sin k\omega_0 t\,\mathrm{d}t$

$$= \frac{2}{k\pi}(-\cos k\pi + 1) = \begin{cases} 0 & (k\ \text{为偶数}) \\ \dfrac{4}{k\pi} & (k\ \text{为奇数}) \end{cases}$$

则此矩形波的傅里叶级数为

$$x(t) = \frac{4}{\pi}\left(\sin\omega_0 t + \frac{1}{3}\sin 3\omega_0 t + \frac{1}{5}\sin 5\omega_0 t + \cdots + \frac{1}{k}\sin k\omega_0 t + \cdots\right) \tag{2-16}$$

由上式可以看出，此矩形波各次谐波的幅值衰减是很慢的，第 21 次谐波的幅值约为基波的 5%。此矩形波的频谱图（幅值谱）如图 2-5b 所示，由于该矩形波的各次谐波的相位均为 $\pi/2$，图 2-5 中就没有给出相位谱。

例 2-2　图 2-6a 所示为一周期性三角波，在一个周期 $-T/2 \leqslant t \leqslant T/2$ 的范围内 $x(t) = |t|$，求此信号的频谱。

解： 常值分量　$a_0 = \dfrac{1}{T}\displaystyle\int_{-T/2}^{T/2} x(t)\,\mathrm{d}t = \dfrac{2}{T}\displaystyle\int_{0}^{T/2} t\,\mathrm{d}t = \dfrac{T}{4}$

余弦分量　$a_k = \dfrac{2}{T}\displaystyle\int_{-T/2}^{T/2} x(t)\cos k\omega_0 t\,\mathrm{d}t = \dfrac{4}{T}\displaystyle\int_{0}^{T/2} t\cos k\omega_0 t\,\mathrm{d}t$

$$= \frac{T}{k^2\pi^2}[(-1)^k - 1] = \begin{cases} 0 & (k \text{ 为偶数}) \\ -\dfrac{2T}{k^2\pi^2} & (k \text{ 为奇数}) \end{cases}$$

正弦分量 $b_k = \dfrac{2}{T}\displaystyle\int_{-T/2}^{T/2} x(t)\sin k\omega_0 t \, \mathrm{d}t = 0$（因被积函数为奇函数）

则此三角波展开的傅里叶级数为

$$x(t) = \frac{T}{4} - \frac{2T}{\pi^2}\left(\cos\omega_0 t + \frac{1}{9}\cos 3\omega_0 t + \frac{1}{25}\cos 5\omega_0 t + \cdots\right) \qquad (2\text{-}17)$$

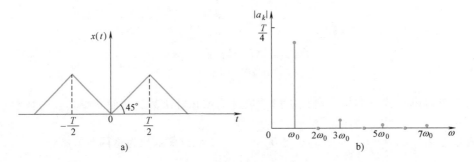

图 2-6　周期性三角波信号

a）三角波时域图　b）三角波频谱图

　　由上式可以看出，相对于矩形波而言，三角波高次谐波幅值衰减得很快，其第 5 次谐波的幅值就衰减为基波的 1/25，它相当于矩形波的第 25 次谐波。也就是说，三角波比矩形波更接近于正、余弦波形。此三角波的频谱图如图 2-6b 所示。

　　由上述两个周期函数的频谱图可以看出，周期信号的幅值谱具有下列特点：

　　（1）谐波性　各频率成分的频率比为有理数。

　　（2）离散性　各次谐波在频率轴上取离散值，其间隔 $\Delta\omega = \omega_0$。

　　（3）收敛性　各次谐波分量随频率增加，其总趋势是衰减的。

　　在测量系统中，通常要对被测信号进行各种处理，如放大、滤波等。由于任何一种仪器的可用频率范围都是有限的，信号中高次谐波的频率如果超过了放大器的截止频率，这些高次谐波就得不到放大，从而引起失真，造成测量误差。因此，一个高次谐波幅值衰减得快的信号和一个高次谐波幅值衰减得慢的信号通过同一个放大器时，前一个信号失真小而后一个信号失真大，或者反过来说，为了使两者失真程度相同，高次谐波幅值衰减慢的信号要求放大器有较宽的通频带，而对高次谐波幅值衰减快的信号，放大器的通频带可以较窄。由此可见，分析信号的频率结构对动态测量是非常重要的。

　　如果上述两例中周期性矩形波和三角波的波动频率（基波圆频率）都是 1000Hz，选择什么样的放大器通频带才能使放大误差小于 10%（或者说某一次谐波的幅值减低到基波的 1/10 以下即可不考虑）？显然，对于矩形波，因直流分量为 0，可以选用交流放大器，其低频截止频率应小于 1000Hz，高频截止频率应大于 9000Hz；而对于三角波，必须选用直流放大器，其高频截止频率应大于 3000Hz。

2. 周期信号的复指数展开式

复指数函数具有以下特点：

1）它的导数和积分与它自身成比例。

2）它的几何意义特别简明，代表复平面上的一个旋转矢量。

3）线性定常系统对复指数输入量的响应也是一个复指数函数。

由于上述特点，复指数函数在某些场合下运算和分析非常简便。因此，傅里叶级数也可写成复指数形式。根据欧拉（Euler）公式 $e^{\pm j\theta} = \cos\theta \pm j\sin\theta$，有

$$\cos\omega t = \frac{1}{2}(e^{-j\omega t} + e^{j\omega t}) \qquad \sin\omega t = j\frac{1}{2}(e^{-j\omega t} - e^{j\omega t}) \tag{2-18}$$

代入式（2-14）并整理可得

$$x(t) = a_0 + \sum_{k=1}^{\infty}\left[\frac{1}{2}(a_k + jb_k)e^{-jk\omega_0 t} + \frac{1}{2}(a_k - jb_k)e^{jk\omega_0 t}\right]$$

令

$$c_0 = a_0 \qquad c_k = \frac{1}{2}(a_k - jb_k) \qquad c_{-k} = \frac{1}{2}(a_k + jb_k) \qquad k = 1, 2, \cdots$$

得

$$x(t) = c_0 + \sum_{k=1}^{\infty}c_{-k}e^{-jk\omega_0 t} + \sum_{k=1}^{\infty}c_k e^{jk\omega_0 t} = \sum_{k=-\infty}^{\infty}c_k e^{jk\omega_0 t} \tag{2-19}$$

式中，$k = 0, \pm1, \pm2, \cdots, \pm\infty$。这就是傅里叶级数的复指数函数形式。

在式（2-19）中

$$c_k = \frac{1}{2}(a_k - jb_k) = \frac{1}{T}\int_{-T/2}^{T/2}x(t)(\cos k\omega_0 t - j\sin k\omega_0 t)\mathrm{d}t$$

$$= \frac{1}{T}\int_{-T/2}^{T/2}x(t)e^{-jk\omega_0 t}\mathrm{d}t \qquad (k = 1, 2, 3, \cdots)$$

同理可得

$$c_{-k} = \frac{1}{T}\int_{-T/2}^{T/2}x(t)e^{jk\omega_0 t}\mathrm{d}t \qquad (k = 1, 2, 3, \cdots)$$

$$c_0 = \frac{1}{T}\int_{-T/2}^{T/2}x(t)\mathrm{d}t \qquad (k = 0)$$

综合上述三种情况得

$$c_k = \frac{1}{T}\int_{-T/2}^{T/2}x(t)e^{-jk\omega_0 t}\mathrm{d}t = |c_k|e^{j\phi(k)} \qquad (k = 0, \pm1, \pm2, \cdots) \tag{2-20}$$

式（2-19）将一个周期信号 $x(t)$ 展开为成对出现的共轭复数的无穷级数的和，式中每一项的幅值和相位取决于式（2-20）定义的复数 c_k，它是 $x(t)$ 与 $e^{-jk\omega_0 t}$ 的乘积对于时间的定积分，必与时间无关，仅是 $k\omega_0$ 的函数。c_k 的模 $|c_k|$ 规定了 $x(t)$ 的 k 次谐波的幅值大小，而 c_k 的相位 ϕ_k 则规定了 k 次谐波的初始相位。因此，根据 $|c_k|$ 和 ϕ_k 也可分别做出幅值谱和相位谱。

比较傅里叶级数的两种展开形式可知：复指数函数形式的频谱为双边幅值谱（ω 从 $-\infty$ 到 ∞），三角函数形式的频谱为单边幅值谱（ω 从 0 到 ∞），因此这两种频谱各次谐波在量值上有确定的关系，即 $|c_k| = \frac{1}{2}A_k$。

2.3.2 非周期信号的频谱分析

1. 非周期信号的傅里叶变换及频谱

在实际工程测试中，严格的周期信号一般较少，而经常遇到非周期信号。例如，在各种机械结构性能试验中，冲击激励的力信号以及热电偶插入炉温中所感受到的阶跃信号都是非周期的确定信号。

从上节的内容可知，周期信号的频谱谱线是离散的，其频率间隔为 $\Delta\omega = \omega_0 = 2\pi/T$。对于非周期信号，若将其看作为周期为无穷大的周期信号，显然，当周期 T 趋于无穷大时，其频率间隔 $\Delta\omega$ 趋于无穷小，谱线无限靠近，变量 ω 连续取值以致离散谱线的顶点最后演变成一条连续曲线。因此，非周期信号的频谱是连续谱。

下面讨论非周期信号的频谱分析。首先设有一个周期信号 $x(t)$，将式（2-20）代入式（2-19），在 $(-T/2，T/2)$ 区间以傅里叶级数表示为

$$x(t) = \sum_{n=-\infty}^{\infty} \left[\frac{1}{T} \int_{-T/2}^{T/2} x(t) e^{-jk\omega_0 t} dt \right] e^{jk\omega_0 t} \tag{2-21}$$

当 $T \to \infty$ 时

$$\omega_0 = \Delta\omega \to d\omega \quad k\omega_0 = k\Delta\omega \to \omega \quad \sum_{n=-\infty}^{\infty} \to \int_{-\infty}^{\infty}, \frac{1}{T} = \frac{\omega_0}{2\pi} \to \frac{1}{2\pi} d\omega$$

于是

$$x(t) = \frac{1}{2\pi} \int_{-\infty}^{\infty} \left[\int_{-\infty}^{\infty} x(t) e^{-j\omega t} dt \right] e^{j\omega t} d\omega \tag{2-22}$$

上式方括号内的积分，由于时间 t 是积分变量，故积分后仅是 ω 的函数，可记为 $X(j\omega)$。于是上式可写为

$$X(j\omega) = \int_{-\infty}^{\infty} x(t) e^{-j\omega t} dt \tag{2-23}$$

$$x(t) = \frac{1}{2\pi} \int_{-\infty}^{\infty} X(j\omega) e^{j\omega t} d\omega \tag{2-24}$$

则 $X(j\omega)$ 称为信号 $x(t)$ 的傅里叶正变换，而 $x(t)$ 称为 $X(j\omega)$ 的傅里叶反变换。

设 $x(t)$ 是非周期信号，它的傅里叶变换存在的充要条件是：在 $(-\infty，\infty)$ 范围内满足狄里赫利条件；绝对可积（即 $\int_{-\infty}^{\infty} |x(t)| dt < \infty$）；并且能量有限（即 $\int_{-\infty}^{\infty} |x(t)|^2 dt < \infty$）。满足上述 3 个条件的 $x(t)$ 的傅里叶变换见式（2-23），式中 $X(j\omega)$ 就是非周期信号的频谱。通常情况下 $X(j\omega)$ 是复数，其模称为 $x(t)$ 的幅值谱密度，而它的相位表示 $x(t)$ 的相位谱密度。

对于周期信号，$|c_k|$ 的量纲与 $x(t)$ 的量纲是相同的；而对于非周期信号，$|X(j\omega)|$ 量纲与 $x(t)$ 的量纲是不相同的，它的量纲是单位频宽上 $x(t)$ 的幅值，类似于密度定义，所以，要想得到 $x(t)$ 在某一频段的幅值，必须使 $|X(j\omega)|$ 乘以该频段的宽度。

"机械控制理论基础"课程已经介绍了拉普拉斯变换，该变换将时域的微分方程转化

为复数域的代数方程。拉普拉斯变换的变量是复数 $s = \sigma + j\omega$，变量 s 又称为复频率，即拉普拉斯变换建立了时域与复频域（s 域）之间的联系。其物理意义是，系统 $H(s)$ 对不同的输入频率分量有不同的衰减，这种衰减是发生在频域的，所以为了与时域区别，引入复数的运算。

但在通常的应用中，人们往往只需要分析信号或系统的频率响应，也就是说通常只关心信号中包含哪些频率成分及其特性，这时只需要进行傅里叶变换即可。因此，傅里叶变换是拉普拉斯变换的一种特例，或是在 s 平面虚轴上（$\sigma = 0$ 时）的拉普拉斯变换，拉普拉斯变换是傅里叶变换由实频率 ω 至复频率 $s = \sigma + j\omega$ 上的推广。

2. 某些典型函数的傅里叶变换及频谱

（1）单位脉冲函数 $\delta(t)$　　又称为狄拉克（Dirac）函数（图2-7），其定义为

$$\int_{-\infty}^{\infty} \delta(t)\,\mathrm{d}t = 1 \text{ 且 } t \neq 0 \text{ 时}, \delta(t) = 0 \tag{2-25}$$

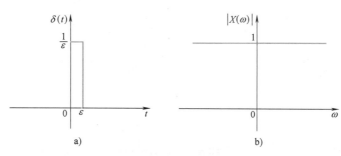

图 2-7　单位脉冲函数 $\delta(t)$

a）函数图形　b）频谱图

此函数可以理解为存在于 $t = 0$ 点的一个"矩形窄条"，此窄条的底宽是 ε，高度是 $1/\varepsilon$，如图 2-7a 所示。当 $\varepsilon \to 0$ 时，以位于 $t = 0$ 点的一个带箭头的直线表示。两个刚体碰撞时的力信号和开关闭合时的电流信号都可以近似地看作 $\delta(t)$ 函数。

$\delta(t)$ 函数有以下两个非常重要的性质：

1）筛选性。对于信号 $x(t)$，由于除原点外，$\delta(t)$ 函数对应所有 t 值均有 $\delta(t) = 0$，因此除 $t = 0$ 外，在其他所有 t 值，乘积 $\delta(t)x(t) = 0$。当 $t = 0$ 时，$x(t) = x(0) =$ 常数，则有

$$\int_{-\infty}^{\infty} \delta(t)x(t)\,\mathrm{d}t = \int_{-\infty}^{\infty} \delta(t)x(0)\,\mathrm{d}t = x(0)\int_{-\infty}^{\infty} \delta(t)\,\mathrm{d}t = x(0) \tag{2-26}$$

如果将 $\delta(t)$ 出现的时间沿时间轴右移时间 t_0，得到 $\delta(t-t_0)$，同理可得

$$\int_{-\infty}^{\infty} \delta(t - t_0)x(t)\,\mathrm{d}t = x(t_0) \tag{2-27}$$

脉冲函数的此性质称为采样性质或筛选性质，它是模拟信号离散化的理论基础。根据该性质，用一系列等幅的不同时刻出现的 $\delta(t)$ 函数乘以模拟信号，可以使模拟信号离散化，实现采样。

2）频谱的等幅性。根据单位脉冲函数的筛选性，它的傅里叶变换为

$$\int_{-\infty}^{\infty} \delta(t) e^{-j\omega t} dt = e^{-j\omega t}\big|_{t=0} = 1 \tag{2-28}$$

上式说明，脉冲函数中包含了全部的频率分量（$\omega = 0 \sim \pm\infty$），且各分量有相同的幅值，如图 2-7b 所示。单位脉冲函数的这一性质是机械结构性能试验中常用的试验方法之一——冲击激振法的理论基础。

$\delta(t)$ 函数的筛选性和频谱的等幅性在理论上和工程实用上都很有价值。

（2）闸门函数 $G_\tau(t)$ 闸门函数（或矩形函数）的图形如图 2-8a 所示，它的定义是

$$G_\tau(t) = \begin{cases} A & |t| \leqslant \tau/2 \\ 0 & |t| > \tau/2 \end{cases} \tag{2-29}$$

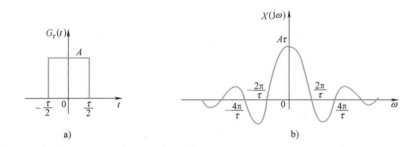

图 2-8　闸门函数 $G_\tau(t)$

a）函数图形　b）幅频特性图

在动态测试过程中，对一个无限长的时间记录（称为样本函数）进行截取时得到的结果实际上就是闸门函数与此样本函数的乘积。

此函数的傅里叶变换为

$$X(j\omega) = \int_{-\tau/2}^{\tau/2} A e^{-j\omega t} dt = \frac{A}{j\omega}(e^{j\omega\tau/2} - e^{-j\omega\tau/2}) = A\tau\frac{\sin(\omega\tau/2)}{\omega\tau/2} \tag{2-30}$$

在 $X(j\omega)$ 中包含有 $\sin x/x$ 这种函数形式，这个函数在信号和系统中是很有用的。因此，给它取了一个专门名称叫采样函数，并用专门符号 $S_a(x)$ 表示，即 $S_a(x) = \sin x/x$。利用此符号可将闸门函数的傅里叶变换写成

$$X(j\omega) = A\tau S_a(\omega\tau/2) \tag{2-31}$$

闸门函数的频谱 $X(j\omega)$ 如图 2-8b 所示，可见它是振荡衰减的，频率越大，幅值越小。

3. 傅里叶变换的主要性质

傅里叶变换一般有线性叠加性、对称性、时移性、频移性、微积分性、时域卷积性和频域卷积性等七大性质。下面仅介绍工程测试中涉及的几个常用的性质。用双箭头 $x(t) \leftrightarrow X(j\omega)$ 表示 $x(t)$ 和 $X(j\omega)$ 存在傅里叶变换关系。

（1）叠加性质 如果 $x_1(t) \leftrightarrow X_1(j\omega)$、$x_2(t) \leftrightarrow X_2(j\omega)$，则对于任何常数 a_1、a_2，有

$$a_1x_1(t)+a_2x_2(t)\leftrightarrow a_1X_1(j\omega)+a_2X_2(j\omega)$$

对于有限项的线性运算，下述结果也是正确的，即

$$a_1x_1(t)+a_2x_2(t)+\cdots+a_nx_n(t)\leftrightarrow a_1X_1(j\omega)+a_2X_2(j\omega)+\cdots+a_nX_n(j\omega)$$

此性质的含义是，傅里叶变换是一种线性变换，它表明时域内几个信号的线性组合变换到频域后其线性关系不变，反之亦然。它的物理意义是：若时域信号增大 a 倍，则频谱也增大 a 倍；若干个相加信号的频谱等于各个单独信号频谱的相加。

（2）对称性质　如果 $x(t)\leftrightarrow X(j\omega)$，则

$$X(t)\leftrightarrow 2\pi x(-j\omega)$$

如果 $x(t)$ 是偶函数，则上式关系变为

$$X(t)\leftrightarrow 2\pi x(j\omega)$$

此性质的含义是，若 $x(t)$ 为偶函数，则傅里叶变换在时域和频域上的对称性完全成立，即 $x(t)$ 的频谱为 $X(j\omega)$ 时，则波形与 $X(j\omega)$ 相同的时域信号 $X(t)$，其频谱形状与时域信号 $x(t)$ 相同为 $x(j\omega)$；若 $x(t)$ 不是偶函数，则变量 t 与 ω 之间差一负号，仍具有一定的对称性。

例如，根据该性质可知，脉冲信号的频谱为常数，则常数（直流信号）的频谱必为脉冲函数，时域与频域信号的对称性如图 2-9 所示，可知直流信号的频谱是位于 $\omega=0$ 处的脉冲函数。

同理，已知矩形函数的频谱为采样函数，如图 2-8 所示，按对称性质可推知，形如采样函数的时域信号，其频谱必然具有矩形函数的形状。

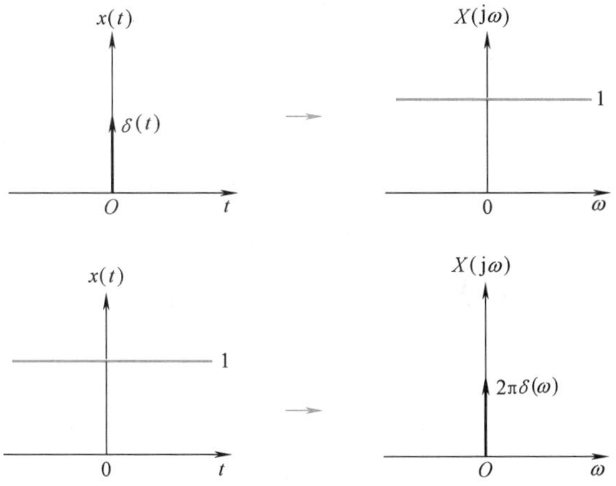

（3）时移性质　如果 $x(t)\leftrightarrow X(j\omega)$，则

$$x(t-t_0)\leftrightarrow X(j\omega)e^{-j\omega t_0}$$

式中，$x(t-t_0)$ 表示将时间信号 $x(t)$

图 2-9　傅里叶变换对称性实例

后移时间 t_0，而 $X(j\omega)e^{-j\omega t_0}$ 则表示将复数矢量 $X(j\omega)$ 的相位后移 $\theta=\omega t_0$。

此性质的含义是，信号在时域内延时 t_0，不会改变信号的幅值谱，仅使其相位谱产生一个与频率呈线性关系的相移 θ。简单地说，信号在时域中的延时与频域中的相移对应。

（4）频移性质　如果 $x(t)\leftrightarrow X(j\omega)$，则

$$x(t)e^{j\omega_0 t}\leftrightarrow X[j(\omega-\omega_0)]$$

此性质的含义是，将时间信号 $x(t)$ 乘以单位旋转矢量 $e^{j\omega_0 t}$ 后，与它对应的频谱是把 $X(j\omega)$ 沿 ω 轴向右平移 ω_0 的距离。

（5）卷积性质　如果 $x_1(t)\leftrightarrow X_1(j\omega)$、$x_2(t)\leftrightarrow X_2(j\omega)$，则

$$x_1(t)*x_2(t)\leftrightarrow X_1(j\omega)X_2(j\omega) \quad x_1(t)x_2(t)\leftrightarrow \frac{1}{2\pi}X_1(j\omega)*X_2(j\omega)$$

式中符号"＊"表示卷积。根据卷积定义，信号 $x_1(t)$ 和 $x_2(t)$ 的卷积为

$$x_1(t) * x_2(t) = \int_{-\infty}^{\infty} x_1(\tau) x_2(t - \tau) d\tau \tag{2-32}$$

卷积性质表明，两个信号在时域内的卷积的傅里叶变换是它们各自傅里叶变换的乘积，此两个信号的乘积的傅里叶变换是它们的傅里叶变换在频域内的卷积除以 2π。

4. 周期信号的傅里叶变换

前面在推导傅里叶变换时，我们将非周期信号看成是周期 $T \to \infty$ 时周期信号的极限，从而得到了频谱密度函数的概念。实际上，我们也可将此概念推广到求周期信号的频谱密度或傅里叶变换。

由于周期信号可以展开成傅里叶级数，即展开成一系列不同频率的复指数分量或正余弦三角函数分量的叠加，因此我们以它们为例说明周期信号的傅里叶变换。

（1）复指数函数 $e^{\pm j\omega_0 t}$　　前面由对称性指出：常数 1 的傅里叶变换为脉冲函数，即 $1 \leftrightarrow 2\pi\delta(\omega)$，则根据频移性质可知

$$1 \cdot e^{\pm j\omega_0 t} \leftrightarrow 2\pi\delta(\omega \mp \omega_0)$$

此式表明，复指数函数 $e^{\pm j\omega_0 t}$ 的傅里叶变换为频移为 $\mp\omega_0$ 的频域脉冲函数。

（2）余弦信号的傅里叶变换

因　　　　　　　　　　　$$\cos\omega_0 t = \frac{1}{2}(e^{j\omega_0 t} + e^{-j\omega_0 t})$$

故　　　　　　　　　　　$$\cos\omega_0 t \leftrightarrow \pi[\delta(\omega + \omega_0) + \delta(\omega - \omega_0)]$$

（3）正弦信号的傅里叶变换

因　　　　　　　　　　　$$\sin\omega_0 t = \frac{1}{2j}(e^{j\omega_0 t} - e^{-j\omega_0 t})$$

故　　　　　　　　　　　$$\sin\omega_0 t \leftrightarrow j\pi[\delta(\omega + \omega_0) - \delta(\omega - \omega_0)]$$

以上傅里叶变换结果说明，正弦、余弦信号的频谱是在 $\pm\omega_0$ 处的脉冲函数。

以上结果尽管只说明了复指数、正弦和余弦函数在频域是脉冲，实际上已表明任意周期函数都可以用脉冲的组合来表达，这是因为任意周期函数都可以展开成复指数或三角函数的傅里叶级数。因此，我们从中得到重要的启示：尽管常数和周期信号不满足绝对可积条件，但在频域中引入 δ 函数后，则可以进行傅里叶变换。

需要强调的是，周期信号的傅里叶变换的一系列脉冲出现在离散的谐频点 $k\omega_0$ 处，它的脉冲强度等于该周期信号傅里叶级数系数的 2π 倍，因此它是离散的脉冲谱，而当周期信号采用傅里叶级数频谱表示时，它是离散的有限幅值谱，所以两者是有区别的。这是由于傅里叶变换反映的是频谱密度的概念，周期信号在各谐频点上具有有限幅值，在这些谐频点上其频谱密度趋于无限大，所以变成脉冲函数，这就说明傅里叶级数可看成傅里叶变换的一种特例。

例 2-3　某车床车削工件发现形状精度不合格，请分析其主要原因。

解：图 2-10a 是从工件表面测量的时域信号，从该信号可以大致看出：其最大幅值对应的周期是 0.0308s，其对应的频率为 32.5Hz，如果将此频率与转轴的转速相联系，可知 $n = 32.5\text{Hz} \times 60\text{s} = 1950\text{r/min}$，因此可初步判断，转速为 1950r/min 的转轴动平衡出现问题

导致了工件形状精度超差。

如果对图 2-10a 所示时域信号进行傅里叶变换，得到的幅值谱如图 2-10b 所示，由该图可知，32.5Hz 处对应的幅值最大，同样可以判定该频率对应的转轴是精度不合格的主要原因。

由该实例可知，对于同一问题，人们既可以在时域对信号进行分析，也可以在频域对信号进行分析，两者的结论是相同的。另一方面也可看出，对于复杂信号，频域分析更加清晰，这就是为什么实际工程中常采用频域分析的原因。

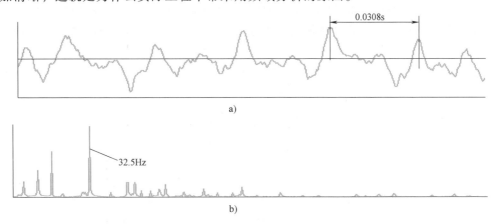

图 2-10　某车床车削工件表面获得的时域信号及其频域信号

a）时域信号　b）频域信号

2.3.3　随机信号的频谱分析

随机信号是随时间随机变化而不可预测的信号。它与确定性信号有很大的不同，其瞬时值是一个随机变量，具有各种可能的取值，不能用确定的时间函数描述。由于工程实际中直接通过传感器得到的信号大多数可视为随机信号，因此对随机信号进行研究具有更普遍的意义。随机信号不具备可积分条件，因此不能直接进行傅里叶变换。又因为其频率、幅值和相位是随机的，因此从理论上讲，可采用具有统计特性的功率谱密度来做信号的谱分析。

根据维纳-辛钦公式，平稳随机信号的自功率谱密度函数 $S_x(\omega)$ 与自相关函数 $R_x(\tau)$ 是一傅里叶变换对，即

$$S_x(\omega) = \int_{-\infty}^{\infty} R_x(\tau)\,e^{-j\omega\tau}\,d\tau \qquad (2\text{-}33)$$

$$R_x(\tau) = \frac{1}{2\pi} \int_{-\infty}^{\infty} S_x(\omega)\,e^{j\omega\tau}\,d\omega \qquad (2\text{-}34)$$

其中自相关函数 $R_x(\tau)$ 由式（2-9）给出。

自功率谱密度函数为实偶函数。由于式（2-33）

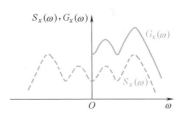

图 2-11　单边与双边功率谱密度函数

中谱密度函数定义在所有频率上，一般称作双边谱。在实际应用中，用定义在非负频率上的谱更为方便，这种谱称为单边谱密度函数 $G_x(\omega)$，它们的关系（图 2-11）为

$$G_x(\omega) = 2S_x(\omega) = 2\int_{-\infty}^{\infty} R_x(\tau)e^{-j\omega\tau}d\tau \quad (\omega > 0) \tag{2-35}$$

　　自功率谱的物理含义是随机信号的平均功率沿频率轴的分布密度，在工程测试和信号分析中有广泛的应用。典型信号的自相关函数和自功率谱密度函数如图 2-12 所示，可见，自功率谱不但能够用于分析随机信号，也适用于分析周期信号。对于周期信号，其自相关函数是与其同频率的周期性函数，设周期信号的频率为 ω_0，将其自相关函数代入式（2-35）得到位于 $\pm\omega_0$ 位置处的两个脉冲信号，如图 2-12a 所示。对于周期信号与白噪声混合而成的随机信号，从自功率谱密度函数中可以分辨出周期信号所对应的频率成分，如图 2-12g 所示。

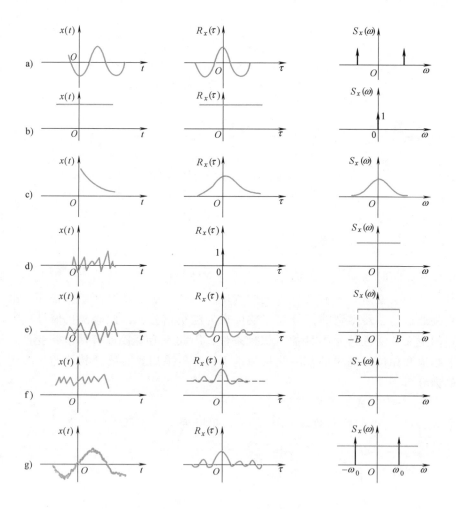

图 2-12　典型信号的自相关函数和自功率谱密度函数
a）正弦波　b）直流　c）指数　d）白噪声
e）限带白噪声　f）直流+白噪声　g）正弦+白噪声

　　图 2-13a 和 b 分别是某汽车变速器在正常和故障两种情况下的振动加速度信号自功率谱，比较两个信号的自功率谱可知，当发生故障时，在图 2-13b 中出现了 9.2Hz 和

18.4Hz 两个谱峰，这两个频率为判断故障原因提供了线索。

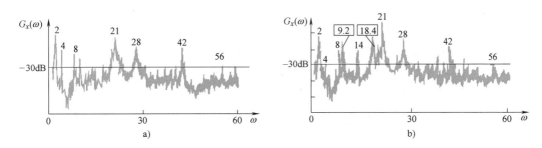

图 2-13 汽车变速器振动加速度信号的自功率谱

a）正常 b）故障

同理可定义两个随机信号 $x(t)$ 和 $y(t)$ 之间的互谱密度函数

$$S_{xy}(\omega) = \int_{-\infty}^{\infty} R_{xy}(\tau) e^{-j\omega\tau} d\tau \tag{2-36}$$

$$R_{xy}(\tau) = \frac{1}{2\pi} \int_{-\infty}^{\infty} S_{xy}(\omega) e^{j\omega\tau} d\omega \tag{2-37}$$

其中互相关函数 $R_{xy}(\tau)$ 由式（2-12）给出。

单边互谱密度函数为

$$G_{xy}(\omega) = 2 \int_{-\infty}^{\infty} R_{xy}(\tau) e^{-j\omega\tau} d\tau \quad (\omega > 0) \tag{2-38}$$

因为互相关函数为非偶函数，所以互谱密度函数是一个复数，在实际应用中常用互谱密度的幅值和相位来表示，即

$$G_{xy}(\omega) = |G_{xy}(\omega)| e^{-j\theta_{xy}(\omega)} \tag{2-39}$$

显然互谱表示了两个信号之间的幅值及相位关系。典型的互谱密度函数如图 2-14 所示。

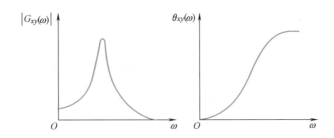

图 2-14 互谱密度函数

互谱密度不像自谱密度那样具有功率的物理含义，引入互谱这个概念是为了能在频域描述两个平稳随机信号的相关性。

利用互谱密度函数和自谱密度函数定义相干函数，有

$$\gamma_{xy}^2(\omega) = \frac{|G_{xy}(\omega)|^2}{G_x(\omega) G_y(\omega)} \tag{2-40}$$

该函数在频域内描述信号 $y(t)$ 和 $x(t)$ 的相关性，在系统辨识中则用来表示输出

2 机械测试信号分析

29

$y(t)$ 和输入 $x(t)$ 的关系。当 $\gamma_{xy}^2(\omega) = 0$ 时，表明 $y(t)$ 和 $x(t)$ 不相关，或者输出 $y(t)$ 不是由输入 $x(t)$ 引起的；当 $\gamma_{xy}^2(\omega) = 1$ 时，说明 $y(t)$ 和 $x(t)$ 完全相关，或者输出 $y(t)$ 完全由输入 $x(t)$ 引起；当 $0 < \gamma_{xy}^2(\omega) < 1$ 时，有如下三种可能：①测试中有外界噪声干扰；②输出 $y(t)$ 是输入 $x(t)$ 和其他输入的综合输出；③联系 $x(t)$ 和 $y(t)$ 的系统是非线性的。

在实际中，也常利用测定线性定常系统的输出与输入的互谱密度来识别系统的动态特性。对于线性定常系统，输出信号 $y(t)$ 等于其输入信号 $x(t)$ 和系统单位脉冲响应 $h(t)$ 的卷积，即 $y(t) = x(t) * h(t)$。根据傅里叶变换的卷积性质，在频域中的输入输出关系为

$$Y(\omega) = X(\omega) H(\omega) \tag{2-41}$$

其中，$H(\omega)$ 为系统的频率响应函数，反映系统的动态特性（详见第 3 章）。可见，只要分别获得输出信号 $y(t)$ 和输入信号 $x(t)$ 的傅里叶变换，就可以获得系统的频率响应函数 $H(\omega)$。但实际上，由于输入信号 $x(t)$ 和输出信号 $y(t)$ 均含有噪声，直接利用式 (2-41) 获得的系统频率响应函数会有较大误差。由相关分析理论可知，随机信号与有用信号因互相没有任何相关关系，故两者之间的相关函数为零，对于含有随机噪声混入的信号，经过相关处理所得的相关函数可以屏除噪声成分，仅剩有用信号的相关函数，利用此方法得到的是有用信号的功率谱，由此求得的频率响应函数是比较精确的。因此，实际中常利用功率谱密度函数获得系统的频率响应函数，即

$$G_{xy}(\omega) = H(\omega) G_x(\omega) \tag{2-42}$$

由式 (2-42) 可知，通过测量输入信号 $x(t)$ 和输出信号 $y(t)$，首先计算输入信号的自谱密度和两信号的互谱密度，然后利用式 (2-42) 可以求出系统的频率响应函数。

2.4 信号的时频分析

基于傅里叶变换的信号频谱分析揭示了信号在频域的特征，它在信号分析与处理的发展中发挥了极其重要的作用。但是，傅里叶变换是一种整体变换，即对信号的表征要么完全在时域，要么完全在频域。然而，在许多实际应用场合，信号是非平稳的，其统计量（如相关函数、功率谱等）是时变函数。这时，只了解信号在时域或频域的全局特性是远远不够的，而希望得到信号频谱随时间变化的情况。因此，需要使用时间和频率的联合函数来表示信号，这种表示简称为信号的时频分析。

信号的时频分析是非平稳信号分析的有效工具，它可以同时反映信号的时间和频率信息，揭示信号的时间变化和频率变化特征，更好地描述非平稳信号所代表的被测物理量的本质。在机械工程领域，时频分析可应用于机电设备故障诊断的信号分析。常用的典型时频分析方法主要有短时傅里叶变换、Gabor 变换、小波变换等。限于篇幅，这里仅对短时傅里叶变换进行介绍，其余的方法读者可参考有关的著作。

1. 短时傅里叶变换原理

如前所述，傅里叶变换可以将时域信号变换到频域中。就信号分析来说，各频段的

分量可以告诉人们信号的各个频率组成部分，表征着信号的不同来源和不同特征。通过中心在 t 的窗函数 $h(t)$ 乘以信号可以研究信号在时刻 t 的特性，即

$$x_t(\tau) = x(\tau)h(\tau - t) \tag{2-43}$$

其原理如图 2-15 所示。

改变的信号 $x_t(\tau)$ 是两个时间的函数，即所关心的固定时间 t 和执行时间 τ。窗函数决定留下的信号围绕着时间 t 大体上不变，而离开所关心时间的信号衰减了许多，因此它的傅里叶变换反映了围绕 t 时刻的频谱，即

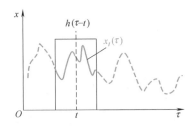

图 2-15　短时傅里叶变换原理

$$
\begin{aligned}
X_t(\omega) &= \int_{-\infty}^{\infty} x_t(\tau) e^{-j2\pi\omega\tau} d\tau \\
&= \int_{-\infty}^{\infty} x(\tau) h(t - \tau) e^{-j2\pi\omega\tau} d\tau
\end{aligned} \tag{2-44}
$$

因此，在时刻 t 的能量分布密度是

$$P_{SP}(t, \omega) = |X_t(\omega)|^2 = \left| \int_{-\infty}^{\infty} x(\tau) h(t - \tau) e^{-j2\pi\omega\tau} d\tau \right|^2 \tag{2-45}$$

对于每个不同的时间，都可以得到不同的频谱，这些频谱的变化就是时频分布 $P_{SP}(t, \omega)$。式（2-44）称为信号在时刻 t 的短时傅里叶变换。由式（2-45）确定的 $P_{SP}(t, \omega)$ 函数曲面称为时频分布。

例 2-4　旋转机械振动信号的短时傅里叶变换分析。

在实际工程中，旋转机械的转速除了由齿轮箱啮合频率决定外，还由于外界环境的影响使其转速不稳定，导致测量的振动信号为非平稳信号。为了说明短时傅里叶变换对非平稳信号分析的作用，此处分析一个旋转机械的振动仿真信号。

对于某一旋转机械，由转速波动引起的振动信号的模型可简化为阶数有限的调频信号，即

$$x(t) = \sum_{n=1}^{3} B_n \cos[2\pi nR(t) + \alpha_n] \tag{2-46}$$

式中，n 为谐波阶次，此处仅考虑前 3 阶谐波分量；假如各阶谐波分量的幅值及相位角分别为 $B_1 = \pi/6$，$B_2 = -\pi/3$，$B_3 = \pi/2$，$\alpha_1 = 0.05$，$\alpha_2 = 0.04$，$\alpha_3 = 0.03$；$R(t)$ 为瞬时转频，其表达式为

$$R(t) = [2100 + 1000\sin(2\pi \times 0.5t)]/60 \tag{2-47}$$

将式（2-47）代入式（2-46），则其描述的振动仿真信号的时域波形和频谱如图 2-16a 所示，可见，从该频谱图中几乎无法分辨出其频率构成。使用短时傅里叶变换处理该信号后，获得图 2-16b 所示的时频分布，它清晰展示出了 3 阶谐波分量随时间的变化轨迹。

例 2-5　透平压缩机机组喘振信号的短时傅里叶分析。

喘振是透平压缩机特有的现象，它不仅会引起生产率的下降，而且会对机组造成严重的危害。喘振常常导致压缩机内部密封件、涡流导流板、推力轴承的损坏，严重时会导致外部器件的损坏，因此它是透平压缩机运行最恶劣、最危险的工况之一。图 2-17 所示是利用短时傅里叶变换对某石化厂一台 N_2（氮气）压缩机高压缸振动进行的时频分布。

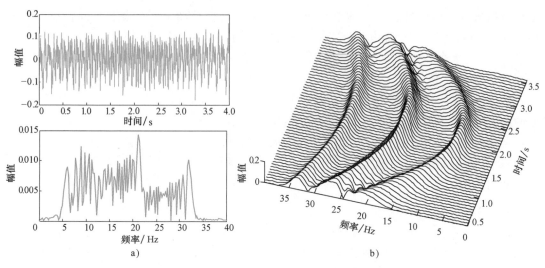

图 2-16 非平稳信号的短时傅里叶分析

a）仿真信号的时域波形和频谱 b）仿真信号的时频分布

图中清楚地表现出喘振故障的振动特征：存在频率甚低（25.6Hz）而幅值甚大的分量沿时间轴方向的调幅现象。而当喘振频率甚低或处于初始阶段时，时频分布往往是唯一的故障识别方法。

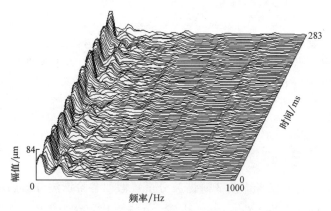

图 2-17 N$_2$ 压缩机高压缸振动的时频分布

例 2-6 语音信号的时频分析，如图 2-18 所示。

图 2-18a 所示为单词 "GABOR" 的语音信号波形和频谱。在其频谱中，我们无法知道各个频率分量对应单词中的音节情况，如 140Hz 频率分量对应着单词中的哪个音节是无法从频谱图中获取的。

对该信号进行短时傅里叶变换，获得的时频分布如图 2-18b 所示。由图中可知，第一个模式分量出现在 30~60ms 间，其平均频率大小为 150Hz，对应着第一个音节 "GA"。第二个模式分量出现在 150~250ms 间，对应着后一个音节 "BOR"，而它的平均频率从 140Hz 逐渐减少到 110Hz。而在高频区，存在着相应的谐波分量，但幅值均较小。由此可见，短时傅里叶变换是分析非平稳信号的有力工具。

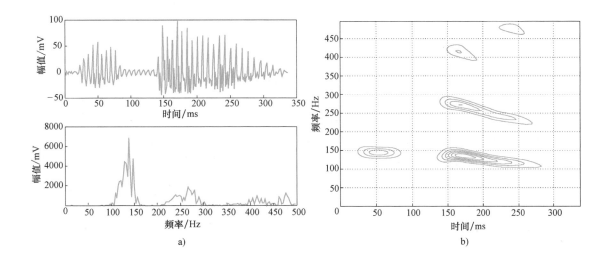

图 2-18　GABOR 语音信号的波形及时频分布

a）语音信号的时域波形和频谱　b）语音信号的时频分布

另外，在时频分析中，存在着时间-带宽乘积定理，即时域的窄波形产生频域的宽频谱，时域的宽波形产生频域的窄频谱，即时间波形宽度和频谱宽度不可能同时使其任意窄，这就是测不准原理，它是傅里叶变换对之间互相制约的内在关系。测不准原理的数学表达为，时域信号的持续时间 σ_t 和频谱带宽 σ_ω 满足如下关系，即

$$\sigma_t \sigma_\omega \geqslant \frac{1}{4\pi} \tag{2-48}$$

因此，不可能有或不可能构造一个 σ_t 和 σ_ω 都任意小的信号。

2. 短时傅里叶变换的特点

短时傅里叶变换中将信号划分成许多小的时间间隔，但这种间隔并不是越细越好。因为在变窄到一定的程度之后，得到的频谱就变得没有意义。而为了获得高的频率分辨率，需要采用较宽时窗做短时傅里叶变换，但是，加大时窗宽度是与短时傅里叶变换的初衷相悖的，它丢失了非平稳信号中小尺度短信号的时间局部信息。

短时傅里叶变换的优势在于，它的物理意义明确，对于许多信号和情况，它给出了与人们直观感知极为相符的时频构造。

2.5　机械信号的测量误差与信号预处理

2.5.1　测量误差及其分类

在测试过程中，误差的主要来源包括：测量装置误差和测量方法误差两类。

测量装置误差由标准器件误差、仪器仪表误差和辅助装置误差组成。砝码、量块、标准电池等标准器件，由于磨损、老化等原因，使本身提供的标准量值出现误差，这属于标准器件误差。传感器、调理器、记录仪等测试仪器，由于工艺制造、加工和长期使用磨损而产生的误差属于仪器仪表误差。为测试提供必要条件的辅助装置和附件，未达到理想的正确状态而产生的误差，称为辅助装置误差。

测量方法误差包括测试原理、环境和人员造成的误差。在测试中，由于测试方法不合理会造成误差，如测量轴直径 d 时，采用测量其周长 s，然后利用 $d = s/\pi$ 进行计算的方法，由于 π 取值不确定而引起误差，此类误差为原理误差。由于诸如温度、湿度、气压、振动、电磁场、重力加速度等各种测试环境与理想测试环境不一致，会引起测试装置和被测量本身变化而造成误差，称其为环境误差。测试人员因疲劳引起的生理变化、反应速度及固有习惯也可能产生误差，另外测试人员受分辨能力的限制和主观因素而产生的偶然疏忽也是导致误差的原因之一，称其为人员误差。

无论什么原因引起的测量误差，从表现特点上可分为系统误差、随机误差和粗大误差三种。

1. 系统误差

系统误差是指被测量的数学期望与真值之间的偏差。在同一测试条件下（包括仪器、环境和人员），短时间间隔内多次重复测量同一量值时，误差的大小和符号均保持不变；或在条件改变时，按某一确定的规律变化的误差，即为系统误差。

2. 随机误差

随机误差是测量值与被测量数学期望之间的偏差。它是在统一条件下多次测量同一量值时，误差的绝对值和符号以不可预测的规律随机变化的误差，表示测量结果的分散性程度。

3. 粗大误差

粗大误差是明显歪曲测量结果的误差。一般由测试人员的主观原因和测试条件的突然变化引起，如测量者操作或记录失误导致的错误数值，机械冲击、电源瞬时波动等原因引起的意外测量值。

系统误差可以通过改进测试方案、选取高性能仪器、校正测试仪器等方法减小，随机误差通常采用统计方法予以减弱，粗大误差引起的噪声则通过信号预处理来消除。常见测量误差的表现如图 2-19 所示。

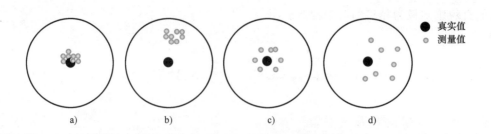

图 2-19 测量误差的表现

a）理想测量 b）系统误差 c）随机误差 d）系统误差和随机误差

2.5.2 信号的预处理

由于测量过程中存在上述误差，数据处理时一般要先进行预处理，判别信号中是否存在动态干扰或系统随机漂移等影响，如果存在，就要在最大程度保留有用信息的前提下予以消除，常规的工作包括剔除粗大误差（或称为野点）、消除趋势项、信号消噪以及滤波等，由于9.3.2节会专门介绍滤波，此处不再赘述。

1. 野点剔除

在数据采集系统中，由于传输环节中信号的损失、模-数转换器的失效等原因，有可能产生不代表被测对象状态或运行工况的数据点，这些点称为野点，如图2-20所示。野点的存在会导致信号噪声水平提高，对统计量的计算和统计推断的结果产生不同程度的影响，甚至使功率谱产生偏离，或产生虚假的频率成分，因此必须有效识别出数据中的野点，并予以剔除。

常规的野点识别方法是3σ法则，即依据拉依达准则，当某时刻测得值x_k所对应的残差ν_k满足

$$|\nu_k| = |x_k - \bar{x}| > 3\hat{\sigma} \tag{2-49}$$

则认为x_k为野点，应剔除不用。式中$\bar{x}$为数据的均值，$\hat{\sigma}$为标准差，即

$$\bar{x} = \frac{1}{n} \sum_{i=1}^{n} x_i \tag{2-50}$$

$$\hat{\sigma} = \sqrt{\sum_{i=1}^{n} (x_i - \bar{x})^2 / (n-1)} \tag{2-51}$$

该准则假设数据序列满足正态分布。

2. 趋势项消除

趋势项是样本记录中周期大于采样时间的频率成分，代表数据缓慢变化的趋势，如图2-21所示。产生趋势项的原因主要有：数据采集仪器性能漂移，压电式传感器电缆固定不当，环境干扰等。

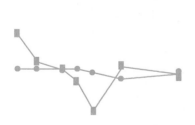

图 2-20　正常测量数据与含有野点的测量数据

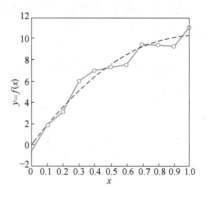

图 2-21　含有趋势项的数据与拟合曲线

常用的趋势项消除的方法是采取多项式拟合的方法，其过程就是用一个多项式来拟合数据中的趋势项，要求多项式计算得到的数据点与原始数据点之间的残差平方和最小。另外，滤波、小波分解、经验模态分解等方法都可以实现趋势项的提取和消除。

3. 信号消噪

噪声是信号中由环境因素或测试误差等原因产生的与真实有用信号无关的成分，在信号分析和处理时，为了获取真实有用的信息，需要去除或降低这些干扰成分的影响，这类操作称为信号消噪。

信号消噪的方法很多，对于不同性质的信号可以采取不同的消噪方法。这里以周期信号的时域同步平均方法为例，说明随机噪声的统计消除方法。设测量信号 $x(t)$ 由周期成分 $f(t)$ 和白噪声成分 $n(t)$ 组成，即

$$x(t) = f(t) + n(t) \tag{2-52}$$

以 $f(t)$ 的周期截取信号，分为 N 段，然后将各段对应点相加。根据概率论中的中心极限定理，当 N 个均值为零且方差相等的白噪声信号相加时，由于其本身的不相关性和随机性，在任意时刻都可能出现正负抵消的现象，得到的相加信号仅为原白噪声信号的 $\sqrt{N}$ 倍。由此可知，N 个测量信号之和为

$$x(t_i) = Nf(t_i) + \sqrt{N}\,n(t) \tag{2-53}$$

对 $x(t_i)$ 进行平均，得到输出信号 $y(t_i)$ 为

$$y(t_i) = f(t_i) + \frac{n(t)}{\sqrt{N}} \tag{2-54}$$

此时输出信号中的噪声是原信号 $x(t)$ 中噪声成分的 $1/\sqrt{N}$，如果 N 取得足够大，则噪声的影响就很小，从而实现降噪的目的。

思考题与习题

2-1 信号一般有哪几种分类与描述方法？请简要说明之。

2-2 周期信号和非周期信号的频谱图各有什么特点？它们的物理意义有何异同？

2-3 求出图 2-22 所示的周期性锯齿波、半波整流波形、全波整流波形的傅里叶展开式，并画出频谱图。

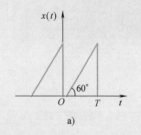
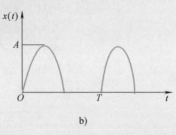
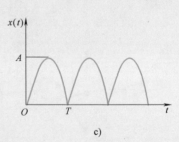

图 2-22 题 2-3 图

2-4 有周期性方波、三角波、全波整流三个周期信号，设它们的频率均为1000Hz。对这几个信号进行测量时，后续设备通频带的截止频率上限各应是多少？（设某次谐波的幅值降低到基波的1/10以下，则可以不考虑）

2-5 求出下列非周期信号的频谱图（图2-23）。

(1) 被截断的余弦信号（图2-23a）$x(t)=\begin{cases}A\cos\omega_0 t & (|t|\leqslant T) \\ 0 & (|t|>T)\end{cases}$。

(2) 单一三角波（图2-23b）。

(3) 单一半个正弦波（图2-23c）。

(4) 衰减的正弦振荡（图2-23d）$x(t)=Ae^{-at}\sin\omega_0 t$ （$a>0$, $t\geqslant 0$）。

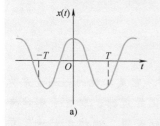
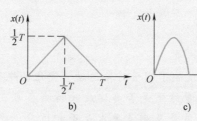
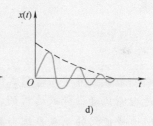

图 2-23 题 2-5 图

2-6 已知信号 $x(t)=1+\sin\omega_0 t+2\cos3\omega_0 t$，试用傅里叶级数展开式求其复数形式的幅值谱与相位谱，再用傅里叶变换式求其幅值谱密度与相位谱密度，并绘出图形做比较。

2-7 已知正弦信号 $x(t)=A\sin(\omega_0 t+\phi)$，求其自相关函数和功率谱密度函数。

2-8 简要说明信号预处理过程及影响因素。

3

测量系统的基本特性

第 2 章所研究的测量信号反映了测量对象运动、变化的规律，它是客观的。测量系统是由测试者设计或选用的，测量结果是否真实反映待测参数变化的规律，取决于测试者所选择使用的测量系统与待测信号及测量要求是否相适应。也就是说，测试之前除了要了解信号的特点之外，还需要了解测量系统的特性。

本章首先介绍测量系统的静态特性，然后在假设测量系统为线性定常系统的条件下，给出一般测量系统的微分方程数学表达及其基本特性，接着重点研究测量系统的频响特性及其物理意义，研究如何实现不失真测量，最后介绍动态测量误差及其补偿方法。

3.1 测量系统的静态特性

测量系统的静态特性是指被测量不随时间变化或随时间变化很缓慢时测量系统的输入、输出及其关系的特性或技术指标。虽然本书主要讨论的是动态测量，但由于测量系统静态特性是动态特性的基础，因此有必要对其静态特性进行简要介绍。工程上常用下列一些指标来描述测量系统的静态特性。

1. 量程

量程是指测量系统允许测量的输入量的上、下极限值。使用时要求被测量应在量程范围内，如量程为 5A 的电流表不能测量 8A 的电流。

与量程有关的另一个指标是测量系统的过载能力。超过允许承受的最大输入量时，测量系统的各种性能指标得不到保证，这种情况称为过载。过载能力通常用一个允许的最大值或者用满量程值的百分数来表示。

2. 精度

精度表征测量系统的测量结果 y 与被测真值 μ 的一致程度。通常有下述几种表示方法。

（1）绝对误差 测量结果与被测量真值之间的差值，即

$$\delta = y - \mu \tag{3-1}$$

绝对误差反映了测量的精度，绝对误差越大，测量精度越低。绝对误差只能评估同一被测值的测量精度，对于不同量值的测量，它就难以判断其精确程度了。

（2）相对误差　绝对误差与被测真值的比值，即

$$\varepsilon = \delta / \mu \times 100\% \tag{3-2}$$

相对误差可用来评价不同被测值的测量精度。例如，测量 100 mm 的被测物时绝对误差为 0.02mm，测量 10mm 的被测物时绝对误差为 0.01mm，若要判断哪个测量精度高，只能由两者的相对误差比较中看出来，显然，前者精度高于后者。

（3）引用误差　它是以测量仪表的量程而不是真值来表示相对误差，即

$$a = \delta / A \times 100\% \tag{3-3}$$

式中，A 为测量仪表的满量程读数。这一指标通常用来表征测量仪表本身、而不是测量的精度。由于在测量仪表测量范围内的每个示值的绝对误差 δ 都是不同的，为了方便给出测量仪表的精度，定义最大引用误差［即式（3-3）中的绝对误差为最大允许误差 δ_{max}］为测量仪表的精度，也称为准确度，并以准确度的百分数定义精度等级。例如，说"这种电压表为一级精度"，就是指其准确度为 1%。

实际上真值是不可知的，只能由高一级精度的测量系统测量值来代替。反映测量系统质量的最常用的综合性能指标是准确度等级，一般由生产厂家在测量系统的说明书中给出。由准确度的定义可知，对于精度给定的测量仪器，不宜选用大量程来测量较小的量值，否则会使测量误差增大。因此，通常尽量避免让测量系统在小于 1/3 的量程范围内工作。

精度反映了测量中各类误差的综合。测量精度越高，则测量结果中所包含的系统误差和随机误差越小，当然测量系统的价格就越昂贵。因此，应从被测对象的实际情况出发，选用精度合适的测量仪器，以获得最佳的技术经济效益。

误差理论分析表明，由若干台不同精度的测量仪器组成的测试系统，其测试结果的最终精度主要取决于精度最低的那一台仪器。所以应当选用同等精度的仪器来组成所需的测试系统。如果不可能同等精度，则前面环节的精度应高于后面环节，而不希望与此相反的布局。

3. 灵敏度

灵敏度是指单位输入量所引起的输出量的大小。如水银温度计输入量是温度，输出量是水银柱高度，若温度每升高 1℃，水银柱高度升高 2mm，则它的灵敏度可以表示为 2mm/℃。灵敏度的定义可用下式表示：

$$S_S = \Delta y / \Delta x \tag{3-4}$$

式中，S_S 为测量系统的静态灵敏度；Δy 为输出信号的变化量；Δx 为被测参数的变化量。

测量系统的静态灵敏度是由静态标定来确定的，即由实测该系统的输入、输出来确定。这种关系曲线称为标定曲线，而灵敏度可以定义为标定曲线的斜率，此斜率可以通过"最小二乘法"拟合求得，此法是根据实测的标定曲线找出一条拟合的理想直线，使标定曲线上的所有点与此拟合直线间偏差的平方值之和最小。

一般来讲，测量系统的灵敏度应尽可能高，这意味着它能检测到被测参量极微小的

变化，即被测量稍有变化，测量系统就有较大的输出，并显示出来。但是，灵敏度过高时，会带来测量范围变窄，稳定性变差。因此，在要求高灵敏度的同时，应特别注意与被测信号无关的外界噪声的侵入。为达到既能检测微小的被测量，又能控制噪声使之尽量低，要求测量系统的信噪比越大越好。

4. 非线性度

人们希望测量系统的输入量和输出量之间呈线性关系，但实际中标定曲线往往不是理想的直线，非线性度就是用来表示标定曲线偏离理想直线程度的技术指标，如图 3-1 所示。理想直线的确定一般使用"最小二乘法"。

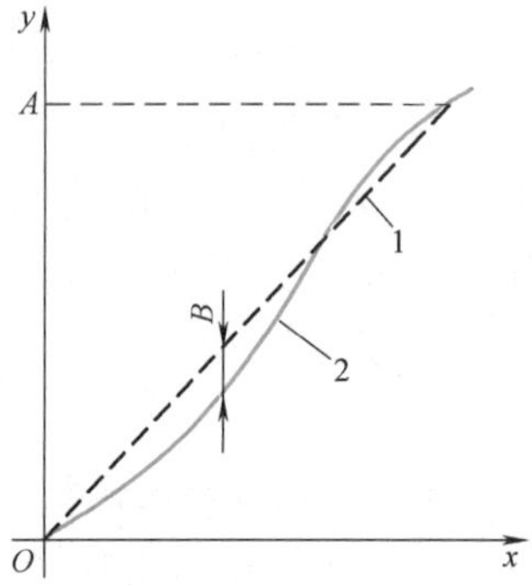

非线性度采用最大引用误差来度量。即用标定曲线相对于拟合理想直线的最大偏差 B_{max} 与全量程 A 之比值的百分率作为非线性度的度量，若用 N 表示非线性度，则

$$N = (B_{max}/A) \times 100\% \qquad (3-5)$$

图 3-1　非线性度
1—拟合直线　2—实测标定曲线

任何测量系统都有一定的线性范围。在线性范围内，输出与输入成比例关系，线性范围越宽，表明测量系统的有效量程越大。测量系统在线性范围内工作是保证测量精度的基本条件。然而实际测量系统是很难保证其绝对线性的，因此，在实际应用中，只要能满足测量精度要求，也可以在近似线性的区间内工作。必要时，可以进行非线性补偿。

5. 分辨率

有些测量系统（如数字式仪表），当输入量连续变化时，输出量做阶梯变化。这种情况下，分辨率表示输出量的每个"阶梯"（最小变化量）所代表的输入量的大小。例如，用显示保留小数点后两位的数字仪表测量时，输出量的变化"阶梯"为 0.01，那么 0.01 的输出所对应输入量的大小即为分辨率。

对于输出量为连续变化的测量系统，分辨率是指测量系统能指示或记录的最小输入增量。

6. 回程误差

对于理想的线性测量系统，其输出与输入具有完全的一一对应关系。而实际的测量系统在测量时，其输入量逐渐增大时所得到的标定曲线与输入量逐渐减少时所得到的标定曲线往往并不重合，如图 3-2 所示。因此，在相同测试条件下和满量程范围 A 内，当输入量由小增大和由大减小时，对于同一输入量可得到两个数值不同的输出量，则其差的最大值 h_{max} 与满量程范围 A 之比值的百分比称为回程误差。若用 H 表示回程误差，则

$$H = (h_{max}/A) \times 100\% \qquad (3-6)$$

产生回程误差主要有两个原因，一是在测量系统中有吸收能量的元件，如黏滞性元件和磁性元件；二是在机械结构中存在着摩擦和游隙等。在设计和制造中应予以必要的重视。

7. 重复性

在同一测试条件下，对测量系统重复加入同样大小的输入量所得到的输出量之间的差异。此试验一般在测试系统标定过程中进行，具体做法是：在全部量程范围内选若干

个有代表性的点进行重复测量，最后在其中选择一个差异最大者，其意义与精度类似。

8. 稳定性

稳定性表示测量系统在一个较长时间内保持其性能参数的能力，也就是在规定的条件下，测量系统的输出特性随时间的推移而保持不变的能力。一般以室温条件下经过一个规定的时间后，测量系统的输出与起始标定时的输出差异程度来表示其稳定性。表示方式如：多少个月不超过百分之多少满量程输出。有时也采用给出标定的有效期来表示其稳定性。

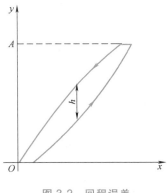

图 3-2　回程误差

零漂是测量系统性能不稳定的一个常见现象。例如：在室温不变或电源不变的条件下，有的测量系统的零点输出会发生变化；有的测量系统则在温度变化时其零点输出或灵敏度会发生变化。

影响稳定性的因素主要是时间、环境、干扰和测量系统的器件状况。选用测量系统时应该考虑其稳定性，特别是在复杂环境下工作时，应考虑各种干扰（如磁辐射和电网干扰等）的影响，提高测量系统的抗干扰能力和稳定性。

9. 负载效应

测量系统进入测量状态时，多数情况下总要从被测对象内吸取功率或能量。例如：电压表的接入要吸收被测电路中的功率；测力计在被测力作用下变形，外力做功转变为弹性势能。这就使得被测对象偏离了其本来的状态，导致测量误差，这种现象称为负载效应。

负载效应的大小与测量系统的输入阻抗和被测对象或前一环节的输出阻抗有关，应尽量使这两个阻抗按要求匹配，以减少对被测系统的影响，提高测量精度。

3.2　一般测量系统的动态特性

测量系统的动态特性是指被测量随时间变化时，测量系统的输入、输出及其关系的特性或技术指标。

测量系统的动态特性是指测量系统的输出对快速变化的输入信号的动态响应特性。对于测量动态信号的测量系统，要求它能迅速而准确地测出信号的大小和真实地再现信号的波形变化。换言之，就是要求测量系统在输入量改变时，其输出量能立即随之不失真地改变。在实际测试中，如果测量系统选用不当，输出量就不能良好地追随输入量的快速变化而导致较大的测量误差。因此，研究测量系统的动态特性有着十分重要的意义。本节首先介绍线性定常测量系统及其基本特性，然后借助频率响应函数重点讨论测量系统的动态特性。

3.2.1　线性定常系统及其基本特性

在第 1 章绪论中已经讲述了测试系统的构成，即一般的测量系统（或测量装置）主要由传感器、信号调理、信号处理以及显示与记录等四部分组成。基于广义测量系统的观点，测量系统及其组成部分是指能够产生连续输入、输出的某个功能模块，尽管测量系统的组成各不相同，但总可以将其抽象和简化。从功能上看，我们可以将测试系统整体看作一个功能模块，如在一个自动控制系统中，测量系统是获取和度量被控参数的一个功能模块；也可以将测量系统的一个部分（或多个部分的组合）看作一个功能模块，如传感器及其敏感元件是信号获取的功能模块，放大器、微分器、积分器等是信号调理的功能模块。

如果将一个功能模块简化为一个方框表示，并用 $x(t)$ 表示输入量，用 $y(t)$ 表示输出量，用 $h(t)$ 表示系统的传递特性，则输入、输出和测量系统之间的关系可用图 3-3 表示。当已知其中任意两个量时，便可推断

图 3-3　测量系统及其输入、输出

或估计第三个量，这便构成了工程测试中需要解决的三个方面的实际问题：

1）系统辨识。已知系统的输入量和输出量，求系统的传递特性。

2）响应预测。已知系统的输入量和传递特性，求系统的输出量。

3）载荷识别。已知系统的传递特性和输出量，推知系统的输入量。

为了解决上述任何一个问题，首先必须从数学角度对系统进行描述。由"机械控制理论基础"课程可知，无论是机械、电气、液压系统，还是热力学系统，都可以用微分方程这一数学模型加以描述，然后对微分方程求解，就可以得到系统在输入作用下的响应，即系统的动态响应。因此，测量系统的数学描述就是利用测量系统的物理特性建立测量系统的输入与输出之间的数学关系，即输入与输出之间的微分方程。

一般来讲，我们希望测量系统为线性定常测量系统。如果用 $x(t)$ 表示输入量（又称为被测量），用 $y(t)$ 表示输出量（又称为读数），则在时域内，描述线性定常系统的 $x(t)$ 和 $y(t)$ 之间关系的微分方程为

$$a_n \frac{d^n y}{dt^n} + a_{n-1} \frac{d^{n-1} y}{dt^{n-1}} + \cdots + a_1 \frac{dy}{dt} + a_0 y = b_m \frac{d^m x}{dt^m} + b_{m-1} \frac{d^{m-1} x}{dt^{m-1}} + \cdots + b_1 \frac{dx}{dt} + b_0 x \tag{3-7}$$

式中，a_n、a_{n-1}、$\cdots$、a_1、a_0 和 b_m、b_{m-1}、$\cdots$、b_1、b_0 为由具体测量系统或功能组件的物理性质决定的常数。一般规定微分方程的阶数就是测量系统的阶数。

线性定常系统具有下列一些主要基本特性：

1. 叠加性

对于线性定常系统，假设输入信号是 $x_1(t)$、$x_2(t)$，其对应的输出信号分别是 $y_1(t)$、$y_2(t)$，记作 $x_1(t) \rightarrow y_1(t)$，$x_2(t) \rightarrow y_2(t)$，且 c_1、c_2 为常数，则必有

$$c_1 x_1(t) \pm c_2 x_2(t) \rightarrow c_1 y_1(t) \pm c_2 y_2(t) \tag{3-8}$$

此式对于有限多项输入和输出也是成立的。

2. 可微性

设有 $x(t) \rightarrow y(t)$，则有

$$x'(t) \rightarrow y'(t)，x''(t) \rightarrow y''(t)，\cdots，x^{(n)}(t) \rightarrow y^{(n)}(t) \tag{3-9}$$

还可证明，对于线性定常系统，如果初始条件为零，则系统对输入信号积分的响应

等于对输入信号响应的积分。

3. 同频性

对于线性定常系统，设输入信号是某一频率为 ω 的简谐信号，则其输出必定也是频率为 ω 的简谐信号，即

若输入为
$$x(t) = x_0 e^{j\omega t} \tag{3-10}$$

则输出必为
$$y(t) = y_0 e^{j(\omega t + \phi)} \tag{3-11}$$

线性定常系统的这些主要性质，特别是叠加性和同频性，在测试工作中具有重要意义。例如，当测试系统的输入信号为由多种频率成分叠加而成的复杂信号时，对应的输出信号就等于组成输入信号的各频率成分分别输入到此测试系统时所引起的输出信号的叠加，这样就可以把一个复杂信号的作用看成为若干个简单信号作用的和，从而使问题简化。又如，已经知道测试系统是线性的，其输入信号的激励频率也已知，那么，测得的输出信号中就只有与激励频率相同的频率成分才真正是由输入信号所引起的，而其他频率成分都是噪声（干扰）。利用这一性质，就可采用相应的滤波技术，将在很强噪声干扰下的有用信息提取出来。

3.2.2 测量系统频率响应函数

频率响应是指测量系统对正弦输入的稳态响应。由线性定常系统的同频性可知，设输入信号 $x(t) = x_0 e^{j\omega t}$，则对应的输出信号是 $y(t) = y_0 e^{j(\omega t + \phi)}$，将 $x(t)$，$y(t)$ 代入线性定常系统的微分方程式（3-7）两边，可得

$$y_0 e^{j(\omega t + \phi)} = \frac{b_m (j\omega)^m + b_{m-1}(j\omega)^{m-1} + \cdots + b_1 j\omega + b_0}{a_n (j\omega)^n + a_{n-1}(j\omega)^{n-1} + \cdots + a_1 j\omega + a_0} x_0 e^{j\omega t} \tag{3-12}$$

上式也可写为

$$y(t) = H(j\omega)x(t) \tag{3-13}$$

其中

$$H(j\omega) = \frac{b_m (j\omega)^m + b_{m-1}(j\omega)^{m-1} + \cdots + b_1 j\omega + b_0}{a_n (j\omega)^n + a_{n-1}(j\omega)^{n-1} + \cdots + a_1 j\omega + a_0} \tag{3-14}$$

$H(j\omega)$ 称为线性测量系统的频率响应函数，它是由系统物理性能决定的一个复变函数，是信号频率 ω 的函数。将上式与"机械控制理论基础"课程中的传递函数比较，可知频率响应函数是传递函数的特例，它反映了频域内测量系统输入与输出之间的传递关系，因此有时也称频率响应函数为传递函数。所不同的是，控制理论课程中研究系统传递函数的主要目的是研究参数变化对系统性能的影响，进而研究系统的稳定性；而测试技术课程中研究系统传递函数或频率响应函数特性的目的是研究系统特性如何影响测量精度，或者说讨论什么样的测量系统不会引起测量结果失真。

式（3-12）可进一步简化为

$$y_0 e^{j\phi} = |H(j\omega)| x_0 e^{j\angle H(j\omega)} \tag{3-15}$$

式中，$|H(j\omega)|$ 为频率响应函数 $H(j\omega)$ 的模，即幅度；$\angle H(j\omega)$ 为频率响应函数 $H(j\omega)$ 的幅角，即相位角。

由上式可得

$$y_0 = |H(j\omega)|x_0 \text{ 或 } y_0/x_0 = |H(j\omega)| \qquad (3-16)$$

$$\phi = \angle H(j\omega) \qquad (3-17)$$

可见，$|H(j\omega)|$为输出与输入的幅值比，也就是动态测量系统的灵敏度。在静态测量中测量系统的灵敏度大多是常数，而在动态测量中测量系统的灵敏度通常是ω的函数，它随着频率的变化而变化。这是动态测量和静态测量的一个显著差别。

由式（3-17）可以看到，ϕ通常也是ω的函数，可写成$\phi(\omega)$，它表示了测量系统的输出信号相对于输入信号的初始相位的迁移量。

由上面的分析可知，一个测量系统只要已知其$H(j\omega)$，则任何简谐输入信号$x(t)$所引起的输出$y(t)$均可确定。需要说明的是，式（3-13）仅适用于输入是单一频率的简谐信号。若输入$x(t)$不是单一频率的简谐信号，而是任意的确定性信号，将它输入测量系统后，它与输出信号$y(t)$之间在频域内的关系为

$$Y(j\omega) = H(j\omega)X(j\omega) \qquad (3-18)$$

式中，$Y(j\omega)$、$X(j\omega)$分别为输出信号$y(t)$和输入信号$x(t)$的傅里叶变换，即其频谱；$H(j\omega)$为测量系统的频率响应函数。

3.3　典型测量系统的动态特性

为了对测量系统动态特性的本质进一步加深理解，本节首先介绍理想测量系统的动态特性，然后分别介绍一阶和二阶测量系统的动态特性。

3.3.1　理想测量系统的动态特性

对于零阶测量系统，输入信号$x(t)$和输出信号$y(t)$之间的微分方程式（3-7）中的微分项的系数均为0，则有

$$a_0 y(t) = b_0 x(t) \qquad (3-19)$$

上式可改写为

$$y(t) = (b_0/a_0)x(t) = S_S x(t) \qquad (3-20)$$

式中，$S_S = b_0/a_0$称为测量系统的静态灵敏度。

对上式的等号两边做傅里叶变换，可得到零阶测量系统的频率响应函数，即

$$Y(j\omega) = S_S X(j\omega) \qquad (3-21)$$

$$H(j\omega) = Y(j\omega)/X(j\omega) = S_S = 常数 \qquad (3-22)$$

上式说明，输出信号的频谱仅仅按一定的比例复现输入信号的频谱，频谱形状不发生畸变，这说明零阶测量系统不会因频率变化而引起动态测量误差，因此，我们称零阶测量系统为理想测量系统。比例放大器就属于这种理想的零阶测量系统。

延时环节也是零阶测量系统，它的输出信号$y(t)$精确地复现输入信号，但出现时间滞后t_0，其输入、输出关系可表示为

$$y(t) = kx(t-t_0) \tag{3-23}$$

在气动测量系统中，气压信号从输气管的一端传到另一端需要时间，两端气压信号的关系符合上式。若管子长度为 l，气压波传播速度为 v，则 $t_0 = l/v$。对式（3-23）的两边做傅里叶变换得

$$Y(j\omega) = k \int_{-\infty}^{\infty} x(t - t_0) e^{-j\omega t} dt \tag{3-24}$$

根据傅里叶变换的时移性质，从上式得到

$$Y(j\omega) = k e^{-j\omega t_0} X(j\omega) \tag{3-25}$$

由上式可得这种测量系统的频率响应函数 $H(j\omega)$ 的幅值大小和相位角为

$$\left| H(j\omega) \right| = k \tag{3-26}$$

$$\phi(\omega) = \angle H(j\omega) = -\omega t_0 \tag{3-27}$$

可见，系统频率响应函数的幅值为常数，不随频率变化，相位角随频率线性变化。

上面两个零阶测量系统的输出信号都可以无畸变地复现输入信号，或者说实现了理想的不失真测量。可以看出，前者是后者的特殊情况，即延时环节完整地包含了实现不失真测量应当具有的幅频特性和相频特性，因此定义延时环节为理想的不失真测量系统。

由式（3-26）和式（3-27）规定的幅、相频特性称为不失真测量条件。图 3-4a 画出了不失真测量系统的输入、输出信号在时域中的相互关系；图 3-4b、c 画出了不失真测量系统的幅、相频特性。

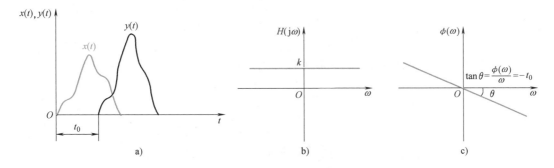

图 3-4　理想不失真测量系统

理想不失真测量系统具有很大的实用价值。判断一个动态测量系统动态性能的优与劣，应当将它的幅、相频特性与理想不失真测量系统的幅、相频特性相比较，两者差异越小，性能越好；反之，性能越差。

需要指出的是，此处所谓"理想"是指在测量学科范围内而言，作为一台测量仪器，若使用者的目的仅是从其输出信号掌握其输入信号，则输出信号相对于输入信号有时移，或者说输出信号的频谱相对于输入信号的频谱有相位移都是可以的。但当测量系统构成控制系统的一个组成环节时，其输出信号的相位移往往会影响系统的工作性能。当它的相位移和控制系统其他组成环节的相位移总和达到 180° 时，负反馈可能变成正反馈，从

而出现振荡。

3.3.2　一阶测量系统的动态特性

在式（3-7）中，如果等式左边二阶以上的微分项的系数为零，而等式右边一阶以上的微分项的系数为零，则变为

$$a_1 \frac{\mathrm{d}y}{\mathrm{d}t} + a_0 y = b_0 x \tag{3-28}$$

具有这种输入-输出关系的测量系统称为一阶系统或一阶测量系统。不难推知，忽略质量的单自由度振动系统、RC 积分电路、液柱式温度计等分别属于力学、电学、热学范畴的一阶系统，它们的输入输出关系均可用式（3-28）这种一阶微分方程表示，只是系数的物理意义不同。这种系统用于测量时称为一阶测量系统。

由式（3-14）可知，一阶测量系统的频率响应函数为

$$H(\mathrm{j}\omega) = \frac{b_0}{a_1\mathrm{j}\omega + a_0} = \frac{b_0}{a_0} \times \frac{1}{1+(a_1/a_0)\mathrm{j}\omega} = S_S \frac{1}{1+\mathrm{j}\omega\tau} \tag{3-29}$$

式中，$S_S = b_0/a_0$ 为前面已定义的测量系统的静态灵敏度；$\tau = a_1/a_0$ 称为测量系统的时间常数。

由式（3-13）可知，若输入信号 $x(t) = x_0 \mathrm{e}^{\mathrm{j}\omega t}$，对应的输出信号为 $y(t) = y_0 \mathrm{e}^{\mathrm{j}(\omega t+\phi)}$，两者之间应符合公式

$$y_0 \mathrm{e}^{\mathrm{j}(\omega t+\phi)} = S_S \frac{1}{1+\mathrm{j}\omega\tau} x_0 \mathrm{e}^{\mathrm{j}\omega t} \tag{3-30}$$

或者

$$y_0 \mathrm{e}^{\mathrm{j}\phi} = S_S \frac{1}{\sqrt{1+(\omega\tau)^2}} x_0 \mathrm{e}^{-\mathrm{j}\arctan\omega\tau} = S_S A(\omega) x_0 \mathrm{e}^{\mathrm{j}\phi(\omega)} \tag{3-31}$$

式中，一阶测量系统的幅频特性与相频特性分别为

$$A(\omega) = \frac{1}{\sqrt{1+(\omega\tau)^2}} \tag{3-32}$$

$$\phi(\omega) = -\arctan\omega\tau \tag{3-33}$$

现对 $A(\omega)$ 和 $\phi(\omega)$ 的含义做进一步分析。由上面的公式可得

$$y_0 = S_S A(\omega) x_0 \tag{3-34}$$

定义动态灵敏度

$$S_D = y_0/x_0 = S_S A(\omega) \tag{3-35}$$

由于测量系统的 S_S 是常数，可归一化为 $S_S = 1$，则

$$S_D = y_0/x_0 = A(\omega) \tag{3-36}$$

由上式可见，在规定 $S_S = 1$ 的条件下，$A(\omega)$ 就是测量系统的动态灵敏度。由于它给出了当输入信号的幅值 x_0 给定、频率 ω 改变时，对应的输出信号 $y(t)$ 的幅值 y_0 随 ω 的改变情况，所以又称它为幅频特性。

$\phi(\omega)$ 表示输出信号相对于输入信号滞后了一个相位角，它也是 ω 的函数，所以称为测量系统的相频特性。由第 2 章可知，频域中的相移对应于时域中的时移，因此，在时

域中输出信号相对于输入信号滞后的时间是

$$t=\phi(\omega)/\omega=-\arctan(\omega\tau)/\omega\approx-\tau \quad (当\ \omega\tau\approx0\ 时)\tag{3-37}$$

由上式可见，当输入信号 ω 较低，使得 $\omega\tau$ 较小，$\phi(\omega)$ 不大时，输出信号相对于输入信号滞后的时间就是常数 τ。τ 被称为测量系统的时间常数的原因就在于此。图 3-5 画出了一阶测量系统的幅、相频特性曲线。

将图 3-5 与图 3-4 给出的理想不失真测量系统的幅、相频特性相比，可见存在相当大的差距。图 3-5 中的 $A(\omega)$-ω 不是一条水平线，$\phi(\omega)$-ω 也不是一条通过零点的直线。因此，用它测量由多种频率成分构成的复杂信号时，不同频率成分幅值的放大程度不同，从而引起幅度失真，不同频率成分的滞后时间也不

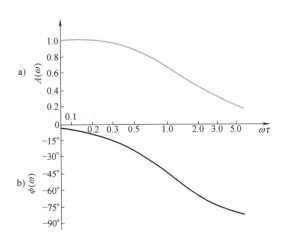

图 3-5　一阶测量系统的幅、相频特性曲线
a）幅频特性曲线　b）相频特性曲线

相同，从而引起相位失真。此外还可看出，一阶测量系统可以看成是一个低通滤波器，它对于低频信号具有较小的失真，而对高频信号具有较大的失真。这种失真就表现为测量误差。

3.3.3　二阶测量系统的动态特性

在式（3-7）中，如果等式左边三阶以上的微分项的系数为零，而等式右边一阶以上的微分项的系数为零，则变为

$$a_2\frac{\mathrm{d}^2y}{\mathrm{d}t^2}+a_1\frac{\mathrm{d}y}{\mathrm{d}t}+a_0y=b_0x\tag{3-38}$$

具有这种输入-输出关系的测量系统称为二阶系统或二阶测量系统。许多测量系统，如千分表、电感式量头、压电式加速度计、电容式测声计、电阻应变片式测力计、压力计、动圈式磁电仪表等，它们的输入输出关系均可用式（3-38）这种二阶微分方程表示，只是系数的物理意义不同，所以它们都是二阶测量系统。

为了使微分方程各系数的物理意义更加明确，对式（3-38）的系数做一些变换，令

$$\omega_{\mathrm{n}}=\sqrt{\frac{a_0}{a_2}}\tag{3-39}$$

$$\zeta=\frac{a_1}{2\sqrt{a_0a_2}}\tag{3-40}$$

式中，ω_{n} 为测量系统的固有频率；ζ 为测量系统的阻尼比。不难理解，ω_{n} 和 ζ 都取决于测量系统本身的参数。测量系统一经组成或测量系统一经制造调试完毕，其 ω_{n} 与 ζ 也随之确定。

经系数变换后，式（3-38）变为

$$\frac{\mathrm{d}^2 y}{\mathrm{d}t^2}+2\zeta\omega_{\mathrm{n}}\frac{\mathrm{d}y}{\mathrm{d}t}+\omega_{\mathrm{n}}^2 y = S_{\mathrm{S}}\omega_{\mathrm{n}}^2 x \tag{3-41}$$

式中，$S_{\mathrm{S}}=b_0/a_0$，前面已定义它是测量系统的静态灵敏度。

由式（3-14）和上式可知，二阶测量系统的频率响应函数为

$$H(\mathrm{j}\omega) = S_{\mathrm{S}}\frac{1}{1-(\omega/\omega_{\mathrm{n}})^2+2\mathrm{j}\zeta(\omega/\omega_{\mathrm{n}})} = S_{\mathrm{S}}A(\omega)\mathrm{e}^{\mathrm{j}\phi(\omega)} \tag{3-42}$$

式中，二阶测量系统的幅频特性与相频特性分别为

$$A(\omega) = 1/\sqrt{[1-(\omega/\omega_{\mathrm{n}})^2]^2+4\zeta^2(\omega/\omega_{\mathrm{n}})^2} \tag{3-43}$$

$$\phi(\omega) = -\arctan\frac{2\zeta(\omega/\omega_{\mathrm{n}})}{1-(\omega/\omega_{\mathrm{n}})^2} \tag{3-44}$$

与一阶测量系统相同，当输入信号为简谐信号 $x(t)=x_0\mathrm{e}^{\mathrm{j}\omega t}$ 时，对应的输出信号为

$$y(t) = H(\mathrm{j}\omega)x(t) = S_{\mathrm{S}}A(\omega)x_0\mathrm{e}^{\mathrm{j}[\omega t+\phi(\omega)]} = y_0\mathrm{e}^{\mathrm{j}[\omega t+\phi(\omega)]} \tag{3-45}$$

由以上可见，对于二阶测量系统，其 $A(\omega)$ 和 $\phi(\omega)$ 的含义与一阶测量系统相同。$A(\omega)$ 是此测量系统归一化的动态灵敏度，$\phi(\omega)$ 是输出信号相对于输入信号的相位滞后，或者说它规定了输出信号的滞后时间 $t=\phi(\omega)/\omega$。

根据式（3-43）和式（3-44），可以画出二阶测量系统的幅、相频特性曲线，如图3-6所示。为了便于对不同的二阶系统进行比较，作图时以 $\omega/\omega_{\mathrm{n}}=\eta$ 为横坐标，以 $A(\eta)$ 和 $\phi(\eta)$ 为纵坐标。由式（3-43）和式（3-44）可见，$A(\eta)$ 和 $\phi(\eta)$ 都是阻尼比 ζ 的函数。因此，给定 $\zeta=0,0.05,0.1,\cdots,1$ 等一系列值时可得到 $A(\eta)$ 和 $\phi(\eta)$ 的特性曲线族。对这些曲线族进行分析，可知其具有以下特点：

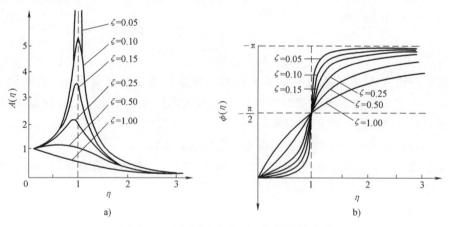

图 3-6　二阶测量系统的幅、相频特性曲线

1）$\eta=\omega/\omega_{\mathrm{n}}=0$ 时，$A(\eta)$ 均为 1，$\phi(\eta)$ 均为 0，与阻尼比 ζ 无关。

2）当 $\eta\to\infty$ 时，$A(\eta)\to0$，$\phi(\eta)\to-180°$，也与阻尼比 ζ 无关。

3）在 $\eta=0\to\infty$ 的过程中，$A(\eta)$-η 曲线上出现一个峰值。对式（3-43）的分母求导并令其等于 0，可求得

$$\eta_{max} = \sqrt{1 - 2\zeta^2} \qquad (3\text{-}46)$$

$$A_{max}(\eta) = \frac{1}{(2\zeta\sqrt{1-\zeta^2})} \qquad (3\text{-}47)$$

由 η_{max} 和 $A_{max}(\eta)$ 的函数表达式可见，在阻尼比 ζ 从 0 逐渐加大时，η_{max} 从 1 逐步减小，即峰值点的横坐标逐步向 0 趋近。当 $\zeta = 0.707$ 时，$\eta_{max} = 0$，即峰值点移动到纵坐标轴上。在此过程中，$A_{max}(\eta)$ 的值也在不断减小，当 $\zeta = 0.707$ 时，降为 1，即 $A(\eta)\text{-}\eta$ 曲线的峰值点消失，呈单调下降。当 $\eta = 1$ 时，所有的 $\phi(\eta) = -90°$。

可见，二阶测量系统的幅频特性不是一条直线，所以当输入信号是由多种频率构成的复杂信号时，测量系统对不同频率的信号有不同的灵敏度，从而引起幅度失真；它的相频特性也不是一条过零点的直线，所以不同频率成分通过时，延时时间不等，在时间轴上产生"错位"，从而产生相位失真。显然，二阶测量系统也可以看成是一个低通滤波器。

3.4 动态测量误差及补偿

前面在介绍测量系统的静态特性时，提到了测量系统的精度表示方法，指出引用误差表示的是测量仪器的误差，而绝对误差及相对误差均是测量误差。当测量系统对动态量进行测量时，若测量系统的动态响应特性不够理想，则输出信号的波形与输入信号的波形相比就会产生畸变，这种畸变造成的测量误差称为测量系统的动态测量误差，显然动态误差是频率的函数。在测量过程中需要采取措施减少或消除动态测量误差。为此，本节首先给出常见的一阶和二阶测量系统动态测量误差的求解方法，然后介绍动态测量误差的补偿方法。

3.4.1 测量系统的动态测量误差

一般来讲，动态误差总是存在的，但只要使误差控制在一定的范围内就可以。通常定义允许的动态测量误差为

$$\varepsilon = \left| \frac{A(\omega) - A(0)}{A(0)} \right| \times 100\% = \left| A(\omega) - 1 \right| \times 100\% \leqslant \text{某一给定值} \qquad (3\text{-}48)$$

因为相位误差和幅值误差是有联系的，幅值误差小时，相位误差也比较小，所以一般只规定幅值误差，不规定相位误差。

1. 一阶测量系统动态测量误差

对于一阶测量系统，已知其幅频特性为

$$A(\omega) = \frac{1}{\sqrt{1 + (\omega\tau)^2}} \qquad (3\text{-}49)$$

由于一阶测量系统满足 $A(\omega) \leqslant 1$，根据式（3-48）可知，一阶测量系统允许的幅值误差

$$1-A(\omega)\leqslant\varepsilon \quad 或 \quad 1-1/\sqrt{1+(\omega\tau)^2}\leqslant\varepsilon \tag{3-50}$$

显然，若其时间常数 τ 一旦确定，这时若再规定一个允许的幅值误差 ε，则允许用它测量的最高信号频率 ω_h 也相应确定。规定 $\omega=0\sim\omega_h$ 为可用频率范围。即当被测信号频率在此范围内时，幅值测量误差小于允许值 ε。

综合上述，为了恰当选择一阶测量系统，必须首先对被测信号有概略了解。除了要知道其幅值的变化范围之外，还要了解构成此信号的各频率成分的频率范围。显然，测量系统可测最高频率 ω_h、允许的幅值误差 ε 和测量系统的时间常数 τ，三个参数是相互制约的。

例 3-1　设有一阶测量系统，其时间常数 τ 为 0.1s。如果要求输出信号的幅值误差小于 6%，问可测频率范围为多大？这时输出信号的滞后角是多少？

解：根据式（3-50）和题意，可知要求 $1-A(\omega)\leqslant0.06$，则 $A(\omega)\geqslant0.94$。

以 $\tau=0.1\mathrm{s}$ 代入式（3-50），解出 $\omega\leqslant3.63\mathrm{rad/s}$。

此时可根据式（3-33）求出输出信号的滞后角 $\phi(\omega)=-\arctan 0.1\times3.63=-19.95°$。所以，可用频率范围为 $0\sim3.63\mathrm{rad/s}$，即 $0\sim0.58\mathrm{Hz}$，滞后角为 $-19.95°$。

2. 二阶测量系统动态测量误差

对于二阶测量系统，已知

$$A(\omega)=1/\sqrt{[1-(\omega/\omega_n)^2]^2+4\zeta^2(\omega/\omega_n)^2} \tag{3-51}$$

由于二阶测量系统不满足 $A(\omega)\leqslant1$，根据式（3-48）可知，二阶测量系统允许的幅值误差

$$1-\varepsilon\leqslant A(\omega)\leqslant1+\varepsilon$$

或

$$1-\varepsilon\leqslant1/\sqrt{[1-(\omega/\omega_n)^2]^2+4\zeta^2(\omega/\omega_n)^2}\leqslant1+\varepsilon \tag{3-52}$$

由式（3-52）可知，允许的测量误差 ε 与频率比 η 及阻尼比 ζ 有关。当 ε 为 5% 时，不同阻尼比 ζ 对可用频率范围的影响如图 3-7 所示。可见当 $\zeta=0.59$ 时，可用频率范围 η 最宽为 $0\sim0.867$，它就是 5% 允许测量误差的最佳阻尼比。

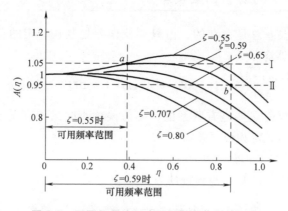

图 3-7　不同阻尼比 ζ 对可用频率范围的影响

不同测量误差 ε 对应的最佳阻尼比 ζ_b 和可用频率范围 η 见表 3-1。由表可见，允许的 ε 越小，ζ_b 越大，可用频率范围越窄。但由于当 $\zeta\geqslant0.707$ 时，幅频特性是一条单调下降

的曲线，可用频率范围会变窄，所以 ζ_b 的最大值不可大于 0.707。一般来讲，二阶测量系统的最佳阻尼比为 0.6~0.7，通常实际的可用频率范围为 $0~0.6\omega_n$。

表 3-1 与不同 ε 相对应的最佳阻尼比和可用频率范围

允许的测量误差 $\pm\varepsilon$（%）	最佳阻尼比 ζ_b	可用频率范围 η
±10	0.54	0~1.028
±5	0.59	0~0.867
±2	0.63	0~0.692
±1	0.66	0~0.585

例 3-2 设有两个结构相同的二阶测量系统，其无阻尼自振频率 ω_n 相同，而阻尼比不同，一个是 0.1，另一个是 0.65。如果允许的幅值测量误差是 10%，问：它们的可用频率范围各是多少？

解： 求测量系统的可用频率范围实际上是求其幅频特性曲线与 $A(\omega)=1\pm\varepsilon$ 两根直线的交点的横坐标，如图 3-8 所示。

1）将 $A(\omega)=1.1$ 和 $\zeta=0.1$ 代入式（3-51）解得，$\omega/\omega_n=0.304$ 和 1.366 分别为图 3-8 中点 1 和点 2 的横坐标。

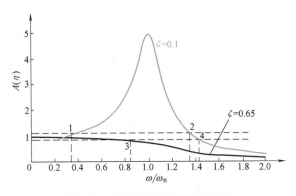

图 3-8 求解可用频率范围示意图

2）将 $A(\omega)=1.1$ 和 $\zeta=0.65$ 代入式（3-51）解得，方程无实解，这是因为 $\zeta=0.65$ 的幅频特性的极大值小于 1.1，所以两者无交点。

3）将 $A(\omega)=0.9$ 和 $\zeta=0.1$ 代入式（3-51）解得，$\omega/\omega_n=1.44$ 为图 3-8 中点 4 的横坐标。

4）将 $A(\omega)=0.9$ 和 $\zeta=0.65$ 代入式（3-51）解得，$\omega/\omega_n=0.815$ 为图 3-8 中点 3 的横坐标。

由上面计算结果可知，对于 $\zeta=0.1$ 的测量系统，可用频率范围为 $\omega/\omega_n=0~0.304$；对于 $\zeta=0.65$ 的测量系统，可用频率范围为 $\omega/\omega_n=0~0.815$。

由此例题可见，阻尼比 ζ 显著影响二阶测量系统的可用频率范围。当 ζ 由 0.1 增至 0.65 时，其可用频率范围由 $\omega/\omega_n=0~0.304$ 增至 $0~0.815$，扩大了 1.68 倍。

因此，在进行动态测量时，测量系统的频响特性必须与被测信号的频率结构相适应，即要求被测信号的有意义的频率成分必须包含在测量系统的可用频率范围之内。另一个值得注意的是，测量系统的可用频率范围是与规定的允许幅值误差相联系的。允许的幅值误差越小，其可用频率范围越窄；反之，允许的幅值误差越大，其可用频率范围越宽。在选择测量系统和组成测量系统时，必须注意这两条规则，不可违背。

3. 动态测量误差与静态测量误差的区别

从误差的本质来看，动态测量误差与静态测量误差是一致的，都是测得值与真值之差。但在本书的介绍中，测量系统在频域的频响特性所引起的动态测量误差与在时域由非线性度等特性引起的静态测量误差不是一个概念。频响特性所造成的动态测量误差是由被测信号的频率变化引起的，而静态测量误差是由测量系统的非线性度、稳定性等因素所造成的，或者说是由被测信号的幅值大小变化或环境变化等引起的。当被测信号的频率构成比较简单，而幅值变化或环境变化等比较大时，主要考虑静态误差的减小或补偿，而动态误差可以通过系统标定来减小。当被测信号的频率构成比较复杂，而幅值变化或环境变化等较小时，主要考虑动态误差的减小或补偿，而静态误差可以通过系统标定来减小。当被测信号的频率构成比较复杂，并且幅值变化或环境变化等比较大时，动态误差和静态误差必须同时考虑，计算测量总误差时，应该将这两种误差叠加。

3.4.2　动态测量误差的补偿方法

由于测量系统的频率响应范围总是有限的，而且幅频特性常常不是理想的平坦直线，因而被测信号中各种频率的谐波，有的被放大，有的被衰减甚至完全被滤掉；同样，由于其相频特性不是理想的直线，因而各种频率的谐波的相互之间的相位差改变了。所有这些都使测量所得的输出信号与被测信号之间存在畸变，这种畸变虽然也可以算为一种系统误差，然而它与静态测量中的系统误差不同，不可能用一个修正系数去补偿它。这首先是由于畸变发生在整个频率特性曲线上，换句话说，整个特性曲线的波形都发生了畸变，显然不可能用一个修正系数加以修正和补偿的；其次由于这种畸变与被测信号本身的形状有关，或者说与被测信号的频谱有关，而被测信号的形状我们事先并不能确切了解，因为它恰恰是我们希望通过测试去了解的，然而通过测试得到的特性曲线又总是带有畸变，这是一个矛盾。由于这些特殊矛盾，不可能采用静态测量中经常采用的系统误差补偿（或修正）方法，而必须有其独特的方法。

动态误差补偿方法较多，下面主要介绍常用的频域动态误差补偿方法。

由前面分析可知，测量系统的动态误差是由于测量系统频率响应函数 $H(j\omega)$ 不是理想的直线，导致输出信号 $y(t)$ 不能正确反映输入信号 $x(t)$ 的变化规律。也就是说，频域内 $Y(j\omega)$ 的畸变是由于 $H(j\omega)$ 所致，$H(j\omega)$ 在有些频率点偏大导致了 $Y(j\omega)$ 在该频率点偏大，而 $H(j\omega)$ 在有些频率点缩小导致了 $Y(j\omega)$ 在该频率点缩小。那么，如果按照 $H(j\omega)$ 在频域变化规律对 $Y(j\omega)$ 进行反作用，则可以对其误差进行补偿。补偿方法如下：

在已知测量系统频率响应函数 $H(j\omega)$ 的前提下，通过对测量获得的输出信号 $y(t)$ 进行傅里叶变换而得到 $Y(j\omega)$，则不难得到输入信号 $x(t)$ 的傅里叶变换 $X(j\omega)$，即

$$X(j\omega) = Y(j\omega)/H(j\omega) \tag{3-53}$$

显然,上式就是利用已知的 $H(j\omega)$ 对测量获得的 $Y(j\omega)$ 进行了反作用,抵消了 $H(j\omega)$ 在不同频率点的放大或缩小的影响,所获得的值能够反映输入信号在频域的变化规律。对上式进行傅里叶反变换即可得到输入的时域信号 $x(t)$,有

$$x(t) = R^{-1}[X(j\omega)] = R^{-1}[Y(j\omega)/H(j\omega)] \tag{3-54}$$

即由动态标定试验数据求得测量系统的频率响应函数 $H(j\omega)$,再将实际测得的输出信号 $y(t)$ 进行傅里叶变换得 $Y(j\omega)$,然后用式(3-54)计算出 $x(t)$,就是经过动态误差修正的、更接近于真实的输入信号。从理论上讲,$x(t)$ 即为系统的输入信号,具有动态误差的输出信号 $y(t)$,经过正反两次傅里叶变换运算后得到了修正,能够正确反映 $x(t)$ 的变化规律。

由式(3-54)可知,当其分母 $H(j\omega)\to 0$ 时,该式就无意义,即进行动态误差补偿时只有在频率响应函数 $H(j\omega)\neq 0$ 的频域里才是可行的。从物理上讲,通过测试系统后完全消失的那些频率分量就再也无法补偿。事实上,即使某些频率分量没有完全消失,若其幅度衰减到被噪声淹没的程度,对这些频率分量的补偿也难以进行。这就告诉我们,应该尽量使被测信号中所有值得重视的(具有相当幅度的)频率成分都能通过测试系统。尽管在输出信号中有的谐波分量被放大了,有的被衰减了,但只要它们没有被完全消除,就可以经过补偿使它们恢复到原始的幅值和相位。但是,如果某些频率的谐波通过测量系统后被完全消除了,那么即使经过补偿,它们也不可能恢复。

动态误差的频域补偿方法需要进行正、反两次傅里叶变换,尽管可以采用 FFT 算法,但计算工作量仍较大,而计算误差也可能随之增大,因为离散傅里叶变换所固有的混迭、泄漏和栅栏效应都会在这种补偿过程中反映,并会形成新的补偿误差。

频域修正方法的改进方法是:通过动态标定求得原始测量系统频域的传递函数,构造相应的修正传递函数,将误差修正传递函数与原始测量系统串联构成等效测量系统,使得等效测量系统具有我们希望的理想测量系统的动态特性。

由前面 3.3 节分析可知,若要实现不失真测试,等效系统(理想测量系统)的幅频特性与相频特性应分别满足

$$\begin{cases} A(\omega) = |H(j\omega)| = 常数 \\ \phi(\omega) = \angle H(j\omega) = -t_0\omega \end{cases} \tag{3-55}$$

显然,要使等效系统输出信号与输入信号完全一致,即 $A(\omega) = 1$,$\phi(\omega) = 0$,修正传递函数幅频特性和相频特性应为

$$\begin{cases} A'(\omega) = \dfrac{1}{A''(\omega)} \\ \varphi'(\omega) = -\varphi''(\omega) \end{cases} \tag{3-56}$$

式中,$A''(\omega)$ 和 $\varphi''(\omega)$ 分别为通过动态标定获得的原始测量系统的幅频特性和相频特性;$A'(\omega)$ 和 $\varphi'(\omega)$ 分别为修正传递函数的幅频特性和相频特性。显然,通过上式获得修正的传递函数,与原始测量系统串联后就得到了我们希望的理想测量系统。

思考题与习题

3-1 测量系统有哪些静态特性指标?

3-2 线性定常系统有哪些基本特性?简述同频性在动态测量中的重要意义。

3-3 待测压缩机转速为1000r/min,现有1.0级精度、量程为10000r/min及2.0级精度、量程为3000r/min的两个转速表,请问使用哪一个转速表较好,并说明原因。

3-4 说明测量系统的幅频特性 $A(\omega)$ 和相频特性 $\phi(\omega)$ 的物理意义。为什么 $A(\omega) = k$(常数)和 $\phi(\omega) = -\omega t_0$ 时,可以做到理想的不失真测量?

3-5 用时间常数为0.5s的一阶测量系统进行测量,若被测参数按正弦规律变化,如果要求仪表指示值的幅值误差小于2%,问:被测参数变化的最高频率是多少?如果被测参数的周期是2s和5s,幅值误差是多少?

3-6 求周期信号 $x(t)$ 通过频率响应为 $H(j\omega)$ 的测量系统后得到的稳态响应,其中 $x(t) = 0.5\cos10t + 0.2\cos(100t - 45°)$, $H(j\omega) = 1/(1 + 0.005j\omega)$。

3-7 用一个一阶测量系统测量100Hz的正弦信号,如果要求振幅的测量误差小于5%,问:此仪器的时间常数应不大于多少?若用具有该时间常数的测量仪器测量50Hz的正弦信号,相应的振幅误差和相位滞后是多少?

3-8 试说明二阶测量系统的阻尼比的值多采用0.6~0.7的原因。

3-9 已知一个二阶测量系统,阻尼比 $\zeta = 0.65$, $\omega_n = 1200$Hz,问:输入240Hz和480Hz的信号时 $A(\omega)$ 和 $\phi(\omega)$ 各是多少?若阻尼比 ζ 变为0.5和0.707, $A(\omega)$ 和 $\phi(\omega)$ 又各是多少?

3-10 已知某一测力传感器为二阶测量系统,其动态参数为固有频率 $\omega_n = 1200$Hz, $\zeta = 0.707$。试求当测量信号 $x(t) = \sin2\pi\omega_0 t + \sin6\pi\omega_0 t + \sin10\pi\omega_0 t$ 时其幅值、相位变化,其中 $\omega_0 = 600$Hz。最后请用幅频、相频图做出定性解释。

3-11 进行某次动态压力测量时,所采用的压电式力传感器的灵敏度为90.9nC/MPa,将它与增益为0.005V/nC的电荷放大器相连,而电荷放大器的输出接到一台笔式记录仪上,记录仪的灵敏度为20mm/V,试计算这个测量系统的总灵敏度。又当压力变化为3.5MPa时,求记录笔在记录纸上的偏移量。

3-12 设某力传感器可作为二阶振荡系统处理。已知传感器的固有频率为800Hz、阻尼比 $\zeta = 0.14$,问使用该传感器做频率为400Hz的正弦力测试时,其幅值比 $A(\omega)$ 和相角差 $\phi(\omega)$ 各为多少?若该系统的阻尼比可改为 $\zeta = 0.7$,问幅值比 $A(\omega)$ 和相角差 $\phi(\omega)$ 又将做何变化?

4

参数式传感器及其应用

信号的获取与调理是测试系统中非常重要的组成部分，其性能直接影响测试系统的工作效能。在整个测试系统中，传感器承担着信号的获取功能，它是整个测量系统的首要环节，是信息检测的必要工具，也是生产自动化、科学测试、计量核算、监测诊断等系统中不可缺少的基础环节，工程实际中俗称测量头、检测器等。

传感器种类繁多，一种被测量可以用不同类型的传感器来测量，而同一原理的传感器通常又可测量多种非电量，因此传感器分类方法各种各样，目前尚没有统一的分类方法。根据传感器输入输出功能主要有以下两种分类法：

1. 按输入量分类

按输入量可以将传感器分为温度、压力、位移、速度、湿度等传感器。这种分类方法给使用者提供了方便，容易根据测量对象来选择所需要的传感器。

2. 按输出量分类

按输出量可以将传感器分为参数式传感器和发电式传感器两类。将输入的工程参数变化转换为电参数变化的传感器称为参数式传感器，常用的有电阻式、电感式和电容式三种基本类型。这种传感器由于在工作时其本身没有内在的能量转换，因而不能产生电信号输出，故常常被称为无源传感器。将输入的工程参数信号直接转换为电信号输出的传感器称为发电式传感器，常用的有压电式、磁电式、光电式、霍尔式以及热电式等基本类型。与参数式传感器的工作原理不同，发电式传感器在工作时其本身就有内在的能量转换，且能够产生电信号输出，故其常被称为有源传感器。这种分类方法再现了传感器的工作原理，便于学生掌握传感器的基本理论，故本书按此分类方法讲述。本章重点介绍参数式传感器及其应用，下一章将介绍发电式传感器及其应用。

4.1 电阻式传感器

电阻式传感器是将非电量变化转换为电阻变化的传感器。常用的电阻式传感器有电阻应变式、热电阻式等类型。

4.1.1 电阻应变式传感器

电阻应变式传感器就是将应变值转换成电阻值的传感器。它通常是将应变片贴在各种形式的弹性敏感元件上，被测物理量作用于敏感元件使其发生较大应变，贴在敏感元件上的电阻应变片再把应变转换成电阻的变化。不同结构形式的敏感元件可以完成多种参数的转换，可以用于检测力、力矩、压力、位移等多种物理量。

1. 电阻应变片工作原理

对于横截面均匀的导体或半导体，其电阻值为

$$R = \rho \frac{l}{A} \qquad (4\text{-}1)$$

式中，l 为导体或半导体长度；ρ 为导体或半导体电阻率；A 为导体或半导体截面积。

导体或半导体材料在受到外力（拉力或压力）作用下产生机械变形时，其 l、ρ、A 均发生变化，如图 4-1 所示，因此电阻值也随之变化，这种现象称为"应变效应"。通过对式（4-1）微分并整理，可得电阻的相对变化量

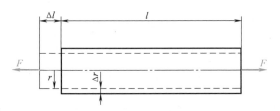

图 4-1 金属丝的应变效应

$$\frac{\mathrm{d}R}{R} = \frac{\mathrm{d}\rho}{\rho} + \frac{\mathrm{d}l}{l} - \frac{\mathrm{d}A}{A} \qquad (4\text{-}2)$$

式中，$\mathrm{d}l/l = \varepsilon_t$ 为材料的轴向应变，工程上常用单位微应变 $\mu\varepsilon$（$1\mu\varepsilon = 1 \times 10^{-6}\,\mathrm{m/m}$）表示。

由上式可见，材料电阻相对变化由两部分引起，第一部分由于几何尺寸变化所致，第二部分是受力后电阻率变化所致。根据材料的泊松比定律，材料沿轴向伸长时，径向尺寸缩小，反之亦然。因此，轴向应变 ε_t 与径向应变 ε_r 之间存在 $\varepsilon_r = -\nu\varepsilon_t$ 关系，由此可推得

$$\mathrm{d}A/A = 2(\mathrm{d}r/r) = 2\varepsilon_r = -2\nu\varepsilon_t \qquad (4\text{-}3)$$

式中，r 为导体的半径；ν 为材料的泊松比。

对于金属材料，实验证明，电阻率的相对变化率与其轴向应变成正比，即

$$\frac{\mathrm{d}\rho}{\rho} = C\frac{\mathrm{d}V}{V} = C\left(\frac{\mathrm{d}l}{l} + \frac{\mathrm{d}A}{A}\right) = C(1-2\nu)\varepsilon_t \qquad (4\text{-}4)$$

式中，C 是一个由其材料及加工方式决定的常数，通常 $C = 1.13 \sim 1.15$。

将式（4-3）、式（4-4）代入式（4-2）可得金属材料发生形变时电阻相对变化率为

$$\frac{\Delta R}{R} \approx \frac{\mathrm{d}R}{R} = [(1+2\nu) + C(1-2\nu)]\varepsilon_t = S_m\varepsilon_t \qquad (4\text{-}5)$$

式中，$S_m = (1+2\nu) + C(1-2\nu)$ 称为金属材料的应变灵敏度。

对于半导体材料，当材料受到应力作用时，其电阻率会发生变化，这种现象称为

"压阻效应"。由半导体理论可知，硅、锗等单晶半导体材料电阻率相对变化与轴向应力 σ 成正比

$$\frac{\mathrm{d}\rho}{\rho} = \pi\sigma = \pi E\varepsilon_\mathrm{t} \tag{4-6}$$

式中，π 为半导体材料沿受力方向的压阻系数；E 为半导体材料的弹性模量；ε_t 为轴向应变。

将式（4-3）、式（4-6）代入式（4-2），则半导体材料受力作用后电阻相对变化率为

$$\frac{\Delta R}{R} \approx \frac{\mathrm{d}R}{R} = \left[(1+2\nu)+\pi E\right]\varepsilon_\mathrm{t} = S_\rho\varepsilon_\mathrm{t} \tag{4-7}$$

式中，$S_\rho = (1+2\nu)+\pi E$ 称为半导体材料的应变灵敏度。

对于金属材料，电阻应变效应主要来自结构尺寸的变化，一般 $\nu \approx 0.3$，因此金属材料的灵敏度较小，约为 2.0。对于半导体材料，电阻应变效应主要来自压阻效应，由于 $\pi E \gg (1+2\nu)$，因此半导体材料的灵敏度较大，为 $50 \sim 200$，分散性也较大。

2. 电阻应变片的类型

电阻应变片品种繁多，形式多样，一般根据敏感栅材料与结构的不同可分为：金属丝式应变片、金属箔式应变片和半导体应变片三种，它们的外形结构如图4-2所示。

图4-2为电阻应变片的典型结构，它由基底、敏感栅、覆盖片和引线组成。其中敏感栅是应变片的核心部分，实现应变—电阻的转换；敏感栅通常粘贴在绝缘基底上，其上再粘贴起保护作用的覆盖片，两端焊接引出导线。目前更常用的是金属箔式应变片，它是利用光刻、腐蚀等工艺制成金属箔栅，可以根据测量需要制成如图4-3所示的各种形状，称为应变花。而半导体应变片通常制成单根形状。

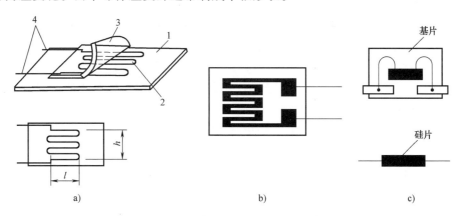

图 4-2　电阻应变片外形结构
a）金属丝式应变片　b）金属箔式应变片　c）半导体应变片
1—基底　2—敏感栅　3—覆盖片　4—引线

3. 电阻应变片的特性

应变片种类很多，测量前应首先选定合适的应变片类型。一般可以根据试验环境、应变性质、试件状况以及测试精度等因素选择合适的应变片。表4-1给出了金属应变片和半导体应变片的典型工作特性。

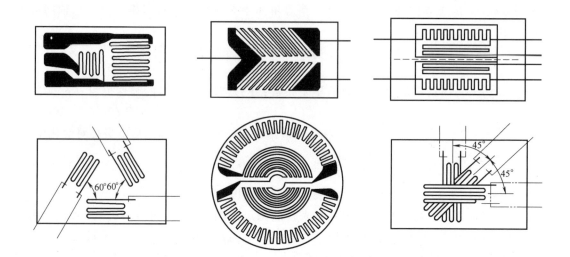

图 4-3　应变花

表 4-1　金属应变片和半导体应变片的典型工作特性

参　　数	金属应变片	半导体应变片
测量范围/$\mu\varepsilon$	0.1～50000	0.001～3000
灵敏度	1.8～4.5	50～200
标称阻值/Ω	120,350,600,…,5000	1000～5000
电阻容差	0.1%～0.35%	1%～2%
有效栅长度/mm	0.4～150　标准值:3～10	1～5

除表 4-1 给出的指标外，选用应变片时还必须注意以下几个技术参数：

1）金属应变片材料。不同的应变片材料具有不同的性能。锰白铜是最常用的电阻丝材料；卡玛合金适用于长时间静态测量时选用，它比锰白铜具有更长的疲劳寿命和更宽的温度范围；铂钨合金具有极长的疲劳寿命。

2）绝缘电阻。应变片绝缘电阻 R 是指已粘贴的应变片与被测试件之间的电阻值，绝缘电阻下降会导致测试系统灵敏度下降，引入测量误差，一般要求 $R>10^8\Omega$。

3）最大工作电流。应变片最大工作电流 $I_{\max}$ 是指已安装的应变片敏感栅允许通过的不影响其工作特性的最大电流值。工作电流大，输出信号大，灵敏度高。但过大的电流会使应变片过热，灵敏度发生改变，因此要加以限定。通常静态测量取 25mA 左右，动态测量可取 75～100mA。

4. 电阻应变片的温度误差及其补偿

温度是影响应变片精度的主要因素，因为应变片的电阻值不仅随着应变而且也随着温度的变化而变化。由于应变引起的阻值变化一般很小，因此电阻温度效应占据相当大的比例。温度误差的另一方面表现为应变片和与之相粘连的衬底材料的热膨胀系数不同，即使材料未受到外部载荷的作用，温度变化也会在应变片中诱发出应变和阻值的变化。因此，有必要分析温度对电阻应变片性能的影响。

1) 温度变化引起应变片本身阻值的变化为

$$\Delta R_T = R\alpha\Delta T \tag{4-8}$$

式中，α 为金属应变片的电阻温度系数，即单位温度变化引起的电阻相对变化；ΔT 为温度变化量。

由式（4-5）可知，该电阻值的变化折算成应变值为

$$\varepsilon_T = \frac{\Delta R_T}{R} \cdot \frac{1}{S_m} = \frac{\alpha\Delta T}{S_m} \tag{4-9}$$

2) 当应变片电阻丝与衬底材料的热膨胀系数不同时，温度变化引起应变片电阻丝和衬底材料的应变分别为

$$\varepsilon_g = \alpha_g\Delta T \tag{4-10}$$

$$\varepsilon_s = \alpha_s\Delta T \tag{4-11}$$

式中，α_g 为应变片电阻丝的热膨胀系数；α_s 为衬底材料的热膨胀系数。当 $\alpha_g \neq \alpha_s$ 时，ε_g 和 ε_s 不相等，从而造成应变误差为

$$\Delta\varepsilon = \varepsilon_g - \varepsilon_s = (\alpha_g - \alpha_s)\Delta T \tag{4-12}$$

上述两个因素造成的总附加应变为

$$\varepsilon_a = \varepsilon_T + \Delta\varepsilon = \frac{\alpha\Delta T}{S_m} + (\alpha_g - \alpha_s)\Delta T \tag{4-13}$$

实际上，应变片的灵敏度系数 S_m 也会随着温度的变化而变化，但一般情况下 S_m 变化甚小，由这一因素引起的应变值的变化可予以忽略。

显然，在测量力、压力等被测量产生的应变时，温度变化引起的应变不是人们所希望的，因此对电阻应变片的温度误差必须进行补偿。图 4-4 示出了一种应变片的温度补偿方案。它采用了一个补偿应变片，补偿应变片与工作应变片为完全一样的应变片，且使它们感受相同的温度。将它们一起配置在电桥的两相邻臂上，由电桥分析（详见 4.1.3）可知，这种配置使得电阻丝的温度系数和差动热膨胀而引起的阻值变化对电桥的输出电压无影响，只有正常的输入载荷引起的阻值变化才会使电桥输出电压发生变化，达到测量应变的目的。

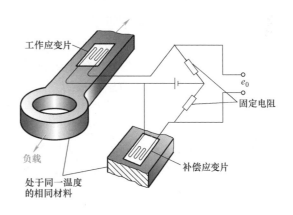

图 4-4 应变片温度补偿

另外一种途径是使用专门的、具有固有温度补偿的应变片，这种应变片采用特殊的材料，该材料能使线膨胀系数和电阻变化造成的效应几乎相互抵消，也即使式（4-13）的 ε_a 等于零，从而可得

$$\alpha_g = \alpha_s - \frac{\alpha}{S_m} \tag{4-14}$$

采用基本满足式（4-14）条件的材料制成的应变片即可基本消除温度系数的影响。

应变片测量的另一误差来源于应变片大小和被测点大小的关系。如在应力分析中，所要测量的是试件上某个点的应变，但由于应变片栅形图案覆盖着被测点周围的一个有限面积区域，因而实际测得的是该面积上的平均应变。若应变梯度是线性的，那么该平均值是应变片中点的应变。但若不是线性的，那么该点的值便是不确定的。这种不确定性随着应变片尺寸的减小而减小，因此应变梯度很陡（应力集中）时常常要求采用很小尺寸的应变片。但尺寸的减小却受到制造工艺和安装手段的限制，目前最小的应变片长度仅为 0.38mm。应变片也可贴在曲面上，对某些应变片来说，曲面的最小安全弯曲半径只有 1.5mm。

5. 电阻应变片的安装

应变片的测量精度与测量可靠性主要取决于敏感栅材料和结构、基底材料、粘结剂和粘结方法、应变片的保护以及测量电路等。也就是说，它受到自身特性、粘贴工艺和测量电路的综合影响。可见，应变片的安装质量是关键因素之一，应予以高度重视。

应变片安装方法有三种：粘贴法、焊接法和喷涂法，其中粘贴法最为常用。应变片粘贴前应首先对其外观进行检查。为使应变片粘贴牢固，需要事先对试件表面进行机械、化学处理，然后按照贴片定位、涂底胶、贴片、干燥固化、贴片质量检查、引线焊接与固定、导线防护与屏蔽等步骤完成应变片安装。

4.1.2　热电阻式传感器

由上一节分析可知，温度可以引起电阻变化，在测量应变时必须消除此效应，换一个角度思考，可以利用该效应制作温度传感器。利用电阻随温度变化的特性制成的传感器称为电阻式温度传感器。按采用的电阻材料不同可分为金属热电阻和半导体热敏电阻。

用金属材料制成的温度传感器称为热电阻。虽然各种金属材料的电阻都随温度而变化，但并非每一种金属都适合做热电阻。适于用作测温敏感元件的电阻材料应具备以下特点：①电阻温度系数 α 要大。电阻温度系数越大，制成的温度传感器的灵敏度越高。电阻温度系数与材料的纯度有关，纯度越高，α 值就越大，杂质越多，α 值就越小，且不稳定。②材料的电阻率要大。这样可使热电阻体积较小，热惯性较小，对温度变化的响应就比较快。③在整个测量范围内，应具有稳定的物理化学性质。④电阻与温度的关系最好近于线性或为平滑的曲线，而且这种关系有良好的重复性。⑤易于加工复制，价格便宜。

根据以上要求，纯金属是制造热电阻的主要材料，广泛应用的有铂、铜、镍、铁等。

用半导体材料制成的热敏器件称为热敏电阻。按电阻-温度特性，可分为三类：负温度系数热敏电阻（NTC）、正温度系数热敏电阻（PTC）和临界温度系数热敏电阻（CTC）。其中 PTC 和 CTC 型在一定温度范围内，阻值随温度剧烈变化，因此常用作开关元件。温度测量主要使用 NTC 型热敏电阻。

负温度系数热敏电阻是一种氧化物的复合烧结体，通常用它测量-100~300℃范围内的温度。与热电阻相比，它具有以下特点：①电阻温度系数大，灵敏度高；②结构简单，体积小，可测量点温度；③电阻率高，热惯性小，适于动态测量。

下面介绍几种常用的热电阻式传感器及其性能。

（1）铂电阻温度传感器 铂金属的优点是物理化学性能极为稳定，并具有良好的工艺性；其缺点是电阻温度系数较小。铂电阻温度传感器是用铂金属丝双绕在云母和陶瓷支架上，端部引出连线，外面再套上玻璃或陶瓷护套构成，如图4-5所示。

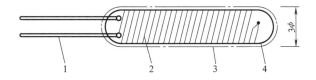

图 4-5 铂电阻温度传感器构造（玻璃密封型）
1—导线 2—铂金芯线 3—玻璃套 4—陶瓷线圈架

铂电阻温度传感器除了用于一般工业测温外，在国际实用温标中，还作为在 $-259.34 \sim 630.74$℃ 温度区间的温度基准。铂电阻与温度之间的关系近似直线，可表示为

在 $-200 \sim 0$℃ 范围内

$$R_t = R_0 \left[1 + At + Bt^2 + C(t - 100℃) t^3 \right] \tag{4-15}$$

在 $0 \sim 650$℃ 范围内

$$R_t = R_0 (1 + At + Bt^2) \tag{4-16}$$

式中，R_0、R_t 分别为 0℃ 和 t℃ 时的电阻值；A、B、C 是系数，对于工业铂电阻：$A = 3.96847 \times 10^{-3}/℃$，$B = -5.847 \times 10^{-7}/℃^2$，$C = -4.22 \times 10^{-12}/℃^4$。

铂电阻温度传感器的精度等级与铂的提纯程度有关，通常用百度电阻比 $W(100) = R_{100}/R_0$ 来表征铂的纯度，R_{100} 和 R_0 分别是 100℃ 和 0℃ 时的电阻值。国内工业用标准铂电阻要求其百度电阻比 $W(100) \geqslant 1.391$。关于铂电阻的精度等级及其他几项指标见表4-2。

目前我国工业上用于测量 73K 以上温度用铂电阻，分度号为 BA1 和 BA2 两种。BA1和 BA2 的 R_0 分别为 46Ω 和 100Ω，铂的纯度为 $R_{100}/R_0 = 1.391$。选定铂电阻后根据式（4-15）和式（4-16）即可列出铂电阻分度表，使用时只要测出热电阻 R_t，通过查分度表就可确定被测温度。

表 4-2 铂电阻的精度等级及其他几项指标

分度号	R_0/Ω	精度等级	R_{100}/R_0	R_0 允许的误差（%）	测量最大允许偏差/℃
BA1	46.00	I	1.3910±0.0007	±0.05	I 级：$-200 \sim 0$℃ 时 $\pm(0.15 + 4.5 \times 10^{-3}t)$
		II	1.3910±0.0010	±0.1	$0 \sim 500$℃ 时 $\pm(0.15 + 3.0 \times 10^{-3}t)$
BA2	100.00	I	1.3910±0.0007	±0.05	II 级：$-200 \sim 0$℃ 时 $\pm(0.3 + 6.0 \times 10^{-3}t)$
		II	1.3910±0.0010	±0.1	$0 \sim 500$℃ 时 $\pm(0.3 + 4.5 \times 10^{-3}t)$

（2）铜电阻温度传感器 铜电阻温度传感器一般用于$-50\sim150℃$范围内的温度测量。在该测温范围内，其电阻值与温度间的关系呈近似线性关系，表达式为

$$R_t = R_0(1+\alpha t) \tag{4-17}$$

铜电阻温度系数 α 高于其他金属的值，$\alpha = 4.25\times10^{-3}/℃$，价格低廉，易于提纯。其缺点是电阻率小，$\rho = 0.017\Omega\cdot mm^2/m$，故铜电阻丝必须做得细而长，从而使它的机械强度降低；易氧化，只能用于无侵蚀性介质中。

镍和铁电阻虽然也适合做热电阻，但由于易氧化、非线性严重，较少应用，在此不做介绍。

（3）热敏电阻 热敏电阻主要由热敏探头、引线、壳体组成，其结构及符号如图4-6所示。

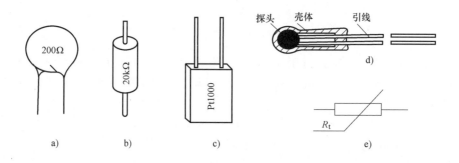

图 4-6 热敏电阻结构及符号

a）圆片形 b）柱形 c）平板形 d）结构组成 e）符号

热敏电阻为一种半导体温度传感器。具有负温度系数的热敏电阻的特性曲线是非线性的。其电阻值与温度的关系为

$$R = R_0 e^{\beta\left(\frac{1}{T}-\frac{1}{T_0}\right)} \tag{4-18}$$

式中，R、R_0 为温度是 T 和 T_0 时的电阻值；β 为热敏电阻的材料常数。

室温（25℃）下，热敏电阻的温度系数为$-0.045/℃$，而铂的温度系数为$0.0039/℃$，可见，除了符号相反之外，热敏电阻的温度系数远大于铂的温度系数。

在热敏电阻的实际应用中，其特性的重复性是最困难的问题。由于半导体的电导率和温度系数可受到不到百万分之一杂质的影响，所以只有那些对杂质最不敏感的半导体材料才有实际的使用价值。

热敏电阻的电流值通常限制在毫安量级，主要是为了不使它产生自发热现象，从而保证在所测量的温度范围内具有线性的关系。此外还常采用线性化电路与热敏电阻相连，目的是扩大它们的测量范围。热敏电阻的灵敏度较高，一般为$-150\sim-20\Omega/℃$，比热电偶（详见5.4节）的灵敏度高许多。尽管热敏电阻不如铂电阻温度计那样具有长时间的稳定性，但它们足以满足大多数应用的要求。

4.1.3 电阻式传感器的直流电桥调理技术

在测量中，直流电桥是将电阻应变式传感器或热电阻式传感器所测量的电阻变化转

换为电压或电流输出的一种转换电路。其输出既可用指示仪表直接测量，也可送入放大电路进行放大。直流电桥结构简单，精确度和灵敏度高，易消除温度及环境影响，因此在电阻式传感器信号调理和测量装置中广泛应用。

直流电桥是指采用直流电源供电的桥式电路。直流电桥如图 4-7 所示。直流电桥的四个桥臂电阻 R_1、R_2、R_3、R_4 为纯电阻。电桥的 a、c 两端接入直流电源，另两端 b、d 为电桥的输出 e_y。电桥的输出电压为 b、d 两端的电位差，即

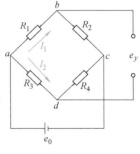

图 4-7 直流电桥

$$e_y = U_b - U_d = -I_1 R_1 + I_2 R_3$$

$$= \frac{R_2 R_3 - R_1 R_4}{(R_1 + R_2)(R_3 + R_4)} e_0 \tag{4-19}$$

电桥平衡时应满足如下条件

$$R_2 R_3 = R_1 R_4 \tag{4-20}$$

如当各桥臂电阻发生微小变化 ΔR_1、ΔR_2、ΔR_3、ΔR_4 后，电桥就失去平衡，此时输出电压为

$$e_y = \frac{(R_2 + \Delta R_2)(R_3 + \Delta R_3) - (R_1 + \Delta R_1)(R_4 + \Delta R_4)}{(R_1 + \Delta R_1 + R_2 + \Delta R_2)(R_3 + \Delta R_3 + R_4 + \Delta R_4)} e_0 \tag{4-21}$$

一般情况下 ΔR 很小，即 $\Delta R \ll R$，略去上式分母和分子中 ΔR 的高次项，考虑电桥初始状态是平衡的，即 $R_2 R_3 = R_1 R_4$，故有

$$e_y = \frac{R_1 R_2}{(R_1 + R_2)^2}\left(-\frac{\Delta R_1}{R_1} + \frac{\Delta R_2}{R_2} + \frac{\Delta R_3}{R_3} - \frac{\Delta R_4}{R_4}\right) e_0 \tag{4-22}$$

上式表明电桥输出与输入电压成正比。在 $\Delta R \ll R$ 的条件下，电桥输出电压也与各桥臂电阻的变化率 $\Delta R/R$ 的代数和成正比。所以电桥输出电压可反映被测量引起的电阻变化量。

为了简化桥路设计，往往取四个桥臂电阻相等的全等臂电桥，或取相邻两桥臂电阻相等的半等臂电桥。对于全等臂电桥，取 $R_1 = R_2 = R_3 = R_4 = R$，由式（4-22）可得电桥的输出电压为

$$e_y = \frac{e_0}{4R}(-\Delta R_1 + \Delta R_2 + \Delta R_3 - \Delta R_4) \tag{4-23}$$

根据工作时桥路中参与工作的桥臂数，电桥有半桥单臂、半桥双臂、全桥三种接桥方式，如图 4-8 所示。设图中均为全等臂电桥，下面分析这三种连接方式的电压输出。

图 4-8a 为半桥单臂连接，工作中电桥的一个桥臂 R_1 阻值随被测量而变化（如 R_1 为电阻应变片，其余桥臂为固定电阻）。当电阻 R_1 的阻值增加 ΔR 时，由式（4-23）可知电桥输出电压为

$$e_y = -\frac{e_0}{4R}\Delta R \qquad (4\text{-}24)$$

图 4-8b 为半桥双臂连接。它有两种接桥方式：工作桥臂相邻或相对连接。当以相邻连接时，电桥的两个相邻桥臂阻值随被测物理量而发生反向变化，即 $R_1 \pm \Delta R_1$、$R_2 \mp \Delta R_2$。当以相对连接时，电桥的两个相邻桥臂阻值随被测物理量而发生同向变化，即 $R_1 \pm \Delta R_1$、$R_4 \pm \Delta R_4$。当 $\Delta R_1 = \Delta R_2 = \Delta R$ 或 $\Delta R_1 = \Delta R_4 = \Delta R$ 时，电桥输出电压为

$$e_y = \mp \frac{\Delta R}{2R}e_0 \qquad (4\text{-}25)$$

图 4-8c 为全桥接法。工作时四个桥臂阻值均随被测物理量而变化，即 $R_1 \pm \Delta R_1$、$R_2 \mp \Delta R_2$、$R_3 \mp \Delta R_3$、$R_4 \pm \Delta R_4$。当 $\Delta R_1 = \Delta R_2 = \Delta R_3 = \Delta R_4 = \Delta R$ 时，电桥输出电压为

$$e_y = \mp \frac{\Delta R}{R}e_0 \qquad (4\text{-}26)$$

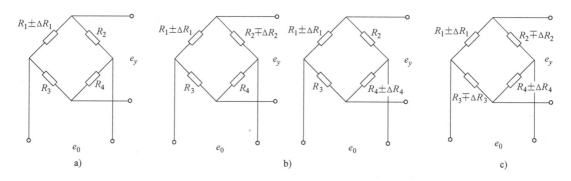

图 4-8　直流电桥的连接方式
a）半桥单臂　b）半桥双臂　c）全桥

由式（4-24）、式（4-25）和式（4-26）可以看出，电桥接法不同，电桥输出的灵敏度也不同，半桥双臂接法比半桥单臂的输出电压高一倍，全桥接法则可获得最大的输出。

当电桥相邻桥臂有电阻增量时，电桥输出反映两桥臂电阻增量相减的结果，而相对桥臂有电阻增量时，电桥输出反映桥臂电阻增量相加的结果。这就是电桥的和差特性。这一特性是合理布置应变片、进行温度补偿、提高电桥灵敏度的依据。

若希望电桥四个桥臂的电阻变化不相互抵消，则必须遵循"相邻异性，相对同性"的原则，即 R_1、R_2 的电阻变化和 R_3、R_4 的电阻变化极性相反。在实际工作中，应根据结构受力应变情况，把应变片接入合适的桥臂。例如，受弯曲作用的构件，一侧产生拉应变，另一侧产生压应变，应变大小相等极性相反。这时就可以在构件两边各贴一片（或两片）应变片，并接入电桥的两相邻桥臂组成半桥双臂（或全桥）。

显然，图 4-4 给出的应变测量中温度误差补偿方法，就是利用相邻桥臂电阻增量相减的原理进行温度补偿。同理，如果两个测量臂相邻连接，则互为温度补偿。

例 4-1　图 4-9a 所示悬臂梁受力 F 和 F' 作用，要求只测出引起梁纯弯曲的力 F，试画出应变片的粘贴位置与电桥的连接方式图。

解：1）按题目要求，希望在 F 和 F' 同时作用时，只测出力 F。分析可知，力 F 使悬臂梁产生弯曲变形，从而在梁的上表面产生拉应变，而在下表面产生压应变。拉力 F' 使梁产生拉伸变形，在梁的上下表面均产生拉应变。

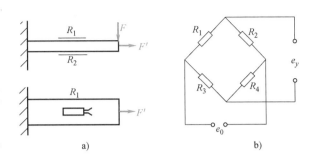

图 4-9　测量悬臂梁纯弯曲的力
a）应变片粘贴位置　b）电桥连接方式

2）应变片的粘贴可按图 4-9a 所示，在悬臂梁上下两面各贴一片应变片 R_1 和 R_2，如图 4-9b 按半桥双臂方式连接。其中 R_3 和 R_4 为精密无感电阻，选择 $R_1 = R_2 = R_3 = R_4 = R_0$，便可测出 F。

3）虽然 F' 的作用会使 R_1、R_2 产生电阻增量为 $\Delta R_1 = \Delta R_2 = \Delta R'$，但由于 R_1、R_2 为相邻桥臂，根据电桥的和差特性，R_1、R_2 上同号等量阻值的变化影响相互抵消，不产生电压输出。因此，F' 引起的变形不影响测量结果，同时 R_1、R_2 由温度引起的误差也互为补偿。故电压输出仅与 F 引起的弯曲变形有关。F 的作用使上面的应变片 R_1 产生拉应变，下面的应变片 R_2 产生压应变，其电阻变化量为 $\Delta R_1 = \Delta R$，$\Delta R_2 = -\Delta R$，则反映力 F 大小的输出电压为

$$e_y = -\frac{\Delta R}{2R_0}e_0$$

如果要进一步提高电桥的灵敏度，可采用图 4-10 所示的布片与连接方式。工作中四片应变片的阻值随 F 引起的弯曲变形量而变化，即 $R_1 + \Delta R_1$、$R_2 - \Delta R_2$、$R_3 - \Delta R_3$、$R_4 + \Delta R_4$，当 $R_1 = R_2 = R_3 = R_4 = R_0$，$\Delta R_1 = \Delta R_2 = \Delta R_3 = \Delta R_4 = \Delta R$ 时，输出电压为

$$e_y = -\frac{\Delta R}{R_0}e_0$$

这种布片及连接方式不但达到了题目的要求，而且使输出电压增大了一倍。

直流电桥的优点是：工作时所需高稳定度的直流电源较易获得；电桥输出 e_y 是直流，可以用直流仪表直接测量；对从传感器至测量仪表的连接导线要求较低，电桥的平衡电路简单。其缺点是直流放大器比较复杂，易受零漂和接地电位的影响。

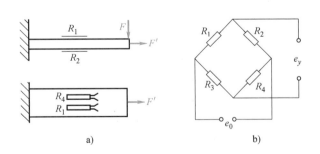

图 4-10　提高电压输出灵敏度的布片连接图
a）布片图　b）电桥连接方式

在实际工程应用中，由于电阻应变片的应变相对变化很小，因此必须由电桥和放大器构成专门的仪器进行测量，该类仪器就是电阻应变仪。

4.1.4　电阻式传感器的应用

1. 应变式力传感器

被测物理量为载荷或力的应变式传感器统称为应变式力传感器。测量范围从 1mN ~ 10^8N，具有分辨率高，误差较小，测量范围大，静态与动态都可测，能在严酷环境工作等优点。

应变式力传感器由弹性变形体元件和应变片构成。最简单的变形体形式是一根轴向受载的杆（图 4-11）。这种类型的传感器用在额定力为 10kN ~ 5MN 的测量。受轴向载荷时，力在弹性变形杆中均匀分布，使杆变粗，周长变大。它采用 4 个应变片测量轴向力，4 个应变片与一电桥相连，在该电桥的相邻两臂上有一纵向和横向贴置的应变片（图中 R_1、R_2 和 R_3、R_4）。电桥输出电压正比于应变片相对长度变化，根据胡克定律，该长度变化又与测量杆所受载荷成正比。

为获得高精度，电桥电路还附加有其他电路元件，以补偿各种与温度相关的效应，如零点漂移、弹性模量变化、变形体材料热膨胀、应变片灵敏度变化以及传感器特性曲线线性度变化等。

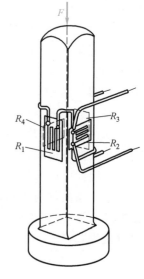

图 4-11　杆状变形体

在额定力更高的情况下（1 ~ 20MN），为得到更好的力分布状况，可采用管状弹性变形体，并在管的内、外壁贴应变片（图 4-12）。

对较小的额定力（小至 5N），为获取较大的测量效应，常采用专门制造的弹性变形体（图 4-13 和图 4-14）。另一种测力的方法是采用剪切效应，用应变片来测量位于扁平杆侧面、与剪切平面成 ±45° 角的方向出现的伸长量（图 4-15），基于该测量原理则有结构扁平的力传感器。

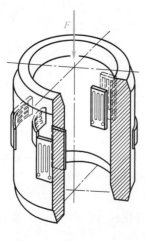

图 4-12　管状变形体

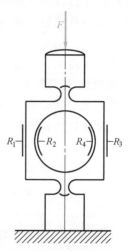

图 4-13　径向受载的变形体

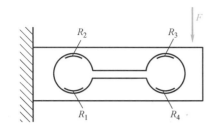

图 4-14　双铰链弯曲杆变形体

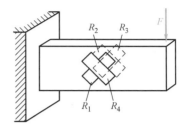

图 4-15　剪切杆式变形体

2. 应变式扭矩传感器

扭矩是旋转机械的重要参数之一。应变式扭矩传感器是利用弹性元件在传递扭矩时产生的应变来测量扭矩的。由材料力学可知，轴在受到扭矩作用时其切应力 τ 和切应变 γ 与它所传递的扭矩有线性关系

$$\gamma = \frac{\tau}{G} = \frac{M_e}{GW} = \frac{16M_e}{G\pi d^3} = KM_e \qquad （4-27）$$

式中，M_e 为转轴所受的扭矩；G 为剪切弹性模量；W 为圆轴断面的抗扭模量，对于实心圆轴 $W = \pi d^3/16$；d 为圆轴外径；K 为扭矩灵敏系数。

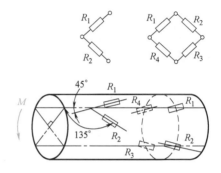

图 4-16　应变片扭矩传感器贴片方式

对于一个已知几何尺寸的轴来说，只要测出切应变 γ 就可利用式（4-27）计算出扭矩。由材料力学可知，当轴受到扭矩作用时，最大应力为切应力，且主应力方向分别与轴线成 45°和 135°。因此，沿主应力方向粘贴应变片，测出主应变后即可算出主应力和扭矩。

图 4-16 为应变片扭矩传感器常用的两种贴片方式，一种是贴两个应变片组成半桥测量电路，另一种是贴四个应变片组成全桥测量电路，后者灵敏度更高更常用。

在实际工程应用中需要将应变式扭矩传感器的电信号从旋转轴上传递到测量仪器，常用方式有两类：一类是接触式传递方式，主要采用各种结构形式的集流环将电信号从旋转轴上传出，这种方式结构简单，在扭矩测量中应用较为广泛；另一类是非接触式传递方式，采用固定在旋转轴上的无线发射装置将电信号从旋转轴上传出，这种方式需要对旋转轴进行动平衡配重，主要应用于低速轴的扭矩测量。

3. 热敏电阻传感器

作为测量温度的热敏电阻传感器一般结构较简单，价格较低廉。没有外面保护层的热敏电阻只能应用在干燥的地方；密封的热敏电阻不怕湿气的侵蚀，可以在较恶劣的环境下使用。由于热敏电阻传感器的阻值较大，故其连接导线的电阻和接触电阻可以忽略，因此热敏电阻传感器可以在长达几千米的远距离测量温度中应用，测量电路多采用桥路。利用其原理还可以用作其他测温、控温电路等。

图 4-17 给出了负温度系数热敏电阻在温度测量和控制方面的某些应用，图中，R_t 为

负温度系数热敏电阻，R_r 为调节电阻，R 为仪表线圈电阻，E 为电源。

图 4-17a 是一种测温的应用。图中电路适用于测量有限温度范围内的温度，如汽车中冷却水的温度。该电路由电池、调节电阻、热敏电阻以及微安表组成。

图 4-17b 是一种温度补偿的应用。图中电路通常用于仪表的温度补偿。由于仪表中的线圈 R 为铜导线，具有正的电阻温度系数，温度升高，电阻增大，引起温度的误差。可以在动圈回路中将负温度系数的热敏电阻 R_t 与锰铜丝电阻 r 并联后再与被补偿元器件串联，从而抵消由于温度变化所产生的误差。r 为锰铜电阻，电阻温度系数接近 0，其作用是减小由于串联 R_t 引入的附加电阻，这种电路结构使得电路总电阻几乎与温度无关，可以有效地减少仪表的温度误差。

图 4-17c 是一种温度控制的应用。电路由调节电阻 R_r、负温度系数热敏电阻 R_t 和继电器线圈 K 串联组成。温度升高时，R_t 减小，电流增大，达到继电器 K 控制电流阈值时，继电器动作，控制状态改变。调节电阻用于调整切换点。

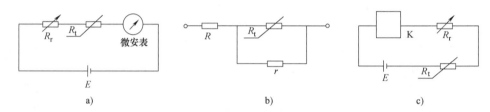

图 4-17　热敏电阻在温度测量与控制中的应用

热敏电阻传感器还可用于液面的测量。给 NTC 型热敏电阻传感器施加一定的加热电流，它的表面温度将高于周围的空气温度，此时它的阻值较小。当液面高于它的安装高度时，液体将带走它的热量，使之温度下降、阻值升高。因此，判断它的阻值变化，就可以知道液面是否低于设定值。汽车油箱中的油位报警传感器就是利用以上原理制作的。

4.2　电感式传感器

电感式传感器是利用电磁感应将被测物理量如位移、压力、振动等转换为电感线圈自感 L 或互感 M 变化的传感器。电感式传感器种类很多，本节主要介绍自感型、互感型两种，比较特殊的互感型电涡流传感器将在 4.4 节单独介绍。

4.2.1　电感式传感器工作原理

1. 自感型（变磁阻）电感式传感器工作原理

变磁阻式传感器是典型的自感型传感器，其结构如图 4-18a 所示，它由线圈、铁心、衔铁三部分组成。设线圈匝数为 N，线圈自感 L 的定义为

$$L = \frac{N^2}{R_m}$$

（4-28）

式中，R_m 为磁路磁阻，它由铁心磁阻 R_f 和气隙磁阻 R_δ 两部分组成，即

$$R_m = R_f + R_\delta \tag{4-29}$$

其中

$$R_f = \sum_i \frac{l_i}{\mu_i S_i}, R_\delta = \frac{2\delta}{\mu_0 S}$$

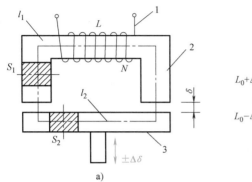
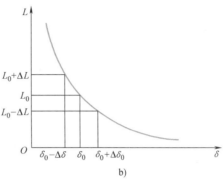

图 4-18　变磁阻式传感器及其工作特性

a）变磁阻式传感器结构　b）变气隙式传感器工作特性

1—线圈　2—铁心　3—衔铁

式中，μ_i 为铁心各段磁导率；l_i 为铁心各段长度；S_i 为铁心各段截面积；S 为气隙截面积；δ 为气隙长度；μ_0 为空气磁导率。

由于铁心磁导率远远大于空气磁导率，$R_f \ll R_\delta$，则该电感传感器的自感为

$$L \approx \frac{N^2 \mu_0 S}{2\delta} \tag{4-30}$$

当外部被测量引起衔铁产生位移使气隙面积或气隙长度发生改变时，都会引起磁路磁阻变化，从而导致自感的变化。因此，相应的变磁阻式电感传感器有两种工作方式：变面积式和变气隙式。

由式（4-30）可知，L 与 S 之间是线性关系，与 δ 之间是非线性关系。设电感传感器初始气隙长度为 δ_0，初始电感量为 L_0，衔铁位移引起的气隙变化量为 $\Delta\delta$，相应的电感变化量为 ΔL，当衔铁上移时，气隙减小，电感增大；反之，电感减小。上移时，有

$$L = L_0 + \Delta L = \frac{N^2 \mu_0 S}{2(\delta_0 - \Delta\delta)} = \frac{L_0}{1 - \Delta\delta/\delta_0} \tag{4-31}$$

当 $\Delta\delta/\delta_0 \ll 1$ 时，上式用泰勒级数展开可得电感相对增量，即

$$\Delta L/L_0 \approx \frac{\Delta\delta}{\delta_0} \left[1 + \frac{\Delta\delta}{\delta_0} + \left(\frac{\Delta\delta}{\delta_0} \right)^2 + \cdots \right]$$

忽略高次项后，可得到变气隙式电感传感器的灵敏度为

$$s_L = \frac{\Delta L/L_0}{\Delta\delta} = \frac{1}{\delta_0} \tag{4-32}$$

由上式可见，要增大灵敏度则应减小 δ_0，但 δ_0 的减小要受到安装工艺的限制。为保

证一定的测量范围和线性度，对变气隙式电感传感器，通常取 $\delta_0 = 0.1 \sim 0.5\mathrm{mm}$，$\Delta\delta = (1/5 \sim 1/10)\delta_0$，即一般用作小位移的测量。

为了提高自感型传感器的灵敏度，增大传感器的线性工作范围，实际中较多的是将两结构相同的自感线圈组合在一起形成所谓的差动式电感传感器。如图 4-19 所示，当衔铁位于中间位置时，位移为零，两线圈上的自感相等。此时电流 $i_1 = i_2$，负载 Z_1 上没有电流通过，$\Delta i = 0$，输出电压 $u_1 = 0$。当衔铁向一个方向偏移时，若位移 δ_1 增大 $\Delta\delta$，则必定使 δ_2 减小 $\Delta\delta$。其中的一个线圈自感增加，而另一个线圈自感减小，也即 $L_1 \neq L_2$，此时 $i_1 \neq i_2$，负载 Z_1 上流经电流 $\Delta i \neq 0$，输出电压 $u_1 \neq 0$。u_1 的大小表示衔铁的位移量，其极性反映了衔铁移动的方向。由此，使通过负载的电流产生 $2i$ 的变化，因此传感器的灵敏度也将增加 1 倍。

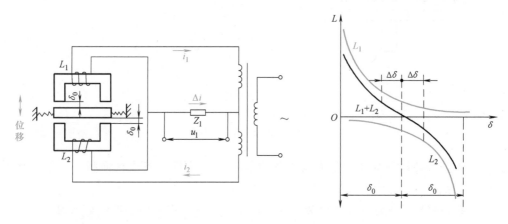

图 4-19 差动式自感型传感器工作原理及输出特性

变面积式电感传感器的工作特性是线性的，但灵敏度较低，较少使用；变气隙式电感传感器灵敏度很高，是常用的电感式传感器。

2. 互感型（差动变压器）电感式传感器工作原理

互感型传感器是将被测非电量转换为线圈互感变化的传感器，典型应用是差动变压器。螺线管式差动变压器是一种常用的互感型电感传感器，主要用于测量位移。其等效电路如图 4-20a 所示。图中，W_1 为变压器一次绕组，二次绕组 W_{21} 与 W_{22} 是两个完全对称的线圈，反极性串联；衔铁 T 插入螺线管并与测量头相连。

当二次侧开路时，一次电流 $i_1 = \dfrac{u_i}{r_1 + j\omega L_1}$，一次绕组与二次绕组之间的互感分别为 M_1 和 M_2，则二次侧开路时输出电压为

$$u_o = u_{21} - u_{22} = -\frac{j\omega(M_1 - M_2)u_i}{r_1 + j\omega L_1} \tag{4-33}$$

初始状态衔铁 T 处于中间位置，磁路两边对称，则与二次绕组 W_{21} 与 W_{22} 对应的互感 $M_1 = M_2$，因此二次绕组产生的差动电动势 $u_o = 0$；有位移时，衔铁偏离中间位置，$M_1 \neq M_2$，故输出电动势 $u_o \neq 0$，输出电动势的大小取决于衔铁移动的距离 x，而输出电动势的相位取决于位移的方向。差动变压器的灵敏度一般可达 $0.5 \sim 5\mathrm{V/mm}$，行程越小，灵敏度

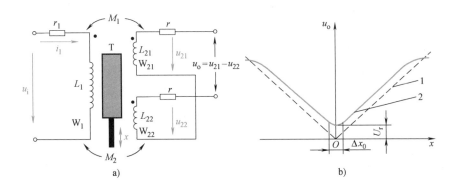

图 4-20 差动变压器等效电路与输出特性

a）差动变压器等效电路　b）差动变压器输出特性

1—理论特性　2—实际特性

越高。为了提高灵敏度，励磁电压在 10V 左右为宜，电源频率以 1~10kHz 为好。差动变压器线性范围为线圈骨架长度的 1/10~1/4，配用相敏检波电路测量。

图 4-20 b 给出了输出电压 u_o 与位移 x 的关系曲线，虚线为理论特性曲线，实线为实际特性曲线。当衔铁位于中心位置时，差动变压器输出电压并不为零，将零位移时的输出电压称为零点残余电压，记作 U_r。零点残余电压主要是由于二次绕组电气参数和几何尺寸不对称造成的，一般在几十毫伏以下，实际使用时，应设法减小 U_r，否则会影响测量结果。

4.2.2　交流信号的调理技术

基于电磁感应原理，电感式传感器将被测量的变化输出为电感线圈复阻抗的变化，因此不能采用分析纯电阻变化的直流电桥对其进行调理，必须采用可以分析阻抗变化的交流电桥以及调制与解调技术对其进行调理。

1. 交流电桥

交流电桥采用交流电源，电桥的四个桥臂可为电感、电容、电阻或其组合。因此，除了电阻外还包括有电抗。如果阻抗、电流及电压都用复数表示，则关于直流电桥的平衡关系式在交流电桥中也可适用。如图 4-21 所示的交流电桥，达到平衡时必须满足

$$Z_1 Z_4 = Z_2 Z_3 \tag{4-34}$$

上式各阻抗为复数，若将其用指数式表示，则为

$$Z_{01} \mathrm{e}^{\mathrm{j}\phi_1} Z_{04} \mathrm{e}^{\mathrm{j}\phi_4} = Z_{02} \mathrm{e}^{\mathrm{j}\phi_2} Z_{03} \mathrm{e}^{\mathrm{j}\phi_3} \tag{4-35}$$

式中，Z_{01}、Z_{02}、Z_{03}、Z_{04} 为各阻抗的模；ϕ_1、ϕ_2、ϕ_3、ϕ_4 为各桥臂电压与电流之间的相位差，称为阻抗角。因此，交流电桥的平衡条件为

$$Z_{01} Z_{04} = Z_{02} Z_{03} \qquad \phi_1 + \phi_4 = \phi_2 + \phi_3 \tag{4-36}$$

上式表明，交流电桥平衡必须满足上述两个条件。前者称为交流电桥模的平衡条件，后者称为相位平衡条件。

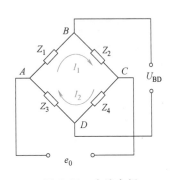

图 4-21　交流电桥

由于电阻、电感、电容均可以用阻抗来表征，显然，交流电桥可以作为这三类传感器及其组合的调理电路。根据交流电桥平衡原理可知，在用电感、电容组成交流电桥时，一定要注意组成电桥后要能满足电桥平衡条件。例如，在一个桥路中，如果只有一个电容或只有一个电感，而其他桥臂全为纯电阻，则该电桥是不可能平衡的；又如，一个电桥两个相对桥臂为电容或电感，其他桥臂为电阻，该电桥也是不能正常工作的。在各种不同工作方式的桥路中，桥臂阻抗的和、差必须满足复数运算法则。

与直流电桥相似，交流电桥输出电压计算式为

$$U_{BD} = \frac{e_0 k}{4}(\varepsilon_1 - \varepsilon_2 - \varepsilon_3 + \varepsilon_4) \tag{4-37}$$

式中，e_0 为交流电源；k 为系数；ε_1、ε_2、ε_3、ε_4 分别为桥臂阻抗变化。

交流电桥的供桥电源除应有足够的功率外，还必须具有良好的电压波形和频率稳定度。若电源电压波形畸变，则高次谐波不但会造成测量误差，而且将扰乱电桥平衡。一般由振荡器输出音频交流（$5 \sim 10$kHz）作为电桥电源。电桥输出为调制波，外界工频干扰不易从线路中引入，并且后接的交流放大电路简单而无零漂。

带感应耦合臂的电桥是一种特殊的交流电感或电容电桥，它由感应耦合的一对绕组作为桥臂而组成。常用的两种形式如图 4-22 所示。图 4-22a 中，感应耦合的绕组 W_1、W_2（阻抗为 Z_1、Z_2）和阻抗 Z_3、Z_4 构成电桥的四个臂，绕组 W_1、W_2 相当于变压器的二次绕组，这种桥路又称为变压器电桥。如果用差动电感或差动电容传感器代替 Z_3 和 Z_4，电桥输出就可表征被测参数的变化。所以，这种电桥既可用于电感传感器，又可用于电容传感器。

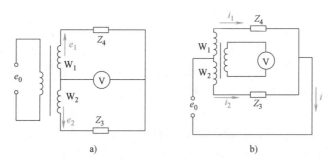

图 4-22　带感应耦合臂的电桥

另一种形式如图 4-22b 所示。如用差动变压器式电感传感器代替感应耦合臂，便成为电感式传感器的转换电路。电桥平衡时，绕组 W_1、W_2 两段磁通大小相等，方向相反，互相抵消，二次绕组无电压输出。当铁心随被测参数变化而移动时，桥臂 W_1 和 W_2 中的阻抗发生变化，电桥失去平衡，通过变压器的耦合作用，在二次绕组中产生电压 e_y（接电压表 V）的输出。带感应耦合臂的电桥具有较高的精度和灵敏度，且性能稳定，频率范围广，近年来得到广泛应用。

2. 信号的调制与解调

一般来讲，传感器的输出往往是一些缓变的微弱电信号，它需要进一步放大以便于

传输。因直流放大器存在零漂和级间耦合两个主要问题，实现不失真放大比较困难，而交流放大器工作在较高的频率范围内，不易受环境影响而产生幅值和相位失真，所以在实际测量中，一般先把缓变信号变为频率较高的交流信号，然后采用交流放大器放大，最后待传输完成后再恢复至原来的缓变信号。信号的这种变换过程就是调制与解调。

调制就是用被测信号来调整和制约高频振荡波的某个参数（幅值、频率或相位），使其按照被测信号的规律变化，以便放大和传输。当被控制的量是高频振荡信号的幅值时，称为调幅（AM）；而当被控制的量是高频振荡信号的频率和相位时，则分别称为调频（FM）和调相（PM）。

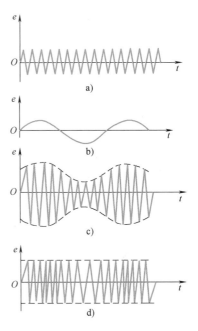

图 4-23　载波、调制信号及已调波

用于载送被测信号的高频振荡波称为载波，如图 4-23a 所示。控制高频振荡的被测信号称为调制信号，如图 4-23b 所示。经过调制的高频振荡波称为已调波，根据调幅、调频的不同，分别称为调幅波（图 4-23c）和调频波（图 4-23d）。对已经放大的已调波进行鉴别以恢复被测信号的过程称为解调。

本节主要介绍在动态测试中常用的幅值和频率的调制与解调。

（1）幅值调制和解调　调幅就是将调制信号与载波相乘，使载波的幅值随调制信号的变化而变化。一般将用来对载波的幅值实现调制的器件称为调幅器。根据定义可知，交流电桥就是以供桥电源电压作为高频载波的一类调幅器。设供桥电源为一正弦交流电压，波形如图 4-23a 所示。其表达式为

$$e_0 = E_0 \sin\omega t \tag{4-38}$$

式中，E_0 为载波电压的幅值；ω 为载波电压的角频率。

若电桥为全桥接法，四个桥臂均接入应变片，则电桥输出为

$$e_y = \frac{\Delta R}{R_0} E_0 \sin\omega t = SE_0 \varepsilon \sin\omega t \tag{4-39}$$

式中，S 为应变片的灵敏度系数；ε 为应变片的应变。

如果应变 ε 的变化为

$$\varepsilon = \varepsilon_R \sin\Omega t \tag{4-40}$$

代入式（4-39）可得

$$e_y = SE_0 \varepsilon \sin\omega t = SE_0 \varepsilon_R \sin\Omega t \sin\omega t \tag{4-41}$$

由于 $\Omega < \omega$，此时 e_y 仍可看成为一正弦信号，只是幅值发生了变化，成为 $SE_0 \varepsilon_R \sin\Omega t$，如图 4-23c 所示。

电桥调制不仅对纯电阻适用，而且对电感或电容也同样适用。电桥调幅波经交流放大器放大后，若要恢复原来的信号，还必须进行"解调"处理。

检波解调是一种常用的解调方法。检波就是对调幅波进行解调还原出调制信号的过程。普通的二极管整流检波器仅可检出调幅波的幅值。图 4-23c 中的调幅波，它的幅值的包络线反映了应变的大小，而相位则包含了应变方向（如是拉伸还是压缩）的信息。若要同时获得这两种信息，可用相敏检波器进行解调。

相敏检波器利用载波作为参考信号来鉴别调制信号的极性。图 4-24 所示为相敏检波器的鉴相与选频特性。图中，u_e 表示载波电压，可为正弦或方波信号；u_s 表示调制信号，可视为正弦信号；u_0 表示未经滤除载波频率信号前的输出电压。当信号电压（调幅波）与载波同相时，相敏检波器的输出电压为正；当信号电压与载波反相时，其输出电压为负。输出电压的大小仅与信号电压成比例，而与载波电压无关。实现了前面提出的反映被测信号的幅值和极性两个目标。

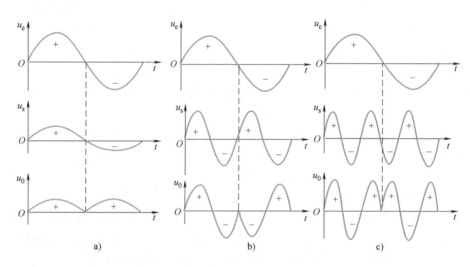

图 4-24 相敏检波器的鉴相与选频特性

a）同频有相位差 b）二倍频 c）三倍频

相敏检波电路常用的有半波相敏检波和全波相敏检波电路。图 4-25 所示为全波相敏检波电路。其中，变压器 T_1 的输入是如图 4-26b 所示的调幅波，它的包络线就是调制信号；变压器 T_2 的输入是如图 4-26a 所示的参考载波信号，它与调幅波的载波频率相同；相敏检波器的输出波形是如图 4-26c 所示的一个高频信号。为了取出所需要的已放大的调制信号，必须后接低通滤波器，滤去高频载波分量，而只让低频调制信号（即检测信号）通过，低通滤波器的输出波形如图 4-26d 所示。

动态电阻应变仪是具有电桥调幅与相敏检波的典型电路，如图 4-27 所示。振荡器供给电桥等幅高频振荡电压（一般频率为 10kHz 或 15kHz）。被测的量（力、应变等）通过电阻应变片控制电桥输出。电桥输出为调幅波，经过放大后，再通过相敏检波器与低通滤波器得到所需被测信号。

（2）频率调制和解调 调频就是用信号电压的幅值控制一个振荡器，使其振荡频率与信号电压幅值的变化成正比，而振荡幅值保持不变。当信号电压为零时，调频波的频率就等于载波频率（又称为中心频率）。信号电压为正时，调频波的频率变化高于中心频率，当信号电压达到正峰值时，调频波的频率达到最大值；信号电压为负时，调频波的频率低于中心频率，当信号电压达到负峰值时，调频波的频率降至最小值。调频波是随信号变化而疏密不等的等幅波。为保证测试精度，对应于零信号的载波中心频率应远高于信号中的最高频率成分。

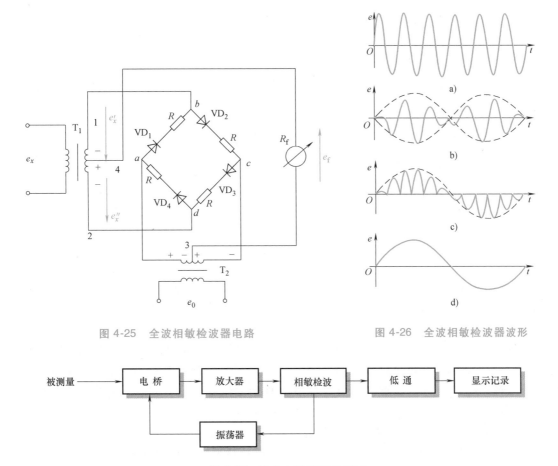

图 4-25 全波相敏检波器电路   图 4-26 全波相敏检波器波形

图 4-27 动态电阻应变仪框图

　　调频可以利用谐振电路来实现，谐振电路是由电容、电感（或电阻）元件构成的电路，其基本原理是将待测的电参数作为自激振荡器谐振回路中的一个调谐参数。测试中常用并联谐振电路。由线圈和电容器并联后再接高频振荡电源的电路，称为并联谐振电路，如图 4-28 所示。该电路的电压谐振曲线如图 4-29 所示。电路的谐振频率为

$$f_n = \frac{1}{2\pi\sqrt{LC}}$$

(4-42)

式中，f_n 为谐振电路的谐振频率（Hz）；L 为电感量（H）；C 为电容量（F）。

　　当谐振频率随电感、电容值发生变化时，并联谐振电路输出的信号频率将发生变化，得到调频波。如果以电感传感器作为并联谐振电路中的电感元件，其电感值 L 随被测信号变化而变为 $L+\Delta L$，则谐振频率变化为

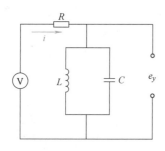

图 4-28　并联谐振电路

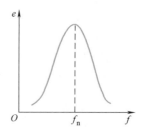

图 4-29　电压谐振曲线

$$f=\frac{1}{2\pi\sqrt{C(L+\Delta L)}}=\frac{1}{2\pi\sqrt{LC\left(1+\dfrac{\Delta L}{L}\right)}}=f_n\frac{1}{\sqrt{1+\dfrac{\Delta L}{L}}} \tag{4-43}$$

用级数展开上式并忽略高阶项，可得

$$f=f_n\left(1-\frac{\Delta L}{2L}\right)=f_n-\Delta f \tag{4-44}$$

其中

$$\Delta f=\frac{\Delta L}{2L}f_n$$

无信号输入时，谐振电路的输出电压为 $e_{yo}=E\cos(2\pi f_n t+\varphi)$；有信号输入时，谐振电路的输出电压为 $e_y=E\cos[2\pi(f_n-\Delta f)\,t+\varphi]$。因而，谐振电路的输出为等幅波，但频率受输入信号调制而达到调频的目的。

调频波的解调电路又称为鉴频器。它的作用是将调频波频率的变化变换成电压幅值的变化。通常将这种变换分两步完成。第一步先将等幅的调频波变成幅值随频率变化的调频—调幅波；第二步检出幅值的变化，从而得到原调制信号。完成上述第一步功能的称为频率—幅值线性变换器，完成第二步功能的称为振幅检波器。

图 4-30 是一种简单的鉴频电路，它采用变压器耦合的谐振电路实现鉴频，把等幅的调频波变成调频调幅波，再经幅值检波器（二极管检波器）就可得到所需的原调制信号。

4.2.3　电感式传感器的应用

1. 自感型压力传感器

图 4-31 所示为自感型压力传感器结构原理。图 4-31a 是变隙式自感压力传感器，弹性敏感元件是膜盒，当压力变化时，膜盒带动衔铁位移，根据所测的自感变化量，可以计算出压力的大小。此类压力传感器适合测量较小压力。图 4-31b 是变隙差动式自感压力传感器，由 C 形弹簧管充当弹性敏感元件。流体进入弹簧管后，其自由端向外伸展，带动衔铁移动，引起电感变化，通过测量电感变化量，可计算出压力值。

2. 自感型位移传感器

自感型传感器常用于非接触式测量位移和角度以及可转换为上述两个量的其他物理量。传感器的测量范围一般为 $1\mu m\sim1mm$，其最高测量分辨力为 $0.01\mu m$。图 4-32 为两种

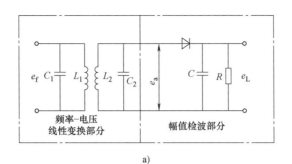

a)

b)

图 4-30　鉴频器及鉴频过程

a）鉴频器　b）鉴频过程

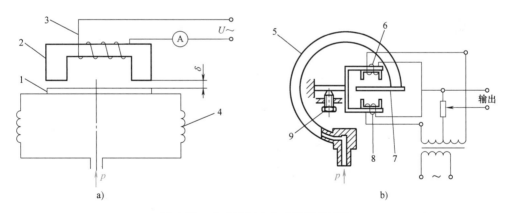

a)　　　　　　　　　　　　b)

图 4-31　自感型压力传感器结构原理

a）变隙式自感压力传感器　b）变隙差动式自感压力传感器

1、7—衔铁　2—铁心　3、6、8—线圈　4—膜盒　5—C 形弹簧管　9—机械零点调零螺钉

应用实例，图 4-32a 为测量透平轴与其壳体间的周向相对伸长；图 4-32b 为用于确定磁性材料上非磁性涂覆层的厚度。

3. 互感型轴向电感测微计

轴向电感测微计是一种典型的互感型传感器。这是一种常用的接触式位移传感器，其核心是一个螺线管式差动变压器，常用于测量工件的外形尺寸和轮廓形状。图 4-33 给

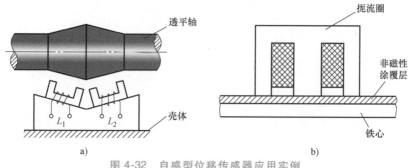

图 4-32　自感型位移传感器应用实例

出了它的结构示意图，其中测端 10 将被测试件 11 的形状变化通过测杆 8 转换为衔铁 3 的位移，线圈 4 接收该信号获得相关信息。

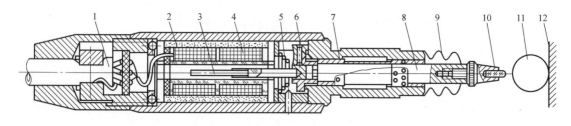

图 4-33　轴向式电感测微计结构示意图

1—引线电缆　2—固定磁筒　3—衔铁　4—线圈　5—测力弹簧　6—防转销

7—钢球导轨（直线轴承）　8—测杆　9—密封套　10—测端　11—被测试件　12—基准面

图 4-34 所示为电感测微计在滚柱直径分选中的应用，由振动料斗出来的滚柱首先由限位挡板挡住，经由互感式测微计测头测量直径后将测量结果送入计算机；同时限位挡板升起，计算机根据工艺要求驱动电磁阀将滚柱推入不同的分选仓。

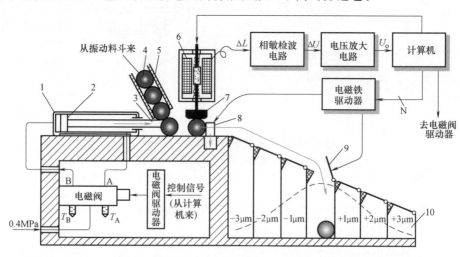

图 4-34　电感测微计在滚柱直径分选中的应用

1—气缸　2—活塞　3—推杆　4—被测滚柱　5—落料管　6—电感测微计

7—钨钢测头　8—限位挡板　9—电磁翻板　10—容器（料斗）

4. 互感型液位变送器

带差动变压器的沉筒式液位变送器如图 4-35 所示，其沉筒由固定段 1 和浮力段 2 两部分组成。沉筒所反映的浮力变化（即液位变化）通过测量弹簧 3 线性地转换为衔铁 5 的位移。衔铁位移由差动变压器 4 转换成与之成正比的输出电压 u_o，因此输出反映了液位的变化。

调换浮力段可使变送器适用于不同的介质和量程。

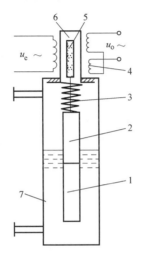

图 4-35　带差动变压器的沉筒式液位变送器

1—沉筒固定段　2—沉筒浮力段　3—测量弹簧　4—差动变压器　5—衔铁　6—密封隔离筒　7—沉筒式壳体

4.3　电容式传感器

电容式传感器是将被测量的变化转换为电容变化的一类传感器。这类传感器的特点是结构简单，分辨率高，工作可靠，可非接触测量，并能在各种恶劣环境下工作。主要用于位移、振动、加速度、压力、液位、成分含量等方面的测量。

4.3.1　电容式传感器工作原理

电容式传感器可做成任何形式，但最常用的是平行极板电容器。从物理学知识可知，平行极板电容器的电容量 C 为

$$C = \varepsilon A/d = \varepsilon_r \varepsilon_0 A/d \tag{4-45}$$

式中，ε 为极板间介质的介电常数；ε_r 为相对介电常数；ε_0 为真空介电常数，$\varepsilon_0 = 8.85 \times 10^{-12} \mathrm{F/m}$；$A$ 为极板的面积；d 为极板间的距离。

由式（4-45）可知，平行极板电容器的电容量 C 与电容器的 ε、A、d 三个结构参数有关。如果保持其中两个参数不变，仅改变其中一个参数，就可把该参数的变化转换成

电容量的变化，通过测量电路转换为电量输出。因此，电容式传感器可分为变极距型、变面积型和变介电常数型。

1. 变极板间距型电容传感器

图 4-36a 为变极板间距型电容传感器的结构示意图，上极板为定极板，下极板为动极板。当平行极板中的动极板上移时，极板间距由初始距离 $d_0 \to d_0 - \Delta d$，由式（4-45）可知，电容量也由 $C_0 = \varepsilon_r \varepsilon_0 A / d_0$ 变化到 $C = \varepsilon_r \varepsilon_0 A / (d_0 - \Delta d)$，电容的相对变化量为

$$\frac{\Delta C}{C_0} = \frac{\Delta d}{d_0} \left(1 - \frac{\Delta d}{d_0} \right)^{-1} \tag{4-46}$$

因为 $\Delta d / d_0 \ll 1$，将式（4-46）按级数展开并忽略二次以上高次项后可得

$$\frac{\Delta C}{C_0} = \frac{\Delta d}{d_0} \left[1 + \frac{\Delta d}{d_0} + \left(\frac{\Delta d}{d_0} \right)^2 + \cdots \right] \approx \frac{\Delta d}{d_0} \tag{4-47}$$

上式表明，变极距型电容传感器电容的变化与位移之间的关系是非线性的，线性关系仅在小位移时成立。因此，此类传感器适合测量微小位移（0.001mm 至零点几毫米）。

电容传感器的灵敏度为

$$S = \frac{\Delta C}{\Delta d} \approx \frac{C_0}{d_0} = \frac{\varepsilon_r \varepsilon_0 A}{d_0^2} \tag{4-48}$$

上式表明，灵敏度 S 与 d_0 平方成反比，减小 d_0 可提高灵敏度。但 d_0 减小，会导致 $\Delta d / d_0$ 增大，非线性误差增大，并且 d_0 过小容易引起电容器击穿。因此，变极距型电容传感器通常采用差动式结构。

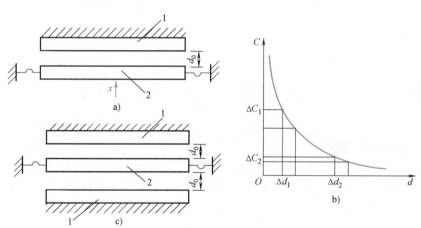

图 4-36 变极板间距型电容传感器

a）变极板间距型 b）电容与极板间距之间的关系 c）差动式结构

1—定极板 2—动极板

差动式结构如图 4-36c 所示，中间一片极板为动片，两边的极板是定片。当动片在被测量作用下发生位移 Δd 后，上、下两对极板间距离分别为 $d_0 - \Delta d$ 和 $d_0 + \Delta d$，电容为

$$C_1 = C_0 \left[1 + \frac{\Delta d}{d_0} + \left(\frac{\Delta d}{d_0} \right)^2 + \left(\frac{\Delta d}{d_0} \right)^3 + \cdots \right] \tag{4-49}$$

$$C_2 = C_0 \left[1 - \frac{\Delta d}{d_0} + \left(\frac{\Delta d}{d_0} \right)^2 - \left(\frac{\Delta d}{d_0} \right)^3 + \cdots \right] \tag{4-50}$$

这样构成差动平行极板电容器的总电容量变化为

$$\Delta C = C_1 - C_2 = C_0 \left[2 \frac{\Delta d}{d_0} + 2 \left(\frac{\Delta d}{d_0} \right)^3 + \cdots \right] \tag{4-51}$$

忽略三次以上高次项后得

$$\frac{\Delta C}{C_0} \approx 2 \frac{\Delta d}{d_0} \tag{4-52}$$

灵敏度为

$$S = \frac{\Delta C}{\Delta d} \approx 2 \frac{C_0}{d_0} = 2 \frac{\varepsilon_r \varepsilon_0 A}{d_0^2} \tag{4-53}$$

将式（4-48）和式（4-53）比较可知，采用差动式结构不仅增大了输出电容，灵敏度也提高了一倍，并且由于 $(\Delta d/d_0)^2 = 0$，忽略的是三次项，因此非线性误差也大大减小。

2. 变极板工作面积型电容传感器

如图 4-37a 所示，当平行极板受被测量作用发生水平方向位移 x，与位移方向垂直的极板宽度为 b，两极板间面积变化 $\Delta A = bx$，相应电容量也发生变化，即

$$\Delta C = C - C_0 = -\frac{\varepsilon_r \varepsilon_0 b}{d_0} x \tag{4-54}$$

其灵敏度为

$$s = \left| \frac{\Delta C}{x} \right| = \frac{\varepsilon_r \varepsilon_0 b}{d_0} \tag{4-55}$$

由式（4-55）可知，变面积型电容传感器的输出特性是线性的，灵敏度是常数，增大 b 或减小 d_0 可以增大灵敏度。它常用于测量 $1 \sim 10 \text{cm}$ 中等大小的位移。与变极板间距的差动式电容传感器一样，变极板工作面积型电容传感器中也常采用差动工作方式，其结构形式如图 4-37 b、c 所示，其中图 4-37b 为平板电容，图 4-37c 为圆筒电容。

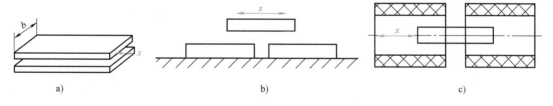

a)　　　　　　　　　　　b)　　　　　　　　　　　c)

图 4-37　变面积型电容传感器

3. 变介电常数型电容传感器

不同介质的介电常数不同，若两极板间的介质发生变化，则电容量也会随之改变。这种电容式传感器常用于检测容器中液面高度、片状材料的厚度等。图 4-38 为电容液面计原理，在被测介质中放入两个同心圆柱状极板 1 和 2，如果外、内圆筒直径分别为 d_1、d_2，液体介质的相对介电常数为 ε_{r2}，空气的相对介电常数为 1，液面计高度为 h_0，电容

量为

$$C_0 = \frac{2\pi\varepsilon_0 h_0}{\ln(d_1/d_2)} \qquad (4\text{-}56)$$

当介质浸没电容极板的高度为 x 时，总电容量为气体介质与液体介质电容量之和，即

$$C = C_1 + C_2 = \frac{2\pi\varepsilon_0}{\ln(d_1/d_2)}\left[(h_0-x)+\varepsilon_{r2}x\right] \qquad (4\text{-}57)$$

电容的相对变化量为

$$\frac{\Delta C}{C_0} = \frac{C-C_0}{C_0} = \frac{\varepsilon_{r2}-1}{h_0}x \qquad (4\text{-}58)$$

由此可见，通过测量该电容器总电容量的变化，可以判别电容器内液位高度。

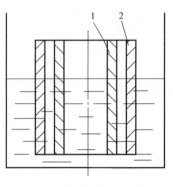

图 4-38　电容液面计
1—内圆筒　2—外圆筒

电容传感器调理技术与电感传感器调理技术类似，在 4.2.2 节已详述，此处不再重复。

4.3.2　电容式传感器的应用

1. 电容式差压传感器

电容式差压传感器是一种典型的变间隙式电容传感器。图 4-39 是电容式差压传感器结构示意图。这种传感器结构简单，灵敏度高，响应速度快（约 100ms），能测微小压差（$0\sim0.75\text{Pa}$）。

电容式差压传感器由两个玻璃圆盘和一个金属（不锈钢）膜片组成。在两玻璃圆盘上的凹面上镀金属作为电容式传感器的两个固定极板，而夹在两凹圆盘中的膜片则成为传感器的可动电极，两个定极板和一个动极板构成传感器的两个差动电容 C_1、C_2。当两边压力 p_1、p_2 相等时，膜片处在中间位置，与左、右固定电极与动极板之间间距相等，因此两个电容相等；当 $p_1 \neq p_2$ 时，膜片弯向一侧，那么两个差动电容一个增大、一个减小，且变化量大小相同；当压差反向时，差动电容变化量也反向。这种差压传感器也可以用来测量真空或微小绝对压力，此时只要把膜片的一侧密封并抽成高真空（10^{-5}Pa）即可。

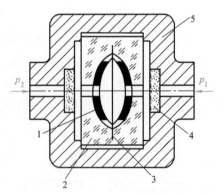

图 4-39　电容式差压传感器结构示意图
1—金属镀层　2—凹形玻璃　3—膜片
4—过滤器　5—外壳

2. 电容式微加速度传感器

利用微电子技术加工的加速度计一般也利用电容变化原理进行测量，它可以是变间距型，也可以是变面积型。图 4-40 所示的是一种变间距型硅微加速计。微加速计芯片外形如图 4-40a 所示，其中 1 是加速度测试单元，2 是信号处理电路，两者加工在同一

芯片上。图 4-40b、c 是加速度测试单元的结构示意图，它是由在硅衬底上制造出的三个多晶硅电极 4、5 和 6 组成的。图中 3 是硅衬底，4 为底层多晶硅，称为下电极；5 为中间层多晶硅，称为振动片；6 为顶层多晶硅，称为上电极。

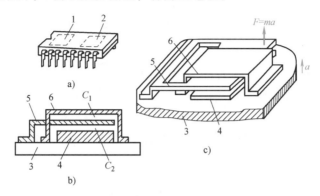

图 4-40 硅微加速度计

1—加速度测试单元 2—信号处理电路 3—硅衬底
4—底层多晶硅 5—中间层多晶硅 6—顶层多晶硅

上、下电极固定不动，而振动片是左端固定在衬底上的悬臂梁，可以上下微动。当它感受到上下振动时，与上、下极板构成的电容器 C_1、C_2 差动变化。测得振动片位移后的电容变化就可以算出振动加速度的大小。与加速度测试单元封装在同一壳体中的信号处理电路将 ΔC 转换成直流电压输出。它的激励源也做在同一壳体内，所以集成度很高。由于硅的弹性滞后很小，且悬臂梁的质量很小，所以频率响应可达 1kHz 以上，允许加速度范围可达 $10g$ 以上。如果在壳体内的三个相互垂直方向安装三个加速度传感器，就可以测量三维方向的振动或加速度。

3. 电容式传声器

传声器是将声音信号转换为电信号的能量转换器件，广泛应用于声音的测量中。传声器按照声电转换原理可分为电动式、电容式、压电式、磁电式等。其中，电容式传声器是声音测量中最为常用的传声器。

电容式传声器结构和原理如图 4-41 所示，配置有一个张紧的金属膜片，厚度为 0.025~0.05mm。该膜片组成空气介质电容器的一个动极板。可变电容器的定极板是背极，上面有多个孔和槽，用作阻尼器。膜片运动时产生的气流通过这些孔或槽来产生阻尼，从而抑制膜片的共振振幅。

传声器的可变电容器和一个高阻值的电阻串联，并由一个 100~300V 的直流电压所极化。极化电压起着电路激励源和确定无声压时膜片中性位置的作用，因为在电容器两极板间存在一个静电吸引力。在恒定的膜片偏移情况下，没有电流流经电阻，因而也没有输出电压。因

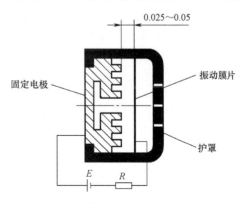

图 4-41 电容式传声器结构和原理

此，对膜片两端的静态电压差没有响应。当膜片上作用有一个动态压力差，即有声压作用时，导致电容发生变化，于是有电流流经电阻，产生一个输出电压 $E(t)$，即

$$E(t) = E_{\text{bias}} \frac{d'(t)}{d_0} \qquad (4\text{-}59)$$

式中，E_{bias} 为极化电压；d_0 为极板间的原始间距；$d'(t)$ 为由声压波动导致的极板间距变化。

图 4-42　MA231 型电容式传声器

图 4-42 所示为 MA231 型电容式传声器，其内置有前置放大器，具有 ICCP 低阻抗输出、频响和动态范围宽、灵敏度高、测量距离长、成本低等功能和特点，在声学测量中应用广泛。

4.4　电涡流传感器

电涡流传感器是基于金属体内电涡流效应的一类特殊的电感式传感器，可以实现微米级非接触测量，在位移、振动、转速、厚度等参数测量中应用广泛。而且，其工作原理和信号调理均不同于一般电感式传感器，故本节对其进行单独介绍。

4.4.1　电涡流传感器工作原理

根据电磁感应定律，当块状金属置于变化着的磁场中或者在固定磁场中运动时，金属体内会产生感应电流，这种电流在金属体内自身闭合，称为电涡流，此种现象称为电涡流效应。显然，电涡流效应与磁场变化特性有关，人们可以通过测量电涡流效应获得引起磁场变化的外界非电量。

根据电涡流效应制成的传感器就称为电涡流传感器。按电涡流在导体内贯穿情况，传感器分为高频反射式和低频透射式，两者原理基本相似。

高频反射式应用最为广泛。图 4-43a 为高频反射式电涡流传感器工作原理图。当传感器线圈通入高频正弦交流电流 I_1 时，线圈周围产生交变磁场 H_1，该磁场在金属板中感应出电涡流 I_2，而 I_2 又产生新的交变磁场 H_2。根据楞次定律，H_2 的方向总是抵抗 H_1 的变化。由于有了磁场 H_2 的反作用，最终导致传感器线圈阻抗发生变化。电涡流传感器的等效电路如图 4-43b 所示。图中，R_1、L_1 为传感器线圈的电阻和电感，R_2、L_2 为金属板中电涡流短路环的等效电阻和电感，M 为互感。

根据基尔霍夫第二定律，可列出回路电压方程为

$$\begin{cases} R_1 I_1 + j\omega L_1 I_1 - j\omega M I_2 = U_1 \\ -j\omega M I_1 + R_2 I_2 + j\omega L_2 I_2 = 0 \end{cases} \qquad (4\text{-}60)$$

将二次的电涡流短路环折算到一次，由式（4-60）解出一次线圈等效阻抗，即

$$Z = \frac{U_1}{I_1} = R_1 + \frac{\omega^2 M^2}{R_2^2 + \omega^2 L_2^2} R_2 + j\omega \left(L_1 - \frac{\omega^2 M^2}{R_2^2 + \omega^2 L_2^2} L_2 \right) = R_{\text{eq}} + j\omega L_{\text{eq}} \qquad (4\text{-}61)$$

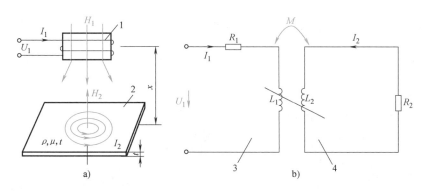

图 4-43　电涡流传感器工作原理及等效电路

a）电涡流传感器工作原理　b）电涡流传感器等效电路

1—线圈　2—金属板　3—传感器线圈　4—电涡流短路环

如果将电涡流线圈的等效阻抗 Z 用输入信号特征及传感器参数表示，则有

$$Z = R + j\omega L = f(I_1, f, \mu, \rho, t, x) \tag{4-62}$$

式中，f 为激励源频率；ρ 为金属板的电导率；μ 为金属板材料磁导率；t 为金属板厚；x 为间距。

由式（4-62）可知，电涡流传感器可用于间距 x 的测量。如果控制上式中的 I_1、f、μ、ρ、t 不变，电涡流线圈的阻抗 Z 就成为间距 x 的单值函数，这样就成为非接触位移测量传感器。图 4-44 为常用于位移测量的电涡流传感器结构示意图。

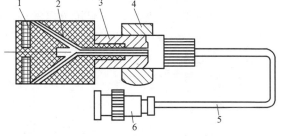

图 4-44　电涡流位移传感器结构示意图

1—线圈　2—框架　3—框架衬套

4—支架　5—电缆　6—插头

除此之外，电涡流传感器还可用于其他用途的测量，如果控制 x、I_1、f 不变，就可以用来检测与表面电导率 ρ 有关的表面温度、表面裂纹等参数，或者用来检测与材料磁导率 μ 有关的材料型号、表面硬度等参数。由于线圈阻抗 Z 变化情况完全取决于电涡流效应，但 I_2 在金属导体的纵深方向并不是均匀分布的，而是只集中在金属导体的表面，这称为趋肤效应。趋肤效应与激励源频率、金属板的电导率、磁导率等有关。频率越高，电涡流的渗透深度就越浅，趋肤效应越严重；频率越低，检测深度越深。因此，改变频率，可控制检测深度。激励源频率一般设定在 100kHz~1MHz。

低频透射式电涡流传感器工作原理如图 4-45a 所示，其多用于测量材料的厚度。在被测材料 G 的上、下方分别置有发射线圈 W_1 和接收线圈 W_2。在发射线圈 W_1 的两端加有低频（一般为音频范围）电压 e_1，因此形成了一交变磁场，该磁场在材料 G 中感应产生涡流 i。由于涡流 i 的产生消耗了磁场的部分能量，使穿过接收线圈 W_2 的磁通量减小，从而使 W_2 产生的感应电动势 e_2 减小。e_2 的大小与材料 G 的材质和厚度有关，其随材料厚度 h 的增加按指数规律减小，如图 4-45b 所示。因此，利用 e_2 的变化即可测量材料和结构的厚度。

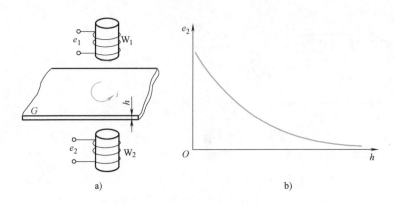

图 4-45　低频透射式电涡流传感器工作原理

4.4.2　电涡流传感器的信号调理

电涡流传感器的输出变量是阻抗（包括电感和电阻）变化，其信号调理电路需实现将阻抗变化转换为电压、电流、频率等电参数的变化，以便后续信号采集和测量。电涡流传感器常用的信号调理电路有阻抗分压式调幅电路和调频电路两种。

图 4-46 所示为一种分压调幅电路的工作原理，常用于电涡流传感器的振动和位移测量。它由晶体振荡器、高频放大器、检波器和滤波器组成。由晶体振荡器产生高频振荡信号作为载波信号。

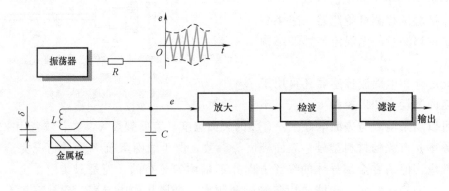

图 4-46　电涡流测振仪分压调幅电路

传感器线圈 L 与并联电容 C 组成谐振回路，其谐振频率为

$$f = \frac{1}{2\pi\sqrt{LC}}$$

(4-63)

当谐振频率 f 与振荡器提供的振荡频率相同时，输出电压 e 最大。测量时，线圈阻抗随间隙 δ 而改变，此时 LC 回路失谐，输出信号 $e(t)$ 虽仍为振荡器的工作频率信号，但其幅值随 δ 而发生变化，它相当于调幅波，该信号经放大器放大后再经检波与滤波即可得到气隙 δ 的动态变化信息。电阻 R 的作用是进行分压，当 R 远大于谐振回路的阻抗值

$|Z|$时，输出电压 e 则取决于谐振回路的阻抗值$|Z|$。

图 4-47a 是该 LC 回路的谐振曲线，表示在不同间隙 δ 值时谐振频率 f 与输出电压 e 之间的关系；图 4-47b 是其输出特性曲线，表示间隙 δ 与输出电压 e 之间的关系。由图可见，该曲线是非线性的，图中直线段是可用的工作区段。图 4-46a 中的可调电容 C 用来调节谐振回路的参数，以取得更好的线性工作范围。

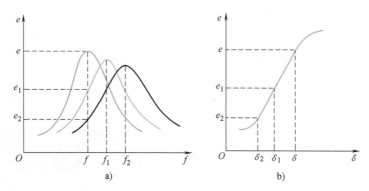

图 4-47　分压调幅电路的谐振曲线及输出特性
a）谐振曲线　b）输出特性

电涡流传感器也可以采用调频电路进行调理。图 4-48 所示为调频电路工作原理，它同样将电涡流传感器线圈接成一个 LC 振荡回路。与调幅电路不同的是将回路的谐振频率作为输出量，随着间隙 δ 的变化，线圈电感 L 也将发生变化，由此使得振荡器的振荡频率 f 发生变化。采用鉴频器对输出频率做频率-电压转换，即可得到与 δ 成正比的输出电压信号。

图 4-48　调频电路工作原理

4.4.3　电涡流传感器的应用

电涡流传感器由于可以实现非接触测量、结构简单、使用方便，已经在位移测量、转速测量、振动监测、材料无损探伤等诸多方面和领域得到广泛应用。电涡流传感器测量的范围和精度受许多因素的影响，如被测对象的材质、传感器的结构尺寸、线圈匝数以及励磁频率等。测量的距离可为 $0\sim30\text{mm}$，频率范围为 $0\sim10^4\,\text{Hz}$，线性度误差为 $1\%\sim3\%$，分辨力最高可达 $0.05\,\mu\text{m}$。

需要强调的是，电涡流传感器的特性与被测对象的材料特性有关，当用于不同材质的被测对象时，其特性会变化。对于一个已被调谐到某一个固定频率的传感器线圈，当它移近被测对象时，回路将失谐。当被测对象为非铁磁材料时，谐振曲线将向右移，即向自振频率升高的方向移动；当被测对象为铁磁物质时，线圈的谐振曲线将向左移，即向自振频率降低的方向移动，如图 4-49 所示。因此，在实际应用时，应选择采用与被测对象材质相适应的特性参数，或者对传感器重新标定获得相应特性参数。

电涡流传感器需要与前置放大器配合使用，前置放大器为传感器提供高频激励电压，并将传感器的阻抗输出转换为电压输出，以便后续信号采集和测量。图 4-50 为某型常用的电涡流传感器和前置放大器外形图，该型传感器外径为 8~12mm，量程为 ±1mm，灵敏度为 8mV/μm；前置放大器供电 DC −12V 或 DC ±12V，其输出信号中含有较大的直流偏置，需要在后续采集和处理中通过隔直、滤波等方式将其去除，以获得反映位移变化的动态信号。图 4-51 所示为电涡流传感器常用的六种应用示意图。

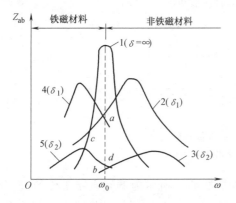

图 4-49　被测对象材质不同
对谐振曲线的影响

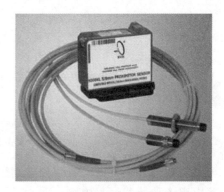

图 4-50　电涡流传感器和前置放大器

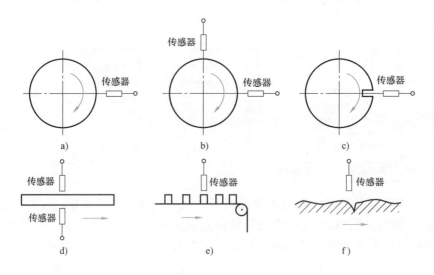

图 4-51　电涡流传感器常用的六种应用示意图

a) 轴径向振摆测量　b) 轴心轨迹测量　c) 转速测量　d) 穿透式测厚　e) 物件计数　f) 表面探伤

由于电涡流传感器非接触测量、线性度好、性能稳定，因而在汽轮机、燃气轮机、风机、压缩机、电动机、发电机等大型动力机组振动监测方面应用非常广泛，是实现其振动监测的最主要传感器。

图 4-52 所示为某大型燃气轮机组运行状态监测的传感器布置示意图，共使用了 53 个传感器，其中 28 个是电涡流传感器。电涡流传感器用于实现该机组的轴振动、轴向位移、胀差、热膨胀、转速、偏心、键相等 7 种物理量的测量和监测，在该机组运行状态监测和保障安全运行方面发挥了关键作用。

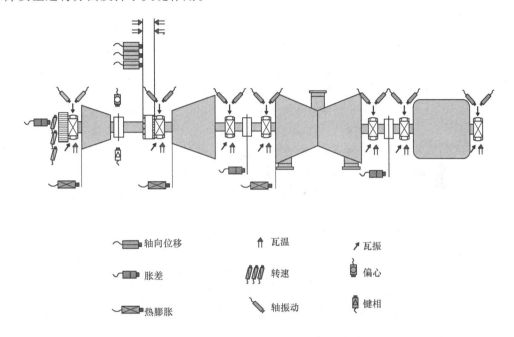

图 4-52　某大型燃气轮机组运行状态监测的传感器布置示意图

电涡流传感器用于监测大型动力机组的轴的径向振动时，通常在轴瓦同一横截面上呈 90°安装两个传感器，如图 4-53 所示。图 4-54 所示为大型轴流压缩机组（电动机拖动）现场监测图，图中左端轴瓦上部的突出部分为呈 90°安装的两个电涡流传感器，用于监测轴与轴瓦的相对振动和轴心轨迹，可实现机组轴系的不平衡、不对中、油膜涡动、松动、碰摩、裂纹等多种故障的监测和诊断。

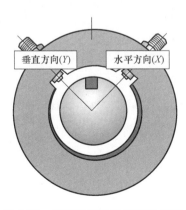

图 4-53　监测轴振动的安装示意图

图 4-54　大型轴流压缩机组现场监测图

思考题与习题

4-1 金属材料应变片和半导体材料应变片在工作原理上有何不同？各有何优缺点？

4-2 用应变片测量时，为什么必须采取温度补偿措施？

4-3 一试件受力后的应变为 2×10^{-3}；丝绕应变计的灵敏度为 2，初始阻值为 120Ω，温度系数为 $-50\times10^{-6}/℃$，线膨胀系数为 $14\times10^{-6}/℃$；试件的线膨胀系数为 $12\times10^{-6}/℃$。求温度升高20℃时，应变计输出的相对误差。

4-4 电容式传感器可分为哪几类？各自的主要用途是什么？

4-5 一电容测微仪，其传感器的圆形极板半径 $r=4mm$，工作初始间隙 $\delta=0.3mm$，试问：

1）工作时，如果传感器的间隙变化量 $\Delta\delta=\pm1\mu m$，那么电容变化量是多少？

2）如果测量电路的灵敏度 $S_1=100mV/pF$，读数仪表的灵敏度 $S_2=5$ 格/mV，在 $\Delta\delta=\pm1\mu m$ 时，读数仪表的指示值变化为多少格？

4-6 为什么变极距型电容传感器的灵敏度和非线性是矛盾的？实际应用中怎样解决这一问题？

4-7 有一变极距型电容传感器，两极板的重合面积为 $8cm^2$，两极板间的距离为 1mm，已知空气的相对介电常数为 1.0006，试计算该传感器的位移灵敏度。

4-8 差动式传感器的优点是什么？试述产生零位电压的原因和减小零位电压的措施。

4-9 比较差动式自感传感器和差变压器在结构上及工作原理上的异同之处。

4-10 设计一个用电涡流传感器实时监测轧制铝板厚度的装置，试画出装置的框图，并简要说明其工作原理。

4-11 直流电桥与交流电桥在工作原理上有何不同？它们各自的应用场合是什么？

4-12 一个直流应变电桥如图 4-55 所示。

已知：$R_1=R_2=R_3=R_4=R=120Ω$，$E=4V$，电阻应变片灵敏度 $S=2$。

求：1）当 R_1 为工作应变片，其余为外接电阻，R_1 受力后变化 $\dfrac{\Delta R_1}{R}=\dfrac{1}{100}$ 时，输出电压为多少？

2）当 R_2 也改为工作应变片，若 R_2 的电阻变化为 1/100时，问 R_1 和 R_2 是否能感受同样极性的应变，为什么？

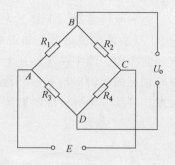

图 4-55 题 4-12 图

4-13 调幅波是否可以看成是载波与调制信号的叠加？为什么？

4-14 已知调幅波 $x_0(t)=(100+30\cos\Omega t+20\cos3\Omega t)\cos\omega_c t$，其中 $f_c=10kHz$，$f_\Omega=500Hz$，$\omega_c=2\pi f_c$。试求：

1）$x_0(t)$ 所包含的各分量的频率及幅值。

2）绘出调制信号与调幅波的频谱。

5

发电式传感器及其应用

前面讲述了参数式传感器及其应用，即被测量的变化首先通过敏感元件转换为电阻、电感、电容参数的变化，然后利用相应的后续电路将电参数转换为电信号。本章介绍一些常用的发电式传感器及其测量电路和工程应用，包括压电式传感器、磁电式传感器、霍尔传感器、热电偶传感器和红外探测器等。此外，虽然一些光电传感器也属于发电式传感器的范畴，但考虑到机械工程领域光电检测技术的应用越来越普遍，本书将其单列一章专门进行介绍。

5.1 压电式传感器

压电式传感器是一种典型的发电式传感器，其核心是压电元件，是利用压电材料的压电效应实现机械量到电量的转换。

5.1.1 压电效应与压电材料

某些电介质材料在某方向受到压力或拉力作用产生形变时，表面会产生电荷；外力撤销后，又恢复不带电状态，并且当作用力方向改变时，电荷极性随之改变，这种现象称为压电效应。反过来，如果在电介质极化方向施加电场，则这些电介质也会产生几何变形。通常将前一种从形变到产生电荷的过程，也就是从机械能到电能的转换，称为"正压电效应"；后一种从电能转换为机械能的过程称为"逆压电效应"，也就是说，压电效应具有可逆性。

具有压电效应的电介质材料就称为压电材料，这类材料包括天然石英晶体、人造压电陶瓷等。天然石英的稳定性好，但资源少，并且大都存在一些缺陷，一般只用在校准用的标准传感器或准确度很高的传感器中。压电陶瓷是通过高温烧结的多晶体，具有制作工艺方便、耐湿、耐高温等优点，因而在检测技术、电子技术和超声等领域应用得最普遍。目前应用最多的压电陶瓷材料有钛酸钡、锆钛酸铅等。

图 5-1a 所示为天然石英晶体，是正六棱柱结构，其晶轴方向如图 5-1b 所示，其中棱长方向为 Z 轴，也称为光轴；经过棱线并垂直于光轴的是 X 轴，也称为电轴；与 X 轴和 Z 轴同时垂直的就是 Y 轴，也称为机械轴。若从晶体上沿 Y 轴方向切下一块如图 5-1c 所示的晶片，当沿 X 轴方向施加作用力 F_X 时，在以 X 轴为法线的两个表面上将产生等量异号的电荷，其大小为

$$Q_X = d_{11} F_X \tag{5-1}$$

式中，d_{11} 为压电系数，对于石英晶体，沿 X 轴方向受力时，$d_{11} = 2.3 \times 10^{-12} \mathrm{C/N}$。

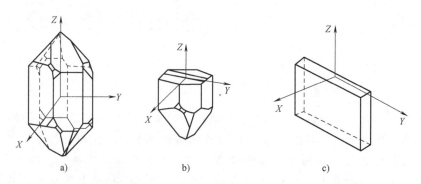

图 5-1 石英晶体及晶片

a）石英晶体结构 b）石英晶体的晶轴 c）石英晶片

由式（5-1）可知，石英晶片是力敏元件，适用于测量那些最终能变换为力的物理量，如力、力矩、加速度等。通常把沿 X 轴方向的力作用下产生电荷的压电效应称为纵向压电效应；把沿 Y 轴方向的力作用下产生电荷的压电效应称为横向压电效应，而沿 Z 轴方向受力时不产生压电效应。

5.1.2 压电元件及其等效电路

将石英晶片以 X 轴为法线的两个面安装好电极和引线就构成了压电传感器的核心——压电元件，如图 5-2a 所示。根据压电材料的特性可知，压电元件相当于一个力控电荷源，电荷量正比于受力的大小，电源的方向取决于受到的是压力还是拉力。由于两个极板上的电荷异号，极板间的电容量可以用平板电容公式计算，即

$$C_a = \frac{\varepsilon_r \varepsilon_0 A}{d} \tag{5-2}$$

式中，A 为极板面积；d 为极板之间距离；ε_0、ε_r 分别为空气的介电常数和压电材料的相对介电常数。

因此，压电元件可以等效为图 5-2b 所示的电荷源与电容并联的等效电路。由于两个极板上电荷正负相反，极板之间的电压为 $U_a = Q/C_a$，所以，也可以等效为图 5-2c 所示的电压源与电容串联的等效电路。

考虑到单片压电元件产生的电荷量非常小，输出电量很弱，因此在实际使用中常采

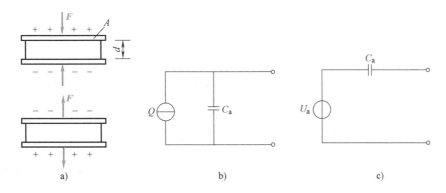

图 5-2　压电元件及其等效电路

a) 压电元件　b) 电荷源等效电路　c) 电压源等效电路

用两片或两片以上同型号的压电元件组合在一起。由于压电材料产生的电荷是有极性的，所以压电元件的接法也有两种，如图 5-3 所示。图 5-3a 是将两片压电晶片的负端粘接在一起，中间引出负极输出端，另外两个正极板引线连接在一起后引出正极输出端，从电路角度看，相当于两个电容器的并联，电容量增大一倍，等效电容为 $C = 2C_a$。在总电压不变的情况下，则总的输出电荷量增大一倍。因此，当同一个力作用于压电晶片时，并联接法输出总的电荷量增大一倍，传感器的电荷灵敏度增大一倍，但是由于电容也增大一倍，若用 R_a 表示压电传感器的电阻，则时间常数 $\tau = RC = 2R_aC_a$ 也会增大。因此，并联接法适用于测量缓变的信号，以及以电荷量输出的场合。

如果将两片压电晶片不同极性端粘接在一起，如图 5-3b 所示，则相当于两个电容器的串联接法，在总的输出端 A、B 之间输出的电荷量不变，输出电压比单片增大一倍，总的电容量为单片的 1/2，所以，串联接法适用于电压输出场合，由于系统时间常数减小，适合测量快速变化的信号。

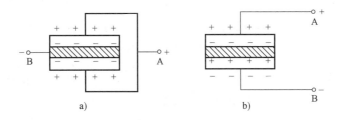

图 5-3　压电晶片的连接方式

a) 并联连接　b) 串联连接

5.1.3　压电传感器的调理电路

压电元件是一种可以将力转换为电荷的敏感元件，可以通过测量电荷量求出待测力的大小。要想准确测量力 F，必须准确测得 Q 或 U。但是无论等效为电荷源还是电压源，Q（U）的测量都十分困难。从式（5-1）可知，由于压电元件的压电系数很小，待测力 F

作用于压电传感器产生的电量非常小；再者，由于压电元件材料是石英或陶瓷材料，这些都是绝缘材料，其电阻值 R_a 一般在 $10^{10}\Omega$ 以上，这样大的输出电阻使得传感器输出能量很小，很难找到适配的电表进行测量；另外测量过程中，正负极板通过连接导线放电，就会出现虽然外力 F 不变，但随着两个极板电荷中和，读数却会不断减小，所以，压电传感器只适于测量动态参数，交变的力可以不断补充极板上的电量，减小放电带来的误差。

压电传感器的调理电路通常采用前置放大器，前置放大器有两个作用：第一是把压电传感器输出的微弱信号加以放大；第二是把传感器输出的高阻抗变换为低阻抗。由于压电传感器有电压、电荷两种输出形式，相应的前置放大器也有电压放大器和电荷放大器。

如果要分析压电传感器与前置放大器连接之后的特性，实际等效电路除了考虑压电传感器的等效电容 C_a 及电阻 R_a（通常称为传感器的漏电阻）之外，还需要把连接电缆电容 C_c、放大器的输入电阻 R_i 和输入电容 C_i 都要计入。

这里首先分析对应于压电传感器以电压形式输出的电压放大器特性。压电传感器与电压放大器相串联后的等效电路如图 5-4 所示，其中图 5-4a 是实际等效电路，图 5-4b 是合并了电路电阻、电容之后的简化等效电路。图中，总电阻 $R = R_a R_i/(R_a + R_i)$，总电容 $C = C_c + C_i$。

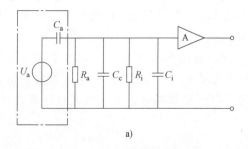 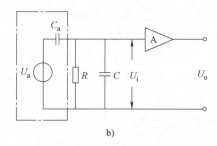

a)　　　　　　　　　　　　　　b)

图 5-4　电压源输出形式的压电传感器与电压放大器等效电路

a）传感器与电压放大器　b）简化等效电路

如果压电传感器上受到角频率为 ω、幅值为 F_m 的力 $f = F_m \sin\omega t$ 的作用，压电传感器的压电系数为 d，则在外力作用下压电传感器输出电压为

$$U_a = \frac{dF_m \sin\omega t}{C_a} = U_m \sin\omega t \tag{5-3}$$

从简化等效电路可知，输入放大器的电压 U_i 是 U_a 在 R、C 并联支路上的分压，即

$$U_i = df \frac{j\omega R}{1 + j\omega R(C + C_a)} \tag{5-4}$$

由上式可获得输入到放大器的电压幅值 U_{im} 为

$$U_{im} = \frac{dF_m \omega R}{\sqrt{1 + \omega^2 R^2 (C_a + C_c + C_i)^2}} \tag{5-5}$$

当分母中 $\omega R(C_a+C_c+C_i)\gg1$ 时，式（5-5）可以化简为

$$U_{im}\approx\frac{dF_m}{C_a+C_c+C_i}\qquad(5\text{-}6)$$

由式（5-5）和式（5-6）可知，当输入信号频率 ω 很高时，前置放大器的输入电压与频率无关，与待测力的幅值成比例，说明压电传感器高频响应较好。但是，当输入信号为静态信号，也就是 $\omega=0$ 时，输入放大器的信号幅值为零，所以，压电传感器不适合测量静态信号。另外，从式（5-6）可知，虽然高频时 U_{im} 与待测的力成比例，但是电压放大器会受到连接电缆的影响，如果测量时延长电缆，或电缆安装不规范等，都会使得 C_c 改变，引入误差，因此工程中更多使用电荷放大器。

电荷放大器对应于压电传感器以电荷形式输出的放大。其放大电路实际上是一个带有电容负反馈的高增益运算放大器，由于压电传感器的漏电阻和运算放大器的输入电阻都趋于无穷大，可以开路处理而略去不计，则电荷源输出形式的压电传感器与电荷放大器等效电路如图 5-5 所示，图中 C_f 为反馈电容。

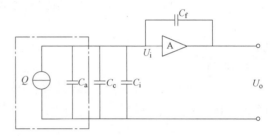

图 5-5　电荷源输出形式的压电传感器与电荷放大器等效电路

如果运算放大器的放大倍数为 A，且满足 $(1+A)C_f\gg C_a+C_c+C_i$，根据放大器的工作原理，可以求出输出电压的幅值为

$$U_{om}=-AU_{im}=\frac{-AQ}{C_a+C_c+C_i+(1+A)C_f}\approx\frac{-AQ}{(1+A)C_f}\approx-\frac{Q}{C_f}\qquad(5\text{-}7)$$

可见，电荷放大器输出电压与压电传感器的电荷量成正比，与电缆电容无关，可以有效减小测量误差。实践中通常将反馈电容做成多档可调，可以根据测量需要选择合适的值。

在传统的压电传感器测试系统中，一般采用分离式电荷放大器与压电传感器相连接进行放大测量。但随着集成电路技术的发展，ICP（Integrated Circuits Piezoelectric）传感器得到了快速发展。ICP 传感器就是内装微型 IC 放大器的压电传感器，它采用现代集成电路技术将传统的电荷放大器置于传感器内部，所有阻抗变换和放大工作都在传感器内部完成，最后以低阻抗电压方式输出信号。

ICP 压电传感器通常需要一个 4mA 左右恒流源给放大器供电，供电电缆同时作为信号输出线，其原理如图 5-6 所示，整个系统包括 ICP 传感器、普通的双芯电缆和一个不间断电源。由于是把传统的压电传感器和电荷放大器集成于一体，ICP 输出的就是一个已经放大了的电压信号，由于压电元件与放大电路距离非常近，并一同封装在金属壳体内，所以有效屏蔽了干扰信号，信噪比高，特别适合现场测试和在线监测。

5.1.4　压电式传感器的应用

压电式传感器具有响应快、灵敏度高、信噪比大、结构简单、性能可靠等优点，最

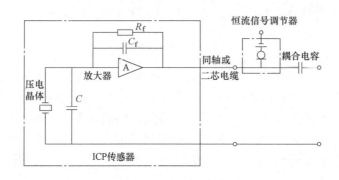

图 5-6　典型 ICP 压电传感器结构原理

常用于力、加速度的测量。

1. 力测量

图 5-7 是压电式单向测力传感器结构示意图，由石英晶体、绝缘套、传力上盖、基座等组成，图 5-8 是此类传感器用于机床动态切削力测量的示意图。

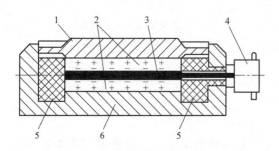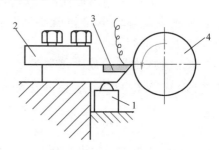

图 5-7　压电式单向测力传感器结构示意图

1—传力上盖　2—压电晶体　3—电极
4—电缆插头　5—绝缘材料　6—基座

图 5-8　刀具切削力测量示意图

1—压电传感器　2—刀架
3—车刀　4—工件

2. 加速度测量

压电式传感器另一个重要应用是测量加速度，根据牛顿第二定律 $F = ma$，如果质量 m 已知，则只要测出力 F 就可以知道加速度 a 的量值。图 5-9a 是一种加速度传感器的结构原理图，它主要由压电元件、质量块、预压弹簧、基座及外壳等组成，整个部件装在外壳内，并用螺栓加以固定。当加速度传感器和被测物一起受到冲击振动时，压电元件受到质量块惯性力的作用，产生电荷 Q，只要测量出传感器输出的电荷量，就得到了待测加速度 a。图 5-9b 是常见的一些压电加速度传感器。

压电加速度传感器尺寸小、重量轻、坚固性好，测量频率范围一般可达 $1Hz \sim 22kHz$，测量加速度范围为 $0 \sim 2000g$，温度范围为 $-150 \sim +260℃$，输出电平为 $5 \sim 72mV/g$。因此，压电加速度传感器广泛应用于振动测量。

测量时，压电加速度传感器的安装方法会影响测量精度和测量范围，必须加以重视。图 5-10 所示为常用的几种附着安装方法。图 5-10a 是将加速度传感器直接用螺栓安装在振动表面上，这种安装方法共振频率最高，可测频率范围达到几十千赫兹，是

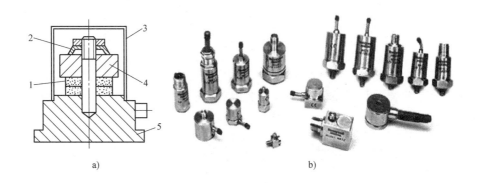

图 5-9 压电加速度传感器

a）压电加速度传感器结构 b）常见压电加速度传感器

1—压电元件 2—预压弹簧 3—外壳 4—质量块 5—基座

安装加速度传感器的理想方法；图 5-10b 所示方法与图 5-10a 相似，不同之处是将加速度传感器与振动表面通过绝缘螺栓或者云母片绝缘相连，该方法在需要绝缘的时候使用；但是这两种方法都需要在被测物体表面穿孔套丝，较为复杂，有时因条件不允许而常常受到限制。在精度要求不高的振动测量中常使用如图 5-10c 所示的蜡膜粘附方法，但由于加速度传感器与振动面不是刚性连接，这种方法会导致加速度传感器安装系统的共振频率低于加速度传感器自身固有振动频率，使得测量频率范围降低。图 5-10d 为手持探棒与振动表面接触，该方法可自由移动传感器，适合多点测量，但这种方法的被测频率不宜高于 1000Hz，且往往由于手颤的影响，测量误差较大。图 5-10e 则是通过磁铁与具有铁磁性质的振动表面磁性相连，如果测量频率不高且振动加速度幅值不

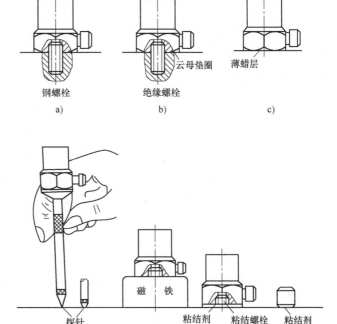

图 5-10 压电加速度传感器的安装方法

大，该方法由于方便可靠，在工程中经常使用。图 5-10f、g 所示为粘结剂连接方法，这种方法适用于单点加速度的测量。

5.2 磁电式传感器

磁电式传感器是磁电感应式传感器的简称，它也是一种发电式传感器。其工作原理是基于电磁感应定律，利用导体和磁场发生相对运动产生感应电动势的一种机电能量变换的传感器。

5.2.1 磁电式传感器基本原理及测量电路

根据电磁感应定律，一个匝数为 N 的线圈处于磁场中，如果穿过线圈的磁通量 ϕ 发生变化，线圈两端就会产生感应电动势，其大小为

$$e = -N \frac{\mathrm{d}\phi}{\mathrm{d}t} \tag{5-8}$$

式（5-8）表明，在线圈匝数一定的情况下，感应电动势的大小与磁通的变化率成正比，负号表示产生的感应电动势方向与磁通变化方向相反。

根据磁通变化的方法不同，可以构造出两种不同形式的磁电式传感器，一种是使线圈与磁力线发生相对运动，则通过线圈的磁通量发生改变，在线圈中产生感应电动势，其原理如图 5-11 所示，这种类型的传感器适合测量相对运动，称为动圈式传感器。如果线圈周长为 L，匝数为 N，永久磁铁的磁感应强度为 B，相对位移为 x，相对速度为 v，则线圈中的感应电动势为

$$e = -NBL \frac{\mathrm{d}x}{\mathrm{d}t} = -NBLv \tag{5-9}$$

当传感器选定后，线圈尺寸、永久磁铁参数皆为已知，则输出电动势与线圈对磁场的相对运动速度成正比。利用这个特点，动圈式传感器适合用于测量振动速度。

除了动圈式传感器外，磁电式传感器还可构造出另外一种形式的传感器，通常称之为变磁阻式传感器。根据磁路欧姆定律可知

$$F = \phi R_{\mathrm{m}} \tag{5-10}$$

式中，F 为磁动势，也就是产生磁通的物理量；R_{m} 为磁阻，与磁路的材料和尺寸有关。如果磁路的构造如图 5-12 所示，永久磁铁（N、S 磁极）产生的磁动势 F 不变，磁路则由齿形圆盘、空气隙和软铁心等组成。由于空气磁阻远远大于铁磁材料，当齿形圆盘旋转，齿顶对准软铁心时，气隙减小，磁路总磁阻减小；齿槽对准软铁心时，气隙增大，磁路磁阻增大。从式（5-10）可以看出，如果磁路磁阻周期变化，会导致 ϕ 周期变化，则线圈产生的感应电动势也周期性变化。因此，这种结构形式的传感器又称为变磁阻式传感器。与动圈式相比，这种传感器线圈和磁铁均保持静止，是利用与旋转机械同步运动的齿形圆盘与传感器相对位置变化，改变磁路磁阻来测量的。因此，这种形式的传感器适合测量旋转机械转速，只要知道齿形圆盘的齿数，利用测量的输出感应电动势的频率除以齿数，就能得到旋转机械的转速。

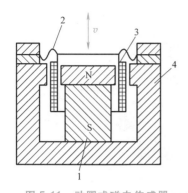

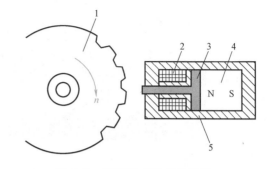

图 5-11 动圈式磁电传感器
1—永久磁铁 2—弹簧 3—线圈 4—铁轭

图 5-12 变磁阻式磁电传感器
1—齿形圆盘 2—线圈 3—软铁心 4—永久磁铁 5—铁轭

由于磁电式传感器输出的是电压信号，测量时选用合适量程的电压表就可以完成测量，也就是说，磁电式传感器输出信号可直接测量，不需要特殊调理。但测量过程中应注意，选用的电压表内阻应远远大于磁电式传感器线圈的电阻，这样才能使得仪表读数接近传感器输出电动势，减小测量误差。另外，在振动监测时往往还要测量位移和加速度，两者与速度的关系是，当初始值为零时它们分别是速度的积分和微分。因此，测量中可以配置相关电路一次测出，如图 5-13 所示。

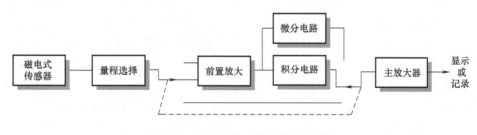

图 5-13 磁电式传感器测量电路框图

5.2.2 磁电式传感器的应用

磁电式传感器使用时不需要供电电源，电路简单，性能稳定，输出阻抗小，频率响应范围广，适用于动态测量，通常用于振动、转速、扭矩等物理量的测量。

1. 线速度测量

线速度测量传感器一般为磁电式速度计，分绝对速度传感器和相对速度传感器两类。图 5-14 所示为磁电式绝对速度传感器。磁铁与壳体形成磁回路，装在心轴上的线圈和阻尼环组成惯性系统的质量块一同在磁场中运动。弹簧片径向刚度很大、轴向刚度很小，使惯性系统既可得到可靠的径向支承，又保证有很低的轴向固有频率。铜制的阻尼环一方面可增加惯性系统质量，降低固有频率，另一方面又利用闭合铜环在磁场中运动产生的磁阻尼力使振动系统具有合理的阻尼。作为质量块的线圈在磁场中运动，其输出电压与线圈切割磁力线的速度，即质量块相对于壳体的速度成正比。

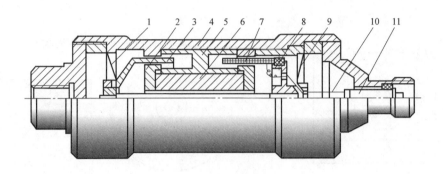

图 5-14　磁电式绝对速度传感器

1、9—弹簧片　2—磁靴　3—阻尼环　4—外壳　5—铝架　6—磁钢

7—线圈　8—线圈架　10—导线　11—接线座

根据振动理论可知，为了扩展速度传感器的工作频率下限，应采用 0.5~0.7 的阻尼比。此时，在幅值误差不超过 5% 的情况下，工作频率下限可扩展到 $\omega / \omega_n = 1.7$。这样的阻尼比也有助于迅速衰减意外扰动所引起的瞬态振动，但是用这种传感器在低频范围内无法保证测量的相位精确度，测得的波形有相位失真。从扩大使用频率范围来讲，希望尽量降低绝对速度计的固有频率，但是过大的质量块和过低的弹簧刚度不仅使速度计体积过大，而且使其在重力场中静变形很大。这不仅引起结构上的困难，而且易受交叉振动的干扰。因此，其固有频率一般取 10~15Hz，其可用频率范围一般为 15~1000Hz。

图 5-15 所示为磁电式相对速度传感器。传感器活动部分由顶杆、弹簧和工作线圈连接而成，活动部分通过弹簧连接在壳体上。磁力线从永久磁铁的一极出发，通过工作线圈、空气隙、壳体再回到永久磁铁的另外一极构成闭合磁路。工作时，将传感器壳体与机件固接，顶杆顶在另一构件上，当此构件运动时，使得外壳与活动部分产生相对运动，工作线圈在磁场中运动产生感应电动势，此电动势反映的是两构件的相对运动速度。

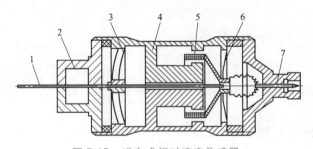

图 5-15　磁电式相对速度传感器

1—顶杆　2—限幅器　3、6—弹簧　4—永久磁铁　5—工作线圈　7—电动势输出

2. 角速度或扭矩测量

角速度测量一般采用变磁阻式速度传感器，测量方法如图 5-12 所示。在实际应用中，还可以借助此原理测量扭矩，图 5-16 是变磁阻式磁电速度传感器测量扭矩的工作原理图。在驱动源和负载之间的扭转轴的两侧安装有齿形圆盘，它们旁边装有相应的两个变磁阻

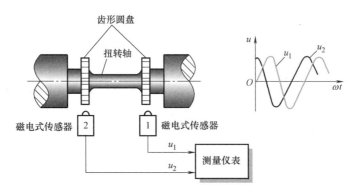

图 5-16   变磁阻式磁电速度传感器测量扭矩工作原理

式转速传感器。当齿形圆盘旋转时，圆盘齿凸凹引起磁路气隙的变化，于是磁通量也发生变化，在线圈中感应出交流电压，其频率等于圆盘上齿数与转速乘积。

当扭矩作用在扭转轴上时，两个磁电式传感器输出的感应电压 u_1 和 u_2 存在相位差。这个相位差与扭转轴的扭转角成正比。这样传感器就可以把扭矩引起的扭转角转换成相位差的电信号，通过测量相位差就可以得到扭矩。

5.3   霍尔传感器

霍尔传感器是基于霍尔效应的一种传感器。19 世纪人们就在金属材料中发现了霍尔效应，但由于金属材料的霍尔效应太弱而没有得到应用，随着半导体技术的发展，人们发现半导体材料的霍尔效应显著，才使得霍尔传感器有了广泛应用。

5.3.1   霍尔效应和霍尔传感器

将金属或半导体薄片置于磁场中，当有电流流过薄片时，在垂直于电流和磁场的方向上将产生电动势，这种物理现象称为霍尔效应。由于半导体材料的霍尔效应显著，人们一般称半导体薄片为霍尔元件或霍尔传感器。

霍尔效应的产生是由于电荷受到磁场中洛伦兹力作用的结果。如图 5-17a 所示，在与磁感应强度 B 垂直的半导体薄片中通以电流 I，设材料为 N 型半导体，则其中多数载流子为电子。电子 e 沿着与电流相反的方向运动，在磁场中受到洛伦兹力 F_L 的作用，电子在此力作用下向一侧偏转，并使该侧形成电子积累，与它相对的一侧，由于电子迁移后带正电，这样就在两个横向侧面之间建立起电场 E_E，因此电子又要受到此电场的作用，其作用力为 F_E，当 $F_L = F_E$ 时，电荷的积累就达到动平衡。这时在两个横向侧面之间建立的电场 E_H 称为霍尔电场，两者之间的电位差称为霍尔电压 U_H。霍尔电压 U_H 与通过电流 I 和磁感应强度 B 成正比，即

$$U_H = K_H I B \tag{5-11}$$

式中，K_H 为霍尔灵敏度，它表示在单位磁感应强度和单位控制电流下得到的开路霍尔电

压。对给定型号的霍尔元件，K_H 为常数。霍尔传感器的电路符号和实物图如图 5-17b、c 所示。

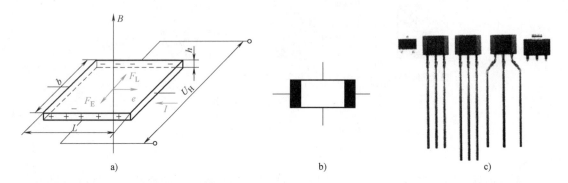

图 5-17　霍尔传感器

a）工作原理图　b）电路符号　c）实物图

根据式（5-11）可知，霍尔电压的大小与电流和磁感应强度成正比，因此霍尔传感器一般用来测量电流或磁感应强度，或者测量引起电流或磁感应强度变化的被测量。即：

1）当输入电流恒定不变时，传感器的输出正比于磁感应强度。因此，凡是能转换为磁感应强度 B 变化的物理量均可进行测量，如位移、角度、转速和加速度等，工程领域中应用较广。

2）当磁感应强度 B 保持恒定时，传感器的输出正比于工作电流 I。因此，凡能转换为电流变化的物理量均可进行测量和控制。

3）由于霍尔电压正比于工作电流 I 和磁感应强度 B 的乘积，相当于一个乘法器，因此可以用来测量功率等物理量。

5.3.2　霍尔元件的测量电路和误差补偿

霍尔元件的基本测量电路如图 5-18 所示，电源 U_E 给霍尔元件提供工作电流 I，串联的电阻 R_w 用来调节工作电流的大小，由于半导体材料易受温度影响，因此对于霍尔元件工作电流是有规定的。规定当霍尔元件自身温升 10℃ 时所流过的工作电流称为额定工作电流，使用时不宜超过。R_L 是霍尔元件的负载电阻，通常是放大器的输入电阻或表头内阻。

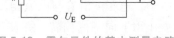

在实际使用中，存在着各种影响霍尔元件精度的因素，主要误差有不等位电动势和温度误差。

图 5-18　霍尔元件的基本测量电路

当霍尔元件的工作电流为 I 时，若元件所处位置磁感应强度 B 为零，则它的霍尔电动势应该为零，但实际不为零，这时测得的空载霍尔电动势就称为不等位电动势。这里用图 5-19 所示的等效电路来说明不等位电动势原理。将四端霍尔元件相邻两电极之间的阻值分别记作 r_1、r_2、r_3、r_4，则按其连接画出图 5-19b 所示的电桥等效电路。理想情况下，材料均匀，电极处于中间位置，则四个电阻阻值相同，外加磁场为零时，由于电桥平衡，

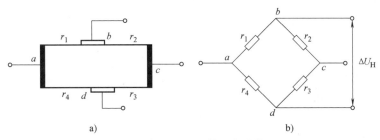

图 5-19　霍尔元件不等位电动势原理

a）电极不对称　b）电桥等效电路

输出电动势为零。但出于制造工艺和材料上的原因有可能出现：

1）霍尔电极安装位置不对称或不在同一等电位面上，如图 5-19a 所示。

2）半导体材料电阻率不均匀或是几何尺寸不均匀。

3）激励电极接触不良造成激励电流不均匀分布等。

上述几个因素都会使得四个电阻不相同，则电桥就不会平衡。因此，即使 B 等于零时，输出的霍尔电动势也不为零。这个不等位电动势带来的误差有时甚至比测量输出的电动势还要大。

为了消除不等位电动势，可以按图 5-20 所示搭建补偿电路，图 5-20a 是在电阻值较大的桥臂上并联电阻，通过调节 R_w，使电桥在没有外界磁感应强度 B 时，输出电动势为零。图 5-20b 是在两相邻桥臂上并联电阻，以增加霍尔元件等效电路的对称性。

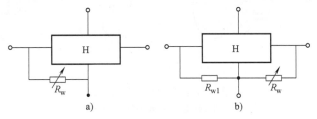

图 5-20　霍尔元件不等位电动势补偿电路

a）单臂补偿电路　b）相邻臂补偿电路

霍尔元件是用半导体材料制成的，因此它们受温度影响较大。当温度变化时，霍尔元件的载流子浓度、迁移率、电阻率及霍尔系数都将发生变化，从而使霍尔元件产生温度误差。

为了减小温度误差，除了选择温度系数小的霍尔元件或采取恒温措施外，也可以采取温度补偿电路。对于采用正温度系数半导体材料的霍尔元件，随着温度上升，阻值也相应增大，如果采用恒压源供电时，工作电流将减小，为避免这种情况，通常可采用恒流源供电以减小元件内阻随温度变化而引起的工作电流的变化。但是，除了霍尔元件电阻与温度有关外，其灵敏度 K_H 也是温度的函数，它随着温度的变化会引起霍尔电动势的变化。如果希望测量引起霍尔元件所在位置磁感应强度 B 变化的机械量，则希望 $K_H I$ 在测量过程中保持不变，这样输出的霍尔电动势才与被测的磁感应强度有比例关系。工程实际中可以通过在电流端并联分流电阻 R_0 来解决这个问题，如图 5-21 所示，通

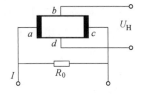

图 5-21　霍尔元件温度补偿电路

过选择适当阻值的 R_0，就可以稳定 $K_H I$ 不变，以提高输出电压的温度稳定性。

5.3.3 霍尔传感器的应用

霍尔传感器具有体积小、成本低、灵敏度高、性能可靠、频率响应宽、动态范围大的特点，并可采用集成电路工艺，因此被广泛用于电磁测量以及转速、压力、加速度、振动等方面的测量。

1. 转速测量

利用霍尔传感器测量转速的方案较多，图 5-22 是几种不同布局形式的霍尔转速传感器测量方案。转盘 2 的输入轴 1 与被测转轴相连，图 5-22a、d 是在转盘上安装小磁铁，做成磁性转盘，当被测转轴转动时，磁性转盘随之转动，固定在磁性转盘附近的霍尔传感器 4 便可在小磁铁 3 通过时产生一个相应的脉冲；图 5-22b、c 形式略有不同，磁铁和传感器都静止不动，通过翼片改变磁路磁阻，形成周期性信号。而后续脉冲整形电路和计数电路可以自动检测出单位时间的脉冲数，除以转盘翼片数或转盘上安装的磁铁数，就可得出被测转速。磁性转盘上小磁铁数目的多少（或遮挡翼片数量的多少）决定了传感器测量转速的分辨率。

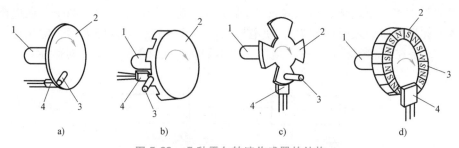

图 5-22　几种霍尔转速传感器的结构

1—输入轴　2—转盘　3—小磁铁　4—霍尔传感器

近年来霍尔传感器在汽车工业领域应用较多。由于霍尔式轮速传感器能克服电磁式轮速传感器输出信号电压幅值随车轮转速变化而变化，响应频率不高，以及抗电磁波干扰能力差等缺点，因而其被广泛应用于汽车防抱死制动系统。在现代汽车上大量安装防抱死制动系统，既有普通的制动功能，又可以在制动过程中随时调节制动压力防止车轮锁死，使汽车在制动状态下仍能转向，保证其制动方向稳定性，防止侧滑和跑偏。

在 ABS 中，速度传感器是十分重要的部件。ABS 系统工作原理如图 5-23 所示。在制动过程中，ABS 电控单元接收来自车轮轮速传感器的脉冲信号，通过数据处理得到车辆的滑移率和减速信号，按照控制逻辑及时准确地向制动压力调节器发出指令，调节器及时做出响应，使得制动气室根据指令执行充气、保持或放气，调节制动气室的制动压力，以防止车轮抱死，达到抗侧滑、甩尾，提高制动的安全性和制动过程中的可驾驶性。在这个系统中，霍尔传感器作为车轮轮速传感器，是制动过程中实时数据采集器，是 ABS 关键部件之一。

2. 电流测量

霍尔传感器在电工领域应用也很广泛，除了直接测量磁感应强度 B 外，还常用于电

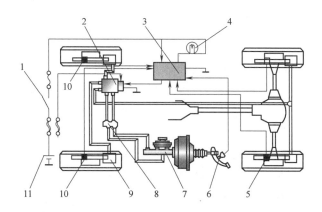

图 5-23 ABS 系统工作原理

1—点火开关 2—制动压力调节器 3—ABS 电控单元 4—ABS 警告灯 5—后轮速度传感器 6—制动灯开关
7—制动主缸 8—比例分配阀 9—制动轮缸 10—前轮速度传感器 11—蓄电池

流监测。图 5-24 所示为霍尔电流传感器。当待测电流 I_P 流过长导线时，在导线周围将产生一磁场，这一磁感应强度与电流的关系符合安培环路定理，即大小与流过导体的电流成正比。图中的磁心用软磁材料制成，一般采用硅钢片，其作用是将磁场聚集在磁环内，将霍尔芯片放在磁环气隙中，用来感受磁环聚集的与电流 I_P 成比例的磁场大小，输出的霍尔电动势经放大后，其输出电压 U_o 可以反映出待测电流 I_P 的大小。

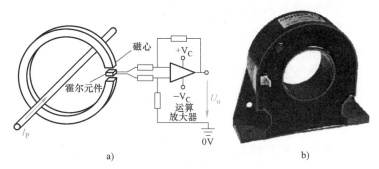

图 5-24 霍尔电流传感器

a）测量原理图 b）实物图片

5.4 热电偶传感器

温度是工业生产和科学研究实验中的一个非常重要的参数。物体的许多物理现象和化学性质都与温度有关，许多生产过程都需要控制在一定温度范围内，因此，需要温度测量和控制的场合极多，温度测量范围也很广。测量温度的传感器种类比较多，工业领域中应用最多的是热电偶传感器，它是一种能将温度变化转换为热电势输出的传感器。

5.4.1　热电偶工作原理

如果将两种不同的导体或合金导体 A 和 B 串接成一个闭合回路，当导体 A 和 B 的两接点处温度不同时，回路中便会产生电动势，这种现象称为热电效应。由此效应产生的电动势通常称为热电动势。热电效应是由塞贝克 (Seebake) 在 1821 年首先发现的，因此又称为塞贝克效应。

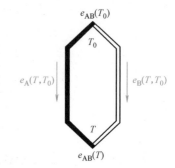

这两种材料组成的器件称为热电偶，A、B 两种导体就称为热电偶的电极，两个接点分别称为工作端（也称为热端）和参考端（或冷端）。若热电偶材料一定，冷端温度固定，则回路中热电势是热端温度的单值函数，所以，热电偶就是利用热电效应来工作的。

图 5-25　热电偶工作原理

热电偶中的热电势包括接触电势和温差电势。接触电势的成因如图 5-25 所示，A、B 电极由于材料不同，其内部自由电子密度也不同，当两电极紧密接触时，自由电子密度大的必然向对侧扩散，导致一方得到电子带负电，失去电子的带正电，接点处就形成了一个接触电势，其大小为

$$e_{AB}(T) = \frac{kT}{e}\ln\frac{N_A(T)}{N_B(T)} \tag{5-12}$$

式中，$e_{AB}(T)$ 为导体 A、B 在接点温度 T 时形成的接触电势；k 和 e 分别为波兹曼常数和电子电量；$N_A(T)$ 和 $N_B(T)$ 分别为导体 A、B 自由电子密度，与温度有关。

对于同一个电极，如果两端温度不同，则温度高处的电子能量大，温度低处的电子能量小，导体中能量大的电子会向低能区扩散，于是导体两端就形成了一个电位差，这就是温差电势，表示为

$$e_A(T, T_0) = \int_{T_0}^{T} \sigma_A dT \tag{5-13}$$

式中，$e_A(T, T_0)$ 为导体 A 在两端温度分别为 T 和 T_0 时形成的温差电势；T 和 T_0 分别为高低两端的绝对温度；σ_A 为汤姆逊系数，对于一定材料为常数。

从图 5-25 可见，热电偶中总的热电势是 4 个电势的代数和，即

$$e_{AB}(T, T_0) = e_{AB}(T) + e_B(T, T_0) - e_{AB}(T_0) - e_A(T, T_0) \tag{5-14}$$

一般来讲，由于温差电势远远小于接触电势，对于导体来说，其电子密度受温度影响并不显著，可近似认为对于一定材料，自由电子密度基本不变，则简化后的回路热电势为

$$e_{AB}(T, T_0) \approx e_{AB}(T) - e_{AB}(T_0) = \frac{k(T - T_0)}{e}\ln\frac{N_A}{N_B} \tag{5-15}$$

其中，k、e 是常数，当热电偶材料选好后，N_A、N_B 也是已知的常数。也就是说，热电偶中的热电势是两个接点温差的函数，如果要测量热端温度 T，首要条件是冷端温度 T_0 保持不变，这样热电偶输出的热电势才是待测温度 T 的单值函数。

5.4.2　热电偶基本定律

热电偶是利用热电效应把温度转换为热电势的传感器，但是，如何选用热电极、怎样测量热电势还必须遵循热电偶基本定律。热电偶基本定律有以下三个：

1. 均质导体定律

在用同一种均质材料组成的闭合回路中，不论热电偶长度、直径如何，不管接点温度如何改变，回路中都不会产生电势。这条定律从式（5-12）就可推论出，如果同种导体，$N_A = N_B$，则热电势为零。

根据此定律可知，若要构成一热电偶，必须采用两种不同性质的材料。此外，若用同一种材料组成的回路中有电势产生，则材料一定是非均质的。

2. 中间导体定律

将导体 A、B 构成的热电偶的一个接点打开，插入第三种导体 C，只要保证 C 两端的温度不变，则不会影响原来热电偶回路中的热电势，如图 5-26 所示。

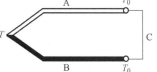

$$e_{AB}(T, T_0) = e_{AC}(T, T_0) + e_{CB}(T, T_0) \qquad (5\text{-}16)$$

中间导体定律为测量仪表的引入提供了依据。由于热电偶输出电势信号需要电压表跨接在端口测量。为此，冷端必须连接测量导线和仪表，这条定律告诉我们，可以将

图 5-26　中间导体定律

导线和仪表看作第三种导体，只要保证接入的中间导体两端温度相同，则不会对热电偶的热电势有影响。

3. 中间温度定律

热电偶在两接点温度为 T、T_0 时的热电势，等于同一个热电偶在温度区间分别为（T，T_n）和（T_n，T_0）时对应的热电势的代数和。即

$$e_{AB}(T, T_0) = e_{AB}(T, T_n) + e_{AB}(T_n, T_0) \qquad (5\text{-}17)$$

这就是中间温度定律。该定律为热电偶的温差测量提供了依据，即：只要已知 T_1 和 T_2 任一温度下的热电势，则对应于 T_1 和 T_2 温差下的热电势便为已知。

此外，中间温度定律为使用分度表提供了帮助。在使用热电偶测温时，测量出输出的热电势，需要用式（5-15）求出待测的温度，该计算是非常繁琐的。工程实践中，通常把标准热电偶的温度与热电势之间关系制成表格，见表 5-1，测量出热电势后，查表就可以知道待测的温度。这个表就称为热电偶分度表，标准热电偶材料都配备有分度表，测量时可直接查阅。

表 5-1　镍铬—镍硅热电偶分度表（冷端温度为 0℃）　　　　　　　　　分度号：K

测量端温度/℃	0	10	20	30	40	50	60	70	80	90
	热 电 势/mV									
-0	-0.000	-0.392	-0.777	-1.156	-1.527	-1.889	-2.243	-2.586	-2.920	-3.242
+0	0.000	0.397	-0.798	1.203	1.611	2.022	2.436	2.850	3.266	3.681
100	4.095	4.508	4.919	5.327	5.733	6.137	6.539	6.939	7.338	7.737

（续）

测量端温度/℃	0	10	20	30	40	50	60	70	80	90
	热 电 势/mV									
200	8.137	8.537	8.938	9.341	9.745	10.151	10.560	10.969	11.381	11.793
300	12.207	12.623	13.039	13.456	13.874	14.292	14.712	15.132	15.552	15.974
400	16.395	16.818	17.241	17.664	18.088	18.513	18.938	19.363	19.788	20.214
500	20.640	21.066	21.493	21.919	22.346	22.772	23.198	23.624	24.050	24.476
600	24.902	25.327	25.751	26.176	26.599	27.022	27.445	27.867	28.288	28.709
700	29.128	29.547	29.965	30.383	30.799	31.214	31.629	32.042	32.455	32.866
800	33.277	33.686	34.095	34.502	34.909	35.314	35.718	36.121	36.524	36.925
900	37.325	37.724	38.122	38.519	38.915	39.310	39.703	40.096	40.488	40.897
1000	41.269	41.657	42.045	42.432	42.817	43.202	43.585	43.968	44.349	44.729
1100	45.108	45.486	45.863	46.238	46.612	46.985	47.356	47.726	48.095	48.462
1200	48.828	49.192	49.555	49.916	50.276	50.633	50.990	51.344	51.697	52.049
1300	52.398									

5.4.3 热电偶冷端温度补偿

从热电偶测温原理可知，热电偶的热电势大小不仅与热端的温度有关，而且与冷端温度有关，它是热端和冷端温度差的函数。只有当热电偶的冷端温度保持不变，热电势才是被测温度的单值函数。在实际使用时，由于热电偶的热端与冷端离得很近，冷端又暴露于空气中，很容易受到环境温度的影响，如果不进行处理直接测量，势必引入误差，因此为了使冷端温度保持恒定，必须进行冷端温度补偿。常用的方法有以下几种。

1. 冰浴法

所谓冰浴法是将热电偶冷端放入冰水混合物的容器中，保证冷端温度为0℃。这种办法既可以保证冷端温度恒定不变，还可以直接利用热电偶分度表。然而，该方法在生产现场使用不方便，所以仅限于在实验室中校准热电偶时使用。

2. 冷端温度修正法

一般来讲，制分度表时，热电偶冷端温度都是0℃，而在实际测量工况中，热电偶冷端通常是环境温度，一般不为0℃。当热电偶冷端温度不是0℃而是 T_n 时，根据热电偶中间温度定律式（5-17）可以推出，当冷端温度为 T_n 时，可按下式处理

$$e_{AB}(T, 0) = e_{AB}(T, T_n) + e_{AB}(T_n, 0) \tag{5-18}$$

也就是说，实际测量的热电势是 $e_{AB}(T, T_n)$，查分度表可知从0℃到环境温度 T_n 的温度区间热电偶对应的热电势为 $e_{AB}(T_n, 0)$，利用式（5-18）可求出 $e_{AB}(T, 0)$，然后，再利用热电偶分度表获得被测温度。

例 用镍铬—镍硅热电偶测量工业炉温时，当冷端处于室温温度 $T_n = 30℃$ 的环境中时，热电偶输出端的热电势为 39.17mV，试问所测炉温是多少？

解：由于冷端不是分度表给出的参考温度0℃，想要利用热电偶分度表，应先将冷端温度换算成0℃。根据中间温度定律，需要在测得的热电势 39.17mV 上加上（T_n，0）=（30，0）区间对应的热电势 $e_{AB}(30, 0)$。这段温度区间对应的热电势可从表5-1查出：$e_{AB}(30, 0) = 1.203$ mV，则有

$$e_{AB}(T,0) = e_{AB}(T,30) + e_{AB}(30,0) = 39.17\text{mV} + 1.203\text{mV} = 40.373\text{mV}$$

查表 5-1 可知，该热电势数值处于 40.096～40.488mV 之间，对应的温度在 970～980℃ 之间，可通过线性插值计算出：$T = 977℃$。

3. 补偿电桥法

补偿电桥法是利用不平衡电桥产生的电势来补偿热电偶因冷端温度变化而引起的热电势变化值，原理如图 5-27 所示。将电桥配置成全等臂电桥，4 个桥臂中 R_1、R_2、R_3 是几乎不随温度变化的锰铜线绕制电阻，

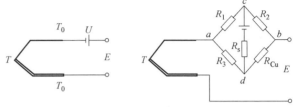

图 5-27　补偿电桥法冷端温度处理方法

R_{Cu} 为铜导线绕制的补偿电阻，并且电桥与冷端处于同一温度场，测量前调平电桥，当冷端温度升高时，由于 R_{Cu} 阻值随温度改变，电桥产生不平衡电压，这个电压串联入热电偶输出端，合理选择电桥补偿电阻，可以实现自动补偿冷端温度变化带来的误差。

5.4.4　热电势的测量

热电偶把被测温度信号转换成电势信号，可通过各种电测仪表来测量电势以显示温度。如果精度要求不高，可直接采用动圈式仪表进行测量；如果精度要求高，可采用电位差计或数字式仪表进行测量。下面简单介绍动圈式仪表和电位差计。

1. 动圈式仪表

动圈式仪表实际上是一种测量电流的仪表。它不仅能与热电偶配用，也可与热电阻、霍尔变送器或压力变送器相配合用来指示和调节工业对象的温度与压力等参数。与热电偶相配套的动圈式仪表首先感受热电偶的电势信号，然后再经过测量线路转换成流过动圈的微安级电流，从而用动圈的偏转角度来表示电流的大小。动圈式仪表配热电偶

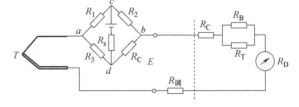

图 5-28　动圈式仪表配热电偶的测量线路

的测量线路如图 5-28 所示，它由四个部分组成，即热电偶、补偿电路、外电路可调电阻和动圈仪表。

动圈仪表的内线路电阻是一定的，外线路电阻规定为 15Ω。外线路电阻包括热电偶电阻、补偿电桥等效电阻、引线电阻和外线调整电阻，即

$$R_{外} = R_{热} + R_{桥} + R_{导} + R_{调} = 15Ω \tag{5-19}$$

$R_{调}$ 的作用就是调整 $R_{外}$ 满足 15Ω 这一要求的。应用时，$R_{调}$ 应调整准确，因为它直接影响测量精度。尽管按规定设定好外线路电阻，但因环境温度和被测温度等因素的变化，还会引起阻值的变化，从而影响测量精度。所以，动圈式仪表多用于要求精度不高的工业测量场合。

2. 直流电位差计

用动圈式仪表测量热电势，实际上测出的只是被测热电偶的端电压，因为任何信号源都有一定的内阻，只要有电流通过它，就有内部电压降落，造成测量误差。而用电位差计来测量热电势时，输入信号回路没有电流流过，因此它可以精确地反映电势值。凡是能转换为电势信号的非电量，都可以用电位差计来显示。所以电位差计是一种测量准确、用途广泛的显示仪表。

天平称重是一种典型的零示值测量方法，当增减砝码使指针指零时，砝码与被称物体达到平衡，这时被称物体的重量就等于砝码的重量。电位差计就是根据这种平衡法将被测电势与已知的标准电势相比较，当两者差值为零时被测电势就等于已知的电势。如图 5-29 所示，图中电阻 R 的大小是已知的，通过电阻 R 的电流 I 是规定的，I 可以根据电流表的指示值用可变电阻 R_J 进行调整，因此在 R 部分电阻上的电压降可以确定。当需要测量未知电势 E_X 时，将未知电势接入电路，与 R_{AK} 上的电压降比较，移动触点 K，使检流计 G 中无电流流过，两者达到平衡，则被测电势 $E_X = R_{AK} I$。实际上在线路中用

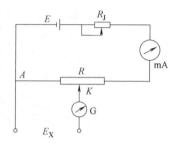

图 5-29　电位差计工作原理

电流表测量电流不可能十分精确，电位差计中使用标准电池来校准工作电流。

5.4.5　热电偶的分类及应用

理论上讲，任何两种不同的金属材料均可装配成热电偶，但在实际中并非如此。首先是热电极材料的要求，一般要求物理化学性质稳定，电阻温度系数小，力学性能好，所组成的热电偶灵敏度高，复现性好，而且希望热电势与温度之间的函数关系尽可能呈线性关系。因此，可以满足上述特性的材料是有限的，可组成的热电偶种类也有限。此外，一般热电偶的灵敏度随温度降低而明显下降，这是热电偶进行低温测量的主要困难。

我国工业领域使用的热电偶通常可分为标准热电偶和非标准热电偶。所谓标准热电偶是指国家标准规定了其热电势与温度的关系、允许误差，并有统一的标准分度表的热电偶，通常也配套有显示控制仪表，是推荐使用的。常用的标准热电偶主要性能、适用场合及特点见表 5-2。

表 5-2　常用的标准热电偶主要性能、适用场合及特点

热电偶名称	分度号	允许偏差			适用场合及特点
		等级	适用温度	公差（±）	
铜—铜镍	T	I	−40~350℃	0.5℃ 或 0.004× $\vert t \vert$	测温精度高,稳定性好,低温时灵敏度高,价格低廉
		II		1℃ 或 0.0075× $\vert t \vert$	
镍铬—铜镍	E	I	−40~800℃	1.5℃ 或 0.004× $\vert t \vert$	适用于氧化及弱还原性气氛中测温,稳定性好,灵敏度高,价格低廉
		II	−40~900℃	2.5℃ 或 0.0075× $\vert t \vert$	
铁—铜镍	J	I	−40~750℃	1.5℃ 或 0.004× $\vert t \vert$	适用于氧化、还原气氛中测温,也可用于真空、中性气氛中测温,稳定性好,灵敏度高,价格低廉
		II		2.5℃ 或 0.0075× $\vert t \vert$	

（续）

热电偶名称	分度号	允许偏差			适用场合及特点
		等级	适用温度	公差（±）	
镍铬—镍硅	K	I	−40～1000℃	1.5℃ 或 0.004×$\|t\|$	适用于氧化、还原性气氛中测温，若外加密封保护管，还可以在还原气氛中短期使用
		II	−40～1200℃	2.5℃ 或 0.0075×$\|t\|$	
铂铑$_{10}$—铂	S	I	0～1100℃	1℃	适用于氧化气氛中测温，使用温度高，性能稳定，精度高，但价格贵
		II	600～1600℃	0.0025×$\|t\|$	
铂铑$_{10}$—铂铑$_6$	B	I	600～1700℃	1.5℃ 或 0.005×$\|t\|$	适用于氧化气氛中测温，使用温度高，性能稳定，精度高，冷端温度在 0～40℃ 范围内可不补偿
		II	800～1700℃	0.005×$\|t\|$	

注：表中 t 为被测温度（℃），在公差栏中给出两种公差，取绝对值较大者。

非标准热电偶在使用范围或数量级上均不及标准热电偶，一般也没有统一的分度表，主要用于某些特殊场合的测量。

热电偶的结构形式通常可分为普通型和铠装型两类。普通型热电偶主要用于测量气体、蒸汽和液体等介质的温度，可根据测量条件和测量范围来合理选用。为了防止有害介质对热电极的侵蚀，工业用的普通热电偶一般都有保护套管，因此也称为装配式热电偶，其结构示意图如图 5-30 所示。如果发生断偶，装配式可以只更换偶丝，而不必更换其他部件。

铠装型热电偶是将热电极、绝缘材料、金属保护管组合在一起，拉伸加工成为一个整体，如图 5-31 所示。铠装型热电偶具有很大的可挠性，其最小弯曲半径通常是热电偶直径的 5 倍。此外它还具有测温端热容量小、动态响应快、强度高、寿命长及适用于狭小部位测温等优点，是新近发展起来的特殊结构形式的热电偶。

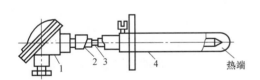

图 5-30　普通型热电偶结构示意图

1—接线盒　2—绝缘材料　3—热电极　4—保护套管

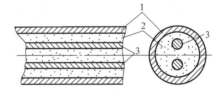

图 5-31　铠装型热电偶结构示意图

1—金属保护管　2—绝缘材料　3—热电极

在生产过程的温度测量中，热电偶应用极其广泛，它具有结构简单、制造方便、测量范围广、精度高、惯性小和输出信号便于远距离传输等优点，且由于热电偶是一种有源传感器，测量时不需要外加电源，使用方便，所以常被用于测量炉子、管道内的气体或液体的温度测量以及固体表面的温度测量。

5·5　红外探测器

红外探测器的原理本质上也属于热电式传感器，但由于其工作原理是由光转化为热，进而转化为电，与前者有一定区别，故将其单独描述。

5.5.1　红外探测器基本工作原理

任何物体，当其温度高于绝对零度（-273.15℃）时，都将有一部分能量向外辐射，物体温度越高，则辐射到空间去的能量越多。辐射能以波动的方式传播，其中包括的波长范围很宽，可从几微米到几千米，包括有 γ 射线、X 射线、紫外线、可见光、红外线，一直到无线电波，它们构成了整个无限连续的电磁波谱，如图 5-32 所示，红外辐射是其中的一部分。红外线的波长大致在 $0.76 \sim 1000\mu m$ 的波谱范围之内，相对应的频率大致在 $4 \times 10^4 \sim 3 \times 10^{11}\,\mathrm{Hz}$ 之间。通常又按红外线与红色光的远近分为四个区域，即近红外、中红外、远红外和极远红外。

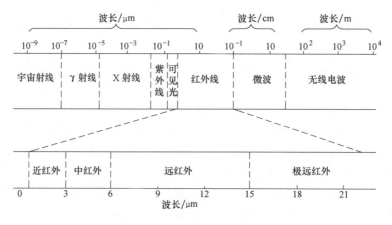

图 5-32　电磁波谱

红外线和所有电磁波一样，具有反射、折射、干涉、吸收等性质，它在空中传播的速度为 $3 \times 10^8\,\mathrm{m/s}$。红外辐射在介质中传播时，会产生衰减，主要原因是介质的吸收和散射作用。

按照普朗克定律绘制的黑体辐射强度 M_λ 与波长 λ 及温度之间的关系如图 5-33 所示。所谓黑体是指在任何温度下，能够对任何波长的入射辐射能全部吸收的物体，处于热平衡状态下的理想黑体在热力学温度 T（K）时，均匀向四面八方辐射，在单位波长内，沿半球方向上，自单位面积所辐射出的功率称为黑体的光谱辐射强度，记为 M_λ，单位为 $\mathrm{W/(m^2 \cdot \mu m)}$。

由图 5-33 可见，辐射的峰值点随着物体温度的降低而转向波长较长的一边，热力学温度 2000K 以下的光谱曲线峰值点所对应的波长是红外线。也就是说，低温或常温状态的种种物体都会产生红外辐射。此性质使红外测试技术在工业、农业、军事、宇航等各领域获得了广泛应用。

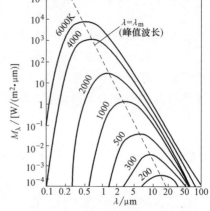

图 5-33　黑体辐射强度与波长
及温度之间的关系

红外探测器就是将红外辐射能转换为电能的一种传感器。按其工作原理可分为热探测器和光子探测器。热探测器是利用红外辐射引起探测元件的温度变化，进而测定所吸收的红外辐射量；光子探测器的工作原理是基于半导体材料的光电效应。

5.5.2 红外线探测器的应用

1. 热探测器

热探测器通常有热电偶型、热敏电阻型、气动型、热释电型等。

（1）热电偶型 将热电偶冷端置于环境温度下，将热端涂上黑层置于辐射中，可根据产生的热电势来测量入射辐射功率的大小。

为了提高热电偶探测器的探测率，通常采用热电堆型，如图5-34所示。热电堆是由数对热电偶以串联形式相接，冷端彼此分离又靠近并屏蔽起来，热端分离但相连接构成热电堆，用来接收辐射能。可由银—铋或锰—康铜等金属材料制成块状热电堆；或用真空镀膜和光刻技术制造薄膜热电堆，常用材料为锑和铋。热电堆型探测器的探测率约为 $1 \times 10^9 \mathrm{cm} \cdot \mathrm{Hz}^{1/2} \cdot \mathrm{W}^{-1}$，响应时间从数毫秒到数十毫秒。

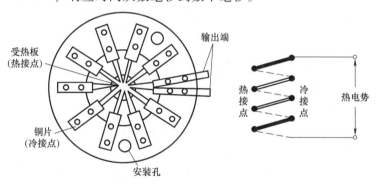

图 5-34 热电堆型探测器

（2）气动型 气动型探测器是利用气体吸收红外辐射后，温度升高、体积增大的特性，来反映红外辐射的强弱，其结构原理如图5-35所示。红外辐射通过红外透镜11、透

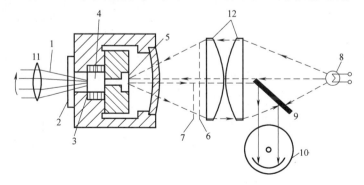

图 5-35 气动型探测器结构原理

1—红外辐射 2—透红外窗口 3—吸收薄膜 4—气室 5—柔镜 6—栅状光栏
7—栅状图像 8—可见光源 9—反射镜 10—光电管 11—红外透镜 12—光学透镜

红外窗口2照射到吸收薄膜3上，此薄膜将吸收的能量传送到气室4内，气体温度升高，气压增大，以致使柔镜5膨胀。在气室的另一边，来自可见光源8的可见光束通过光学透镜12、栅状光栏6聚焦在柔镜上，经柔镜反射回来的栅状图像7又经过栅状光栏6、反射镜9投射到光电管10上。当柔镜因气体压力增大而移动时，栅状图像与栅状光栏发生相对位移，使落到光电管上的光量发生变化，光电管的输出信号反映了入射红外辐射的强弱。

气动型探测器的光谱响应波段很宽，从可见光到微波，其探测率约为 1×10^{10} $cm \cdot Hz^{1/2} \cdot W^{-1}$，响应时间为15ms，一般用于实验室内，作为其他红外器件的标定基准。

（3）热释电型 热释电型探测器的工作原理是基于物质的热释电效应。某些晶体〔如硫酸三甘肽、铌酸锶钡、钽酸锂（$LiTaO_3$）等〕是具有极化现象的铁电体，在适当外电场作用下，这种晶体可以转变为均匀极化的单畴。在红外辐射下，由于温度升高，引起极化强度下降，即表面电荷减少，这相当于释放一部分电荷，此称之为热释电效应。通常沿某一特定方向，将热释电晶体切割成一种薄片，再在垂直于极化方向的两端面镀以透明电极，并用负载电阻将电极连接。在红外辐射下，负载电阻两端就有信号输出。输出信号的大小取决于晶体温度变化，从而反映出红外辐射的强弱。通常对红外辐射进行调制，使恒定的辐射变成交变辐射，不断地引起探测器的温度变化，导致热释电产生，并输出交变信号。

热释电型探测器的技术指标为：响应波段 $1 \sim 38 \mu m$，探测率 $(3 \sim 10) \times 10^{10} cm \cdot Hz^{1/2} \cdot W^{-1}$，响应时间 $10^{-2} s$，工作温度300K。这种探测器一般用于光谱仪、测温仪以及红外摄像等。

2. 光子探测器

光子探测器一般有光电、光电导及光生伏特等探测器。制造光子探测器的材料有硫化铅、锑化铟、碲镉汞等。由于光子探测器是利用入射光子直接与束缚电子相互作用，所以灵敏度高，响应速度快。又因为光子能量与波长有关，所以光子探测器仅对具有足够能量的光子有响应，存在着对光谱响应的选择性。

光子探测器通常在低温条件下工作，因此需要制冷设备。光子探测器的性能指标一般为：响应波段 $2 \sim 14 \mu m$，探测率 $(0.1 \sim 5) \times 10^{10} cm \cdot Hz^{1/2} \cdot W^{-1}$，响应时间 $10^{-5} s$，工作温度 $70 \sim 300K$。这种探测器一般用于测温仪、热像仪等。

（1）红外测温仪 红外测温仪常由光学系统、红外探测器、信号处理系统、温度指示器等组成。光学系统用来收集被测目标的辐射能量，使之会聚于红外探测器的接收光敏面上；红外探测器把接收到的红外辐射能量转换成电信号输出；信号处理系统则完成探测器产生的微弱信号的放大、线性化处理、辐射率调整、环境温度补偿、抑制噪声干扰以及输出供计算机处理的数字信号等功能。

图5-36是某种红外测温仪的原理框图。被测物体的热辐射线由光学系统聚焦，经光栅盘调制后变为一定频率的光能，落在热敏电阻探测器上，经电桥转换为交流电压信号，放大后输出显示或记录。光栅盘是由两片扇形光栅板组成，一块为定板，另一块为动板。动板受光栅调制电路控制，按一定频率正、反向转动，实现开（光可透过）、关（光不通过），使入射线变为一定频率的能量作用在探测器上。这种红外测温仪可测 $0 \sim 600$℃范围内的物体表面温度，时间常数为 $4 \sim 10ms$。

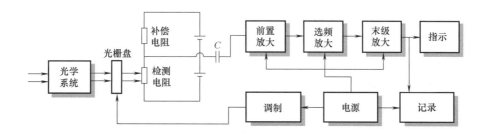

图 5-36　红外测温仪的原理框图

（2）红外热像仪　红外热像仪的作用是将人眼看不见的红外热图形转变成人眼可见的电视图像或照片。红外热图形是由被测物体各点温度分布不同，因而红外辐射能量不同而形成的热能图形。

图 5-37 是红外热像仪的工作原理图。光学系统将辐射线收集起来，经过滤波处理之后，将景物热图形聚集在探测器上，探测器位于光学系统的焦平面上。光学机械扫描器包括两个扫描镜组，一个垂直扫描，一个水平扫描，扫描器位于光学系统和探测器之间。扫描镜摆动达到对景物进行逐点扫描的目的，从而收集到物体温度的空间分布情况。当镜子摆动时，把被测物体各点的红外信息依次聚焦在探测器上，实现对被测物体各点的扫描。然后由探测器将光学系统逐点扫描所依次搜集的景物温度空间分布信息，变为按时序排列的电信号，经过信号处理之后，由显示器显示出可见图像。

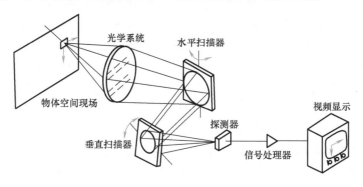

图 5-37　红外热像仪工作原理

红外测温仪及红外热像仪在军事、空间技术及工农业科技领域里发挥了重大作用。在机械制造中，已被用于机床热变形、切削温度、刀具寿命控制等试验研究中。

思考题与习题

5-1　参数式传感器与发电式传感器有何主要不同？试各举一例。

5-2　霍尔效应的本质是什么？用霍尔元件可测哪些物理量？设计一个利用霍尔元件测量转速的装置，并说明其原理。

5-3 热电偶是如何实现温度测量的？影响热电势与温度之间关系的因素是什么？

5-4 下列技术措施中，哪些可以提高磁电式转速传感器的灵敏度？

1）增加线圈匝数；

2）采用磁性强的磁铁；

3）加大线圈的直径；

4）减小磁电式传感器与齿轮外齿间的间隙。

5-5 采用磁电式传感器测速时，一般被测轴上所安装齿轮的齿数为60，这样做的目的是什么？

5-6 图5-38所示三种传感器均可用于转速测量，试分析它们的工作原理。对前两种传感器列出其脉冲频率与转速之间的关系。

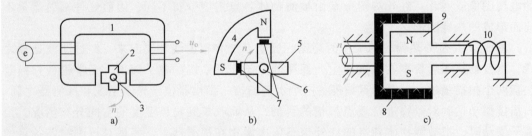

图 5-38 题 5-6 图

1—铁心 2、5—齿轮（钢材） 3、6—转轴 4、9—永久磁铁

7—霍尔元件 8—铝杯 10—螺旋弹簧

5-7 设计一种测量计算机电源冷却风扇转速的方案，并对其原理进行分析。

5-8 热电偶测温为何要采用冷端温度补偿？试述常用的补偿方法有哪些。

5-9 用热电偶测温，两接点之间温差越大，产生热电势也越大；如果温差相同，产生热电势也就一样，即 $\dfrac{\Delta E}{\Delta T}$=常数。所以热电势与温差呈线性关系。上述结论显然是错误的，问错在哪里，并予以纠正。

5-10 现用一支镍铬—镍硅热电偶测量某换热器内的温度，其冷端温度为30℃，而显示仪表机械零位为0℃，这时指示值为400℃，某人认为换热器内温度为430℃，对不对？为什么？

5-11 试说明红外探测器的工作原理及各种探测器的性能特点。

6

光电检测技术

光电检测技术由于具有测量精度高、速度快、非接触、频带宽和信息量大等突出优点，在机械工程测试技术中应用非常广泛。本章将首先介绍在机械工程测试中常用的光电检测器工作原理及其性能，然后举例介绍光电检测技术在机械工程中的应用；接着考虑到电荷耦合器件工作原理的特殊性，对其测量原理及在图像检测中的应用单独介绍；最后介绍光纤传感器技术。

6.1 光电检测器的工作原理与性能比较

光电检测技术就是利用光电检测器实现对各类物理量的检测。光电检测器的基本工作原理是基于光电子元件的光电效应。当具有一定能量的光子投射到某些物质表面时，具有辐射能量的微粒将透过受光物质的表面层，赋予这些物质的电子以附加能量，将光信号转换为电信号，从而实现光电转换。

光电效应可分为外光电效应和内光电效应两大类，如图 6-1 所示。

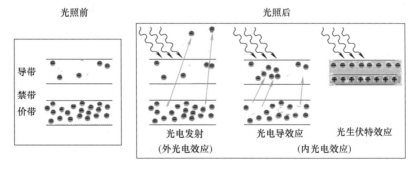

图 6-1 物质的光电效应

外光电效应是指在光线的作用下，物体内的电子逸出物体表面向外发射的现象，半导体材料和金属材料均会发生外光电效应。基于外光电效应的光电器件有光电管、光电倍增管等。

内光电效应是指受到光照射的物质内部电子能量状态产生变化，但不存在表面发射电子的现象。内光电效应按其工作原理又可分为光电导效应和光生伏特效应。光电导效应是指由于光照而引起半导体的电导率发生变化的现象，光敏电阻、光敏二极管、光敏晶体管等就是基于光电导效应制成的光敏器件。光生伏特效应是指当光照射在非均匀半导体材料上时，半导体内部产生光电压，光电池就是基于光生伏特效应制成的光敏器件。内光电效应在大多数半导体和绝缘体中都存在，而金属由于本身已存在大量的自由电子，因此不产生内光电效应。

6.1.1 常用光电检测器的工作原理

1. 光电管与光电倍增管工作原理

光电管是基于外光电效应的基本光电转换器件。如图6-2所示，光电管的典型结构是将球形或圆柱形玻璃壳抽成真空，在半球面内或圆柱面内涂一层光电材料作为阴极，球心或圆柱中心放置金属丝作为阳极。当阴极受到适当波长的光线照射时，电子克服金属表面对它的束缚而逸出金属表面，形成电子发射。电子被带正电位的阳极所吸引，在光电管内就有了电子流，在外电路中便产生了电流，因此光电流的大小与照射在光电阴极上的光强度成正比。光电管工作时，必须在其阴极与阳极之间加上电势，使阳极的电位高于阴极。

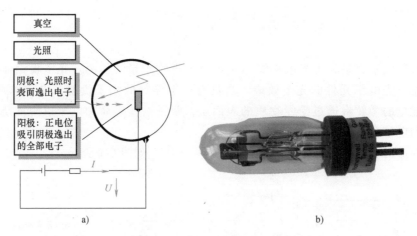

图6-2 光电管工作原理及结构

a）光电管工作原理示意图　b）某型号光电管

光电倍增管也是一种外光电效应的真空器件，是一种能将微弱的光信号转换成可测电信号的光电转换器件。它由光电发射阴极（光阴极）和聚焦电极、电子倍增极及电子收集极（阳极）等组成。当光照射到光阴极时，光阴极向真空中激发出光电子，这些光电子按聚焦极电场进入倍增系统，并通过进一步的二次发射得到倍增放大，然后把放大后的电子用阳极收集作为信号输出，如图6-3所示。

因为采用了二次发射倍增系统，所以光电倍增管在探测紫外、可见和近红外区的辐射能量的光电探测器中，具有极高的灵敏度和极低的噪声。另外，光电倍增管还具有响应快速、成本低、阴极面积大等优点。

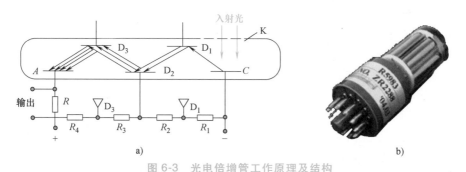

图 6-3 光电倍增管工作原理及结构

a）光电倍增管工作原理示意图 b）某型号光电倍增管

2. 光敏电阻工作原理

光敏电阻是一种内光电效应器件。某些半导体材料（如硫化镉、硫化铝等）的电阻随光照强度的增大而减小。利用半导体材料的这一性质制成的光敏电阻，当有光照射到光敏电阻上时，它的电阻值将降低，导致电路参数改变，图 6-4 所示为光敏电阻工作原理及结构。

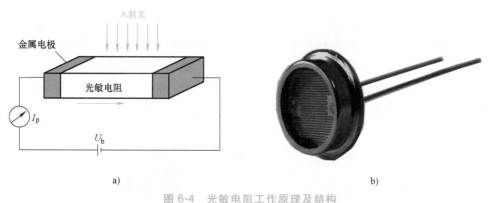

图 6-4 光敏电阻工作原理及结构

a）光敏电阻工作原理 b）某型号光敏电阻

光敏电阻的两端加上偏置电压 U_b 后，产生电流 I_p。当入射光的光学参数（如光照度，即单位面积上的光通量）变化时，光敏电阻的阻值变化，相应的电流 I_p 也会发生变化，通过检测电流值可以检测出光照度。光敏电阻在不受光照时的阻值称为"暗电阻"，暗电阻越大越好，一般是兆欧数量级；而光敏电阻在受光照时的阻值称为"亮电阻"，光照越强，亮电阻就越小，一般为千欧数量级。光敏电阻的亮电阻与光照强度之间的关系，称为光敏电阻的光照特性。一般光敏电阻的光照特性呈非线性，因此光敏电阻常用在开关电路中作光电信号变换器。

3. 光敏二极管及光敏晶体管工作原理

光敏二极管与普通二极管一样，也是由一个 PN 结组成的半导体器件，也具有单方向导电特性，但在电路中它不是整流元件，而是把光信号转换成电信号的光电传感器件。

光敏二极管与普通半导体二极管在结构上是相似的。在光敏二极管上面有一个能射入光线的玻璃透镜，如图6-5所示。入射光通过透镜照射在内部管芯上，管芯是一个具有光敏特性的PN结，PN结具有单向导电性，光敏二极管工作时应加上反向电压。当无光照射时，电路中有很小的反向饱和漏电流，此时相当于光敏二极管截止；当有光照射时，PN结区域受光子的轰击，反向饱和漏电流大大增加，称为光电流，光电流随入射光强度的变化而相应变化。光的强度越大，反向电流也越大。

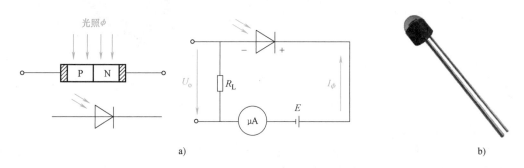

图6-5　光敏二极管工作原理及结构

a）光敏二极管工作原理　b）某型号光敏二极管

光敏晶体管有两个PN结，从而可以获得电流增益，具有比光敏二极管更高的灵敏度。光敏晶体管工作原理及结构如图6-6所示。光敏晶体管与普通晶体管类似，有e、b、c三个极，基极b不引线，而是封装了一个透光孔。当光线透过光孔照到发射极e和基极b之间的PN结时，就能获得较大的集电极电流输出。输出电流的大小随光照强度的增强而增加。由于光敏晶体管的灵敏度与入射光的方向有关，应保持光源与光敏晶体管的相对位置不变，以免灵敏度发生变化。

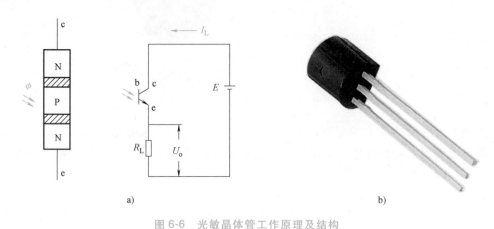

图6-6　光敏晶体管工作原理及结构

a）光敏晶体管工作原理　b）某型号光敏晶体管

4. 光电池工作原理

光电池是一种不需要加偏压就能把光能直接转换成电能的光电元件。因此，光电池能够直接把光能转换成电能。光电池有一个大面积的 PN 结，当光线照射到 PN 结上时，便在 PN 结两端出现电动势，P 区为正极，N 区为负极，这种因光照而产生电动势的现象称为光生伏特效应，如图 6-7 所示。

光电池有两个主要参数指标：短路电流与开路电压。短路电流在很大范围内与光照强度呈线性关系，而开路电压与光照强度是非线性关系。根据光照强度与短路电流呈线性这一关系，光电池在应用中常用作电流源。

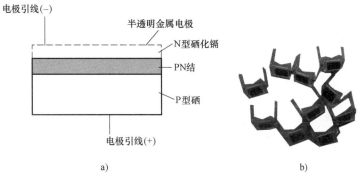

图 6-7　光电池工作原理及结构
a）光电池工作原理　b）某型号光电池

6.1.2　光电检测器性能比较

光电检测器件（俗称光电转换器件）的种类很多，性能差异也比较大，表 6-1 给出了一些典型光电检测器件工作性能的比较，实际应用中应该根据具体情况选择性能满足要求的器件。

表 6-1　典型光电检测器工作性能比较

光电检测器	波长响应范围/nm			输入光强范围/(W/cm²)	最大灵敏度	输出电流	光电特性直线性	动态特性		外加电压/V	受光面积	稳定性	外形尺寸	价格	主要特点
	短波	峰值	长波					频率响应	上升时间						
光电管	紫外		红外	10^{-9}~10^{-3}	20~50 mA/W	10mA（小）	好	2MHz（好）	0.1μs	50~400	大	良	大	高	微光测量
☆光电倍增管	紫外		红外	10^{-9}~10^{-3}	10^6 A/W	10mA（小）	最好	10MHz（最好）	0.1μs	600~2800	大	良	大	最高	快速、精密微光测量
CdS 光敏电阻	400	640	900	10^{-6}~$7×10^{-2}$	10^6 A/W	10mA~1A（大）	差	1kHz（差）	0.2~1ms	100~400	大	一般	中	低	多元阵列光开关输出电流大
CdSe 光敏电阻	300	750	1220	10^{-6}~$7×10^{-2}$	10^6 A/W	10mA~1A（大）	差	1kHz（差）	0.2~10ms	200	大	一般	中	低	多元阵列光开关输出电流大
☆Si 光电池	400	800	1200	10^{-6}~1	0.3~0.65 A/W	1A（最大）	好	50kHz（良）	0.5~100μs	不需要	最大	最好	中	中	象限光电池输出功率大
Se 光电池	350	550	700	10^{-4}~$7×10^{-2}$		150MA（中）	好	5kHz（差）	1ms	不需要	最大	一般	中	中	光谱接近人的视觉范围

（续）

光电检测器	波长响应范围/nm			输入光强范围/(W/cm²)	最大灵敏度	输出电流	光电特性直线性	动态特性		外加电压/V	受光面积	稳定性	外形尺寸	价格	主要特点
	短波	峰值	长波					频率响应	上升时间						
☆Si 光敏二极管	400	750	1000	10^{-6} ~ 0.2	0.3 ~ 0.65 A/W	≤1mA（最小）	好	200kHz ~ 10MHz（最好）	≤2μs	100 ~ 200	小	最好	最小	低	高灵敏度、小型、高速传感器
☆Si 光敏三极管	400	750	1000	10^{-7} ~ 0.1	0.1 ~ 2 A/W	1 ~ 50mA（小）	较好	100kHz（良）	2 ~ 100μs	50	小	良	小	低	有电流放大小型传感器

注："☆"表示应用最广泛。

光电检测器件选择要点如下：

1）光电检测器件必须与辐射信号源及光学系统的光谱特性相匹配。如果光信号是紫外波段，则选择光电倍增管或专门的紫外光电器件；如果光信号是可见光，则可选择光电倍增管、光敏电阻或硅光器件；如果光信号是红外光，则可选择光敏电阻等。

2）光电检测器件的光电转换特性必须与入射辐射能量相匹配。首先，光电器件必须有适当的灵敏度，以确保一定的信噪比和输出电信号；其次，器件的感光面要与入射光在空间匹配，否则光电灵敏度将发生变化；最后，要使入射通量的变化中心处于检测器件光电特性的线性范围内。

3）光电检测器件的响应特性必须与光信号的调制形式、信号频率及波形相匹配，以确保没有频率失真并具有良好的时间响应。

4）光电检测器件必须和输入电路以及后续电路在电特性上相互匹配，以保证最大的转换系统、线性范围及动态响应等。

6.2 典型光电检测方法及系统应用

一般检测系统包括信息的获取、调理、处理和显示四部分。对光电检测系统来讲，其基本构成如图 6-8 所示。可见，它除了一般检测系统应具有的四个部分外，还需要可以产生光信号的光源，才可把被测信号加载于光载波以便测量。因此，本节首先简单介绍作为光源的发光器件，然后根据光电变换中光的调制方式不同，介绍两类光电检测系统及其应用。

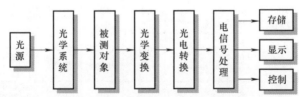

图 6-8　光电检测系统基本构成

6.2.1 光源及其特性

根据光源的频谱宽度，可分为非相干光源与相干光源。相干光源的波长范围极窄，又可称为近单色光源，也就是激光；非相干光源是除激光光源以外的其他光源。

1. 非相干光源

非相干光源可分为三种：热辐射光源（白炽灯、卤钨灯等）、气体放电光源（汞灯、脉冲氙灯等）、固体发光光源（发光二极管）。

随着半导体技术的发展，近几年发光二极管器件发展很快，并发挥着越来越重要的作用。在测试系统中，发光二极管广泛使用，因此下面简要对其进行介绍。

发光二极管是少数载流子在 PN 结区的注入与复合而产生发光的一种半导体光源。如图 6-9 所示，在 PN 结附近，N 型材料中的多数载流子是电子，P 型材料中的多数载流子是空穴，PN 结上未加电压时构成一定的势垒，当加上正向偏压时，在外电场作用下，P 区的空穴和 N 区的电子就向对方扩散运动，构成少数载流子的注入，从而在 PN 结附近产生导带电子和价带空穴的复合，一个电子和一个空穴每一次复合，将释放出一定能量，该能量会以热能、光能的形式辐射出来。

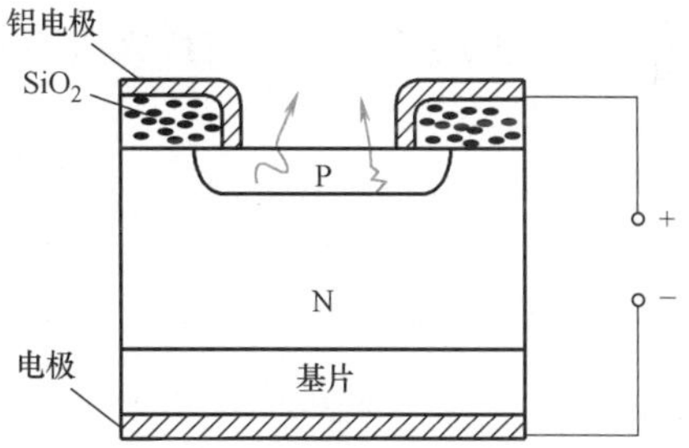

图 6-9 发光二极管工作原理

发光二极管的发光光谱直接决定着它的发光颜色。根据半导体材料的不同，目前能制造出红、橙、黄、绿、蓝、紫等颜色的发光二极管。

发光二极管可利用交流供电或脉冲供电获得调制光或脉冲光，调制频率可达到几十兆赫，这种直接调制技术使得发光二极管在测距仪及短距离通信中获得应用。

2. 相干光源——激光器

激光光源可按激光工作物质的不同，分为气体激光器、固体激光器和半导体激光器等；按工作方式可分为连续工作激光器和脉冲工作激光器；按工作波长范围又可分为紫外线激光器、可见光激光器和红外线激光器等。

激光器一般由工作物质、谐振腔和泵浦源组成，如图 6-10 所示。泵浦源提供外界能量，激光工作物质产生光增益，谐振腔提供光学正反馈，形成激光模式。常用的泵浦源是辐射源或电源，利用泵浦源能将工作物质中的粒子从低能态激发到高能态，使处于高能态的粒子数大于处于低能态的粒子数，这是产生激光的必要条件。处于这一状态的原子或分子称为受激原子或分子。粒子跃迁至更高轨道后，最终仍要回到基态。当高能态粒子从高能态跃迁

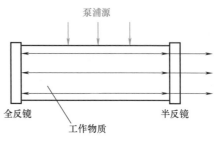

图 6-10 激光器工作原理

到低能态过程中会以光子的形式释放能量。这些辐射光子沿由两平面构成的谐振腔来回传播时会激发出更多的辐射，从而会使辐射能量放大，这样便产生了激光。

激光具有很好的单色性、高亮度、方向性、相干性以及随时间、空间的可聚焦性。无论在测量精度和测量范围上都有明显的优越性，因此在测量领域得到了越来越广泛的应用。

6.2.2 非相干光电检测方法及应用

把被测信号加载于光载波可采用多种方法，如强度调制、幅度调制、频率调制、相位调制等。在光电检测系统中，根据光波对被测信号的携带方式，可以分为非相干光电检测方法和相干光电检测方法。无论光源是非相干光源或是相干性好的激光光源，非相干光电检测方法都是利用光源出射光束的强度携带被测信息，而相干光电检测方法则是利用光波的振幅、频率、相位来携带被测信息，因此相干光检出被测信息时需要利用光波相干原理。

所谓的非相干光电检测方法是将待测光信号直接入射到光电检测器件光敏面上，光电检测器件输出的电流或电压与光信号的辐射强度有关。由于非相干光电检测方法不需要稳定的激光频率，在光路设计上也不需要精准的准直，因此它是一种简单而又实用的测量方法。本节介绍几种非相干光电检测方法在机械工程中的应用。

1. 转速测量

在转速测量中，可通过辅助措施控制照射于光电元件（如光电池、光敏二极管、光敏晶体管、光敏电阻等）的光通量强弱，产生与被测轴转速成比例的电脉冲信号，该信号经整形放大电路和数字式频率计即可显示出相应的转速值。常用的转速测量有反射光式和透射光式两种。图 6-11a 为反射式光电转速测量系统示意图。被测转轴 8 旋转时，光源 1 所发出的光束，经透镜 2、6 聚光到黑白相间的圆盘 7 上，当光束恰好与转轴上的白

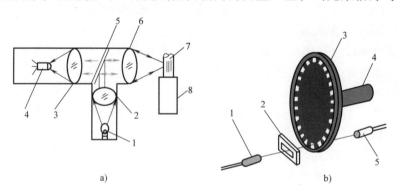

a)   b)

图 6-11 光电转速传感器示意图

a）反射式

1—光源 2、3、6—透镜 4—光敏晶体管 5—半透半反膜 7—黑白相间的圆盘 8—转轴

b）透射式

1—光敏元件 2—缝隙板 3—多孔圆盘 4—输入轴 5—光源

色条纹相遇时，光束被反射，经过透镜 6，部分光线通过半透半反膜 5 和透镜 3 聚焦后照射到光敏晶体管 4 上，使光敏晶体管电流增大；而当聚光后的光束照射到转轴圆盘上的黑色条纹时，光线被吸收而不反射回来，此时流经光敏晶体管的电流不变，因此在光敏晶体管上输出与转速成比例的电脉冲信号，其脉冲频率正比于转轴的转速和白色条纹的数目。

图 6-11b 为透射式光电转速测量系统示意图。当多孔调制盘随转轴旋转时，光敏元件交替受到光照，产生交替变换的光电动势，从而形成与转速成比例的脉冲电信号，其脉冲信号的频率正比于转轴的转速和多孔圆盘的透光孔数。

目前市场上的光电式传感器测速范围可达每分钟几十万转，使用方便，且对被测轴无干扰。因此，在高速旋转机械的转速测量中应用非常广泛。

常用的光电式脉冲编码器实际上就是一种透射式光电检测装置，它是一种旋转式脉冲发生器，能将机械转角变换成电脉冲，通过对角位移电脉冲频率的计数来检测机械的旋转速度。

光电式脉冲编码器的主要工作原理为光电转换。按照工作方式可分为增量式和绝对式两类。

（1）增量式编码器　增量式编码器由光源、码盘、光电元件等组成，如图 6-12a 所示。圆形码盘随中心轴旋转，其上均布着透光缝。当中心轴旋转时，在光源的照射下，透过码盘透光缝的光会形成交替变化的脉冲光信号，由光电元件接收。其输出可以是单路输出或双路输出，单路输出是指旋转编码器的输出是一组脉冲，而双路输出的旋转编码器输出两组相位差为 90° 的脉冲，通过这两组脉冲不仅可以测量转速，还可以判断旋转的方向。图 6-12a 属于双路输出的旋转编码器，它有 A、B、Z 三组方波脉冲，其中 A、B 两脉冲相位相差 90° 以判断转轴的旋转方向，Z 脉冲为每转产生一个脉冲以便于基准点的定位。因此，增量式编码器是将角位移转换成周期性的电信号，再把这个电信号转变成计数脉冲，用脉冲的个数表示角位移的大小。

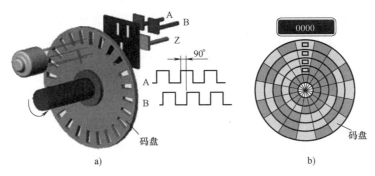

图 6-12　编码器的工作原理

a）增量式脉冲编码器　b）绝对式脉冲编码器

（2）绝对式编码器　绝对式编码器也是由光源、码盘、光电元件等组成的，码盘结构如图 6-12b 所示。在绝对式编码器的码盘上存在有若干同心码道，每条码道由透光和不透光的扇形区间交叉构成，码道数就是其所在码盘的二进制数码位数，码盘的两侧分别是光源和光敏元件，码盘位置不同，会导致光敏元件受光情况不同，进而输出二进制数不同，因此其输出是数字量，通过输出二进制数来判断码盘位置。绝对式编码器的每一个位置对应一个确定的数字码，因此它的示值只与测量的起始和终止位置有关，而与测量的中间过程无关。

2. 表面粗糙度测量

图 6-13 为光电传感器用于检测工件表面粗糙度或表面缺陷的原理图。从光源 1 发出的光经过被测工件 3 的表面反射，由光电检测元件 5 接收。当被测工件表面有缺陷或表面粗糙度精度较低时，反射到光电元件上的光通量变小，转换成的光电流就小。检测时被测工件在工作台上可左右、前后移动，从而实现较大面积的表面粗糙度检测。

3. 孔径测量

图 6-14 为光电检测元件用于检测工件孔径或狭缝宽度的原理图。此法适用于检测小直径通孔或狭缝。从光源 1 发出的光透过被测工件 2 的孔或狭缝后，由光电检测元件 3 接收。被测孔径或狭缝尺寸变化时，照到光电元件上的光通量随之变化，转换成的光电流大小由被测孔径大小决定。此方法也可用于外径的检测。

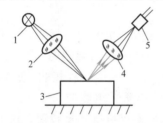

图 6-13　反射法测量表面粗糙度工作原理

1—光源　2—物镜　3—被测工件
4—聚光镜　5—光电检测元件

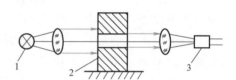

图 6-14　透射法测量孔径工作原理

1—光源　2—被测工件　3—光电检测元件

4. 光耦合器

光耦合器是利用发光元件与接收光信号的光敏元件封装为一体而构成电-光-电转换的器件。加到发光器件上的电信号为耦合器的输入信号，光敏元件的输出信号为耦合器的输出信号。光耦合器件的发光件常采用 LED 发光二极管、LD 半导体激光器等。光电接收器件常采用光敏二极管、光敏晶体管、光电池、光敏电阻等。光耦合器具有无机械触点、噪声低、执行动作快、体积小、寿命长的特点。

根据结构和用途的不同，光耦合器可分为光隔离器和光电开关两大类。光隔离器的功能是在电路之间通过光信号传送信息，以便实现电路间的电气隔离和消除噪声影响；光电开关主要用于检测物体的位置或检测物体的有无状态。

图 6-15 所示为光隔离器工作原理及结构。光电隔离器左边输入端为发光二极管，一般只需 10mA 左右的输入电流即可发出足够的光，使光隔离器右边光敏晶体管受光导通。一般光敏晶体管可输出几十毫安的电流，从而驱动负载，如图中输出继电器电感 L。在光敏晶体管允许范围内，光隔离器可以提高输出电压，如图中输入 5V 信号，输出为 12V，同时，该器件实现了输入与输出两个电平地的分离，从而提高了系统的抗干扰能力。

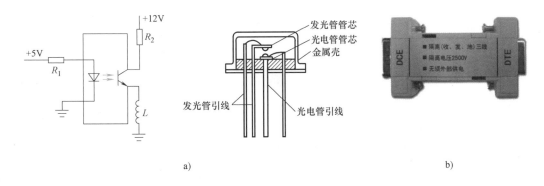

图 6-15 光隔离器工作原理及结构

a）光隔离器工作原理   b）某型号光隔离器

5. 光栅测位移

　　光栅测位移是基于莫尔现象。若两块光栅（其中一个为主光栅，另一个为指示光栅）互相重叠，并使它们的栅线之间形成一个较小的夹角，当光栅对之间有相对运动时，透过光栅对看另一边的光源，就会发现有一组垂直于光栅运动方向的明暗相间的条纹移动，这就是莫尔条纹，如图6-16 所示。图中，d 是光栅的节距，W 是莫尔条纹宽度，θ 是两块光栅的夹角。严格地说，莫尔条纹排列的方向与两

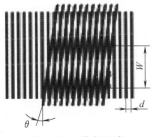

图 6-16 莫尔现象

块光栅线纹夹角的平分线相垂直。光栅的相对移动使透射光强度呈周期性变化，光电元件把这种光强度信号转换为周期性变化的电信号，即可获得光栅的相对移动量。

　　莫尔条纹具有三个特点：①莫尔条纹移动与光栅移动具有对应关系。光栅横向移动一个节距 d，莫尔条纹沿刻线上下移动一个节距 W，莫尔条纹明—暗—明变化，为光电元件的安装与信号检测提供了良好条件；②具有位移放大作用。由于 $W \gg d$，因此，光栅节距 d 虽小，莫尔条纹的节距却比较大，便于测量；③具有误差减小作用。莫尔条纹是由许多根刻线共同组成的，这样可使栅距的节距误差得到平均化。

　　利用光栅的莫尔条纹现象实现测量的装置称为光栅传感器。光栅传感器具有高精度、高分辨率和大动态范围的优点。按照几何形状可将光栅分为长光栅和圆光栅，长光栅用来测量直线位移，圆光栅用来测量角位移。采用激光测长技术刻制光栅，所制造出的光栅尺分辨率与精度很高，光栅检测的分辨率可达微米级，通过细分电路细分可达 $0.1\mu m$，甚至更高的水平。

　　图 6-17 是机床中使用的一种长光栅测量原理及照片。一般情况下，指示光栅固定在机床的固定零件上，主光栅则安装在机床的被测移动零件上。指示光栅与主光栅的尺面相互平行，并留有 $0.05 \sim 0.1mm$ 的间隙。移动零件前后移动的距离由指示光栅和主光栅形成的莫尔条纹测长系统进行计数来得到，主光栅相对于指示光栅移过一个节距，莫尔条纹变化一周。当测量移动零件的移动距离时，主光栅移动的距离为

$$x = Nd + \delta \tag{6-1}$$

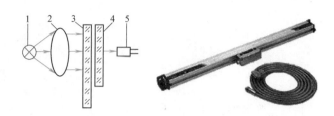

图 6-17　光栅传感器测量原理及照片
1—光源　2—聚光镜　3—主光栅　4—指示光栅　5—光敏元件

式中，d 为光栅节距；N 为主光栅移动距离中包含的光栅线对数；δ 为小于 1 个光栅节距的小数。

　　测量中最简单的形式是以指示光栅移过的光栅线对数 N 进行直接计数。实际系统并不是直接计数 N，而是测量莫尔条纹的变化，且利用电子学方法把莫尔条纹的一个周期再进行细分，从而可以读出小数部分 δ，使系统的分辨率提高。目前电子细分可达到百分之一，但如果利用光栅节距细分，工艺上是难以实现的。

　　用于莫尔条纹测长的电子细分方式有多种形式，四倍频细分是普遍应用的一种，其结构如图 6-18 所示。在光栅一侧用光源照明两光栅，在光栅的另一侧用四个聚光镜接收光栅透过的光能量，这四个聚光镜布置在莫尔条纹一个周期 W 的宽度内，它们的位置互相相差 1/4 个莫尔条纹周期，在聚光镜的焦点上各放一个光敏二极管进行光电转换。当指示光栅移动一个节距时，莫尔条纹变化一个周期，四个光敏二极管输出四个相位相差 90°

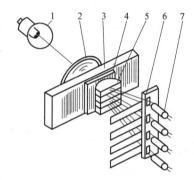

图 6-18　四倍频细分透镜读数头结构
1—灯泡　2—聚光镜　3—长光栅
4—指示光栅　5—四个聚光镜
6—狭缝　7—四个光敏二极管

的近似于正弦的信号 $A\sin t$、$A\cos t$、$-A\sin t$、$-A\cos t$，这四个正弦信号经整形电路以后输出为方波脉冲信号以便于计数。于是，莫尔条纹变化一个周期，在计数器中就得到四个脉冲，每一个脉冲就反映 1/4 莫尔条纹周期的长度，使系统的分辨率提高了 4 倍。

　　6. 激光脉冲测距

　　激光测距在军事、科研、生产中都有广泛的应用。由于激光方向性好、亮度高、波长单一，故测程远、测量精度高。激光测距仪结构小巧、携带方便，是目前高精度、远距离测距最理想的仪器。

　　激光脉冲测距仪测距原理及结构如图 6-19 所示。由激光器对被测目标发射一个光脉冲，然后接收目标反射回来的光脉冲，通过测量光脉冲往返所经过的时间就可得到距离的大小。已知光在空气中传播的速度 c，设目标的距离为 L，光脉冲往返所经过的时间为 t，由于光脉冲走过的距离为 $2L$，则有

$$L=\frac{tc}{2}$$

（6-2）

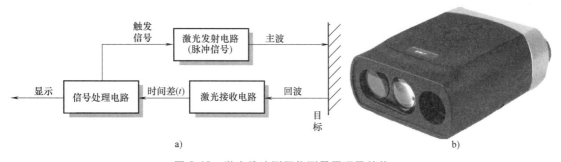

图 6-19　激光脉冲测距仪测量原理及结构

a）测量原理　b）某型号测距仪

6.2.3　相干光电检测方法及应用

相干检测就是利用光的相干性对光载波所携带的信息进行检测和处理，它只有采用相干性好的激光器作为光源才能实现。所以，从理论上讲，相干检测能准确检测到光波振幅、频率、相位所携带的信息，但由于光波的频率很高，迄今为止的任何光电检测器都还不能直接感受到光波本身的振幅、频率、相位的变化，而只能检测光的强度。因此，大多数情况下只能利用光的干涉现象，将光的振幅、频率、相位的变化最终都转换为光强度的变化进行检测。

与其他光电检测技术相比，相干检测技术具有更高的测量灵敏度和测试精度，在现代测量技术中得到越来越多的应用。例如，测量长度、距离、速度、温度、压力、应力应变、介质密度等。由于激光受大气湍流效应影响严重，破坏了激光的相干性，因而目前远距离相干测量应用受到限制。

下面介绍几种相干检测技术在机械工程中的实际应用。

1. 激光干涉测距仪

常用的激光测距仪是以激光为光源的迈克尔逊干涉仪，是通过测定检测光与参考光的相位差所形成的干涉条纹数目而测得物体长度的。图 6-20 所示为激光干涉测距仪工作

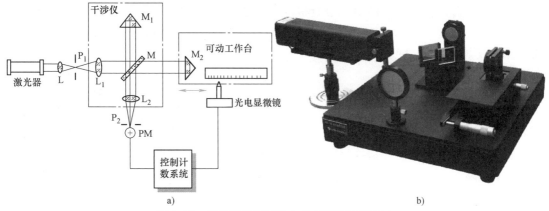

图 6-20　激光干涉测距仪工作原理及测试平台

a）工作原理　b）测试平台

原理及测试平台。从激光器发出的激光束，经过透镜 L、L_1 和光栏 P_1 组成的准直光管后成为一束平行光，经分光镜 M 后被分成两路，分别被固定反射镜 M_1 和可动反射镜 M_2 反射到 M 重叠，重叠后的光路被透镜 L_2 聚集到光电计数器 PM 处。当工作台带动反射镜 M_2 移动时，在光电计数器处由于两路光束聚集产生干涉，形成明暗条纹。反射镜 M_2 每移动半个光波波长时，明暗条纹变化一次，其变化次数由计数器计数。当工作台移动的距离为 x 时，明暗条纹变化次数 K 为

$$K = 2nx/\lambda \tag{6-3}$$

式中，λ 为激光波长；n 为空气折射率，它受环境温度、湿度、气体成分等因素影响，在真空条件下 $n = 1$。

测量时，被测物体放在工作台上，将光电显微镜对准被测件上的目标，这时它发出信号，令计数器开始计数，然后工作台移动，直到被测件上另一目标被光电显微镜对准时，再发出信号，停止计数。这样，计数器所得的数值即为被测件上两目标之间的距离。

激光光源一般采用氦氖激光器，其波长 $\lambda = 0.6328\mu m$。当测长 10m 时，误差约为 $0.5\mu m$。因此，激光干涉测距仪可用于精密长度测量，如线纹尺、光栅的检定等。

2. 激光多普勒测速仪

激光多普勒测速仪的工作基础是光学多普勒效应和光干涉原理。

当激光照射到以速度 v 运动的物体时，被物体反射或散射的光的频率将发生变化，其频率的变化量 Δf 为

$$\Delta f = k \frac{vf}{c} \tag{6-4}$$

式中，c 为激光束的光速；f 为物体无相对运动时所反射或散射的光的频率（即光源的频率）；v 为物体相对运动的速度；k 为取决于物体运动方向和激光照射相对位置的常量参数。

式（6-4）就是著名的多普勒频移公式，同时也把这种现象称为多普勒效应。

将上述多普勒效应中频率发生变化的频率差经光电转换后即可测得物体运动速度。其工作原理如图 6-21a 所示。图中，He-Ne 激光器是经过稳频后的单模激光，分束镜把激光分成两路，该两路光经会聚透镜 L_1 会聚于焦点，在焦点附近形成干涉场。流体流经这一范围时，流体中的微小颗粒对光进行散射，聚焦透镜 L_2 把这些散光聚焦在光电倍增管上，产生包含流速信息的光电信号。经适当的电子线路处理可测出流体的流速。一种手持式测速仪如图 6-21b 所示。

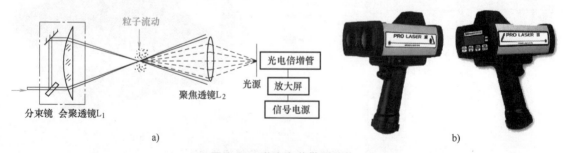

图 6-21 激光多普勒测速仪
a）工作原理 b）一种手持式测速仪

激光可在被测点聚焦成很小的一个测量点，其分辨力很高，典型分辨力为 $20\sim100\mu\mathrm{m}$。激光测速仪在时速为 $100\mathrm{km/s}$ 时，测量精度可达 0.8%。因此，在航空航天、热物理工程、环保工程以及机械运动测量等方面得到广泛应用。激光雷达传感器是一种特殊的光学测量装置，在无人驾驶中发挥了重要的作用，保障了车辆与行人的安全，扫描右侧二维码观看相关视频。

科普之窗
中国创造：无人驾驶

6.3 固态图像传感器及其应用

固态图像传感器是一种固态集成元件，它的核心部分是电荷耦合器件（Charge Coupled Device，简称 CCD）。CCD 是由以阵列形式排列在衬底材料上的金属—氧化物—半导体（Metal Oxide Semiconductor，简称 MOS）电容器件组成的，它的每一个阵列单元具有光生电荷功能，因此是一种光电传感器。除此之外，由于每个阵列单元电容排列整齐，尺寸与位置十分准确，使其还具有积蓄和转移电荷的功能。因此，本节对它专门介绍。

6.3.1 固态图像传感器测量原理

CCD 的基本功能是电荷的存储和电荷的转移，它存储由光或电激励产生的信号电荷，当对它施加特定时序的脉冲时，其存储的信号电荷便能在 CCD 内做定向转移。

1. 电荷的存储

图 6-22 所示为单个 CCD 单元的结构和功能示意图。在栅电极上施加电压之前，P 型半导体内部的空穴（多数载流子）是均匀分布的。当栅极施加电压 U_G 小于 P 型半导体的阈值电压 U_{th} 时，空穴被排斥，产生了耗尽区。随着 U_G 进一步增大，耗尽区的面积也增大，进一步向半导体内部扩展。当 $U_G>U_{th}$ 时，随着电势变高，将半导体内部的电子（少数载流子）吸引到表面，形成了一层电荷浓度很高的反型层。反型层的形成使得 MOS 具有了存储电荷的功能。U_G 电压越大，耗尽区就越深，能吸引的电子就越多，存储的少数载流子的电荷量就越大。因此，可以用"势阱"来比喻 MOS 电容器在 U_G 作用下存储信号电荷的能力。习惯上，把"势阱"想象为一个桶，把少数载流子（信号电荷）想象为盛在桶底的流体，如图 6-22d 所示。

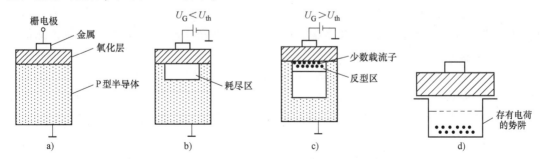

图 6-22 单个 CCD 单元的结构和功能示意图

a）栅极电压为零 b）栅极电压小于阈值电压 c）栅极电压大于阈值电压 d）CCD 的势阱

2. 电荷的转移

图 6-23 解释了 CCD 中电荷转移的工作原理。取 CCD 中四个彼此靠得很近的电极来观察，假定开始时一些电荷存储在偏压为 10V 的第二个电极下面的深势阱里，其他电极上均加有小于阈值的较低电压（如 2V），如图 6-23a 所示。到达某个时刻后，各电极上的电压变为如图 6-23b 所示，第二个电极仍保持为 10V，第三个电极上的电压由 2V 变为 10V，因为这两个电极靠得很紧（间隔为几微米），因此两个势阱将合并到一起。原先第二个电极势阱中的电荷将被新的势阱共有，形成如图 6-23c 的结果。如果继续控制电压，令第二个电极上的电压下降到 2V，如图 6-23d 所示，则共有的电荷转移到第三个电极下的势阱中，如图 6-23e 所示。这样就完成了一个电荷转移的过程，可见，信号电荷随栅极脉冲变化而沿势阱之间依次耦合前行。

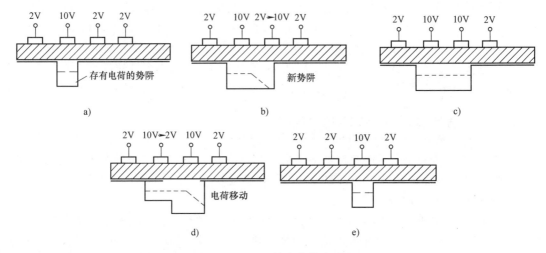

图 6-23　CCD 的电荷转移过程

固态图像传感器可依照其像素排列方式而分为线型、面型或圆型等。工程应用的有：1024、1728、2048 和 4096 像素线型传感器；32×32、100×100、320×244 和 490×400 像素面型传感器等。

图 6-24 所示为一种线型 CCD 传感器。传感器的感光部件是光敏二极管（Photo-Diode，PD）的线阵列，1728 个 PD 作为感光像素位于传感器中央，两侧设置 CCD 转移寄存器，寄存器上面覆以遮光物，奇数号位的 PD 的信号电荷移往下侧的寄存器；偶数号位的 PD 的信号电荷则移往上侧的寄存器。再以输出控制栅驱动 CCD 转移寄存器，把信号电荷经公共输出端，从光敏二极管 PD 上依次读出。

近年来另一种图像传感器——互补金属氧化物场效应晶体管 CMOS（Complement Metal Oxide Semiconductor）光电传感器也已在计算机、笔记本式计算机、视频电话、扫描仪、数字照相机、摄像机、监视器、车载电话、指纹认证等图像输入领域得到广泛应用。CMOS 和 CCD 使用相同感光元件，具有相同的灵敏度和光谱特性，但光电转换后的信息读取方式不同。CMOS 光电传感器经光电转换后直接产生电流（或电压）信号，信号读取十分简单。

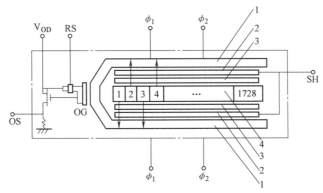

图 6-24　线型 CCD 传感器

1—CCD 转移寄存器　2—转移控制栅　3—积蓄控制电极　4—PD 阵列（1728）　SH—转移控制栅输入端
RS—复位控制　V_{OD}—漏极输出　OS—图像信号输出　OG—输出控制器

6.3.2　固态图像传感器的应用

CCD 图像传感器由于具有小型、质轻、高速（响应快）、高灵敏、高稳定性、高寿命以及非接触等特点，因此可以实现危险地点或人和机械不可到达场所的测量。它广泛地应用于物体有或无的检测，形状、尺寸、位置等机械参数的非接触或远距离测量，特别是在自动控制、自动检测中，越来越显示出它的优越性。

1. 铝板宽度的自动检测

热轧铝板宽度的测量是 CCD 用于自动检测的典型实例。如图 6-25 所示，两个 CCD 线型传感器置于铝板的上方，板端的一小部分处于传感器的视场内，依据几何光学方法可以分别测知宽度 l_1、l_2，在已知两个传感器的视场间距 l_m 时，就可以根据传感器的输出计算出铝板宽度 L。图中 CCD 线型传感器 3 是用来摄取激光器在板上的反射光像的，其输出信号用来补偿由于板厚的变化而造成的测量误差。整个系统由微处理器控制，这样可做到在线实时检测热轧板宽度。对于 2m 宽的热轧板，最终测量精度可达板宽的 ±0.025%。

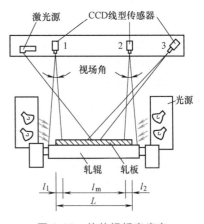

图 6-25　热轧铝板宽度自
动检测原理图

2. 二维零件尺寸的在线检测

图 6-26 给出用 CCD 线阵式摄像机做流水线零件尺寸在线检测的应用实例。当零件在生产线上一个接一个地经过 CCD 摄像机镜头时，CCD 传感器逐行扫过零件的整个面积，将零件轮廓形状转换成逐行数据（电平信号）进行存储，存储的数据再经过数据处理后最终可重构出零件的轮廓形状，并计算出零件的各部分尺寸。这种方法的前提条件是传送带与零件（一般为金属材料）之间有明显的光照对比度，才能将零件轮廓从传送带背景图像中区分开来。

3. 机器人视觉系统

机器人视觉系统可采用摄像机、CCD 图像传感器、超声波传感器等，其中 CCD 图像传感器是常采用的一种。图 6-27 所示是将 CCD 应用于机器人的目标定位系统中。其中，将 CCD 图像传感器置于末端执行器中，在机器人进行装配、搬运等工作时，利用 CCD 视觉系统对一组需装配的零部件逐个进行识别，并确定它在空间的位置和方向，引导机器人的手准确地抓取所需的零件，并放到指定位置，完成分类、搬运和装配任务。

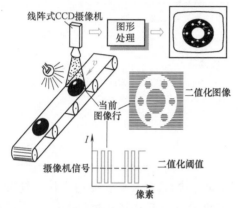

图 6-26　CCD 线阵式摄像机做
二维零件尺寸的在线检测

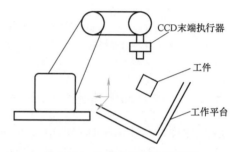

图 6-27　机器人目标定位系统

4. 工件的无损检测

CCD 与激光结合，可用于检测工件的外圆直径；或者与 X 光结合，可用于工件裂纹或焊缝的无损检测。此类检测方法的基本原理是光线经过被测件后，由于被测件对入射光的影响，使得作为检测元件的 CCD 上接收的光信号发生变化，从而获得相关信息。

图 6-28 所示为利用 X 光与 CCD 结合进行焊缝质量检测的原理图。其工作过程为：X 光穿透被测件投射到 X 光增强器的阴极上，经过 X 光增强器产生的可见光图像为 CCD 所摄取，进一步变成视频信号。视频信号经采集板采集并转换为数字信号送入计算机系统。计算机系统将送入的信号数据（含形状、尺寸、均匀性等数据）与原来存储在计算机系统中的数据比较，便可检测出被测件相关信息。检测结果可用以控制传送、分类等伺服机构，自动分拣合格与不合格产品，实现检测、分类自动化。这种检测方法可实现检测工作的流水作业，具有安全、迅速、节约等多种优越性，是一种较为理想的检测方法。利用 CCD 开发的视觉捕捉系统助力外骨骼机器人的研发，扫描右侧二维码观看相关视频。

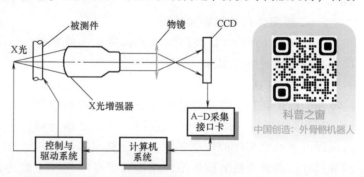

科普之窗
中国创造：外骨骼机器人

图 6-28　X 光光电检测系统原理图

6.4 光纤传感器测量技术

光导纤维简称光纤，是用可传导光的材料制成的可传输光信号的导线。借助光纤实现物理量的测量技术称为光纤传感器测量技术。

6.4.1 光纤传感器基本原理

1. 光纤结构

光纤结构如图6-29所示。它一般由纤芯、包层、涂敷层、尼龙护套构成。纤芯材料是二氧化硅，掺杂极微量的其他材料，以提高材料的折射率，纤芯直径为 $5 \sim 75\mu m$。包层材料一般用纯二氧化硅，也有掺杂微量的三氧化二硼或氟。纤芯及包层的直径为 $100 \sim 200\mu m$。包层外面有硅铜或丙烯酸盐涂敷层，以增加光纤的机械强度。光纤最外层为尼龙护套，起保护作用。

2. 光纤传光原理

光线在光纤里是依靠光的全反射而向前传播的，如图6-30所示。若光线以某一角度照射到光纤端面，入射光线与光纤轴线之间的夹角 θ_0 称为光纤端面的入射角，光线进入光纤后入射到纤芯和包层之间的界面上，形成包层界面入射角 φ。由于纤芯折射率 n_1 大于包层折射率 n_2，所以包层界面有一个产生全反射的临界角 φ_c，与其相对应的光纤端面有一个端面临界入射角 θ_a。如果端面入射角 $\theta_0 \leqslant \theta_a$，则光线进入光纤后，当射到光纤的内包层界面时，入射角 $\varphi \geqslant \varphi_c$，满足全反射条件，光线将在纤芯和包层的界面上不断地产生全反射而向前传播。

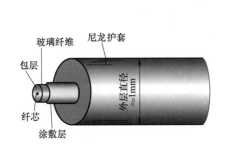

图 6-29 光纤结构

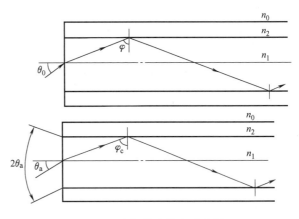

图 6-30 光纤传光的全反射原理

光在光纤中传播时，有一个重要特点，即传播途径始终在同一平面内，通常称为子午平面。光线经某一子午面射入光纤时，光纤端面的临界入射角 $2\theta_a$ 称为光纤的孔径角，它是一个圆锥角，其值越大，光纤入射端面上接收光的范围越大，进入纤芯部分的光线越多。

根据光的折射定律，可以证明

$$\sin\theta_{a} = \frac{1}{n_0}\sqrt{n_1^2 - n_2^2} = NA \tag{6-5}$$

式中，NA 定义为"数值孔径"，它是衡量光纤集光性能的一个主要参数。NA 越大，光纤的集光能力越强。NA 值仅由光纤纤芯与包层的折射率所决定，而与其几何尺寸无关。

3. 光纤传感器工作原理及分类

现有的光纤传感器可分为两类：传光型（或称为非功能型）和传感型（或称为功能型）。无论是传感型还是传光型光纤传感器，其基本工作原理均是将光源的光经光纤送入调制区内，通过光与被测对象的相互作用，将被测量的信息传递到光纤内的光波中，或将信息加载于光波之上。这个过程称为光纤中光波的调制，简称光调制。按照调制方式不同，光调制可分为强度调制、相位调制、偏振调制、频率调制和光谱调制等。同一种光调制技术，可以实现多种物理量的检测；检测同一物理量可以利用多种光调制技术来实现。光的解调过程通常是将载波光携带的信号转换成光的强度变化，然后由光电检测器进行检测。

在传光型光纤传感器中，光纤仅作为传播光的介质，对外界信息的"感觉"功能是依靠其他功能元件来完成的。其中的光纤在调制器中是不连续的、有中断，中断处要接上其他敏感元件，如图 6-31 所示。调制器可能是光谱、光强变化的敏感元件或其他敏感元件。在传感型光纤传感器中，光纤不仅起传光的作用，而且在外界因素作用下，通过改变其光学特性（如光强、相位、偏振态等）来实现传感的功能。因此，传感器中光纤在调制器中是连续的，如图 6-32所示，而且对外界信息具有敏感能力和检测功能，图中调制器就是光纤的一部分。

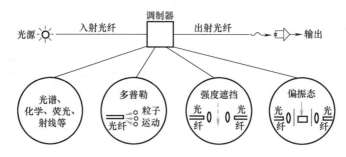

图 6-31　传光型光纤传感器

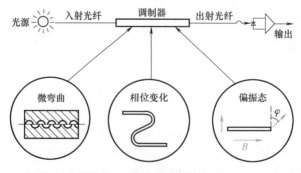

图 6-32　传感型光纤传感器

6.4.2 光纤传感器的应用

光纤传感器由于具有信息传输量大、抗干扰性强、灵敏度高、体积小、可弯曲、极易接近被测物，以及耐高压、耐腐蚀、能非接触测量等一系列优点，因而广泛地应用于位移、温度、压力、速度、加速度、液面、流量等参数的测量中。

1. 光纤位移传感器

图 6-33 是一种传光型光纤位移传感器。当来自光源的光束，经过光纤 1 传输，射到被测物体时发生散射，由于入射光的散射强度将随 x 的大小而变化，则进入接收光纤 2 的光强发生变化，以致由光电管转换为电压的信号也在变化。在一定范围内，其输出电压 U 与位移 x 呈线性关系。这种传感器已被用于非接触式微小位移测量或表面粗糙度测量。

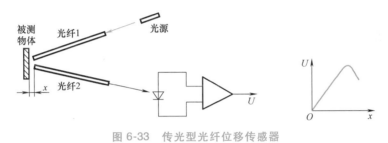

图 6-33　传光型光纤位移传感器

2. 光纤液位计

图 6-34 是一种光强调制式传光型光纤液位计，其利用光强减弱的幅度来获得液位信息。或将光纤本体的顶端加工成棱镜状（图 6-34a），或将光纤的包层剥去一部分，且将裸露部分弯曲成 U 形（图 6-34b），或将用蓝宝石做成的微型棱镜安装在光纤的顶部（图 6-34c），当它们与液面之间的距离变化时，光强将有变化，从而获得液位信息。

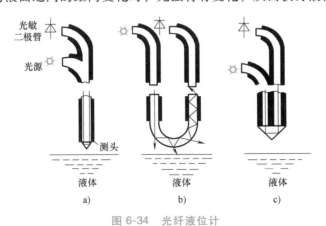

图 6-34　光纤液位计

3. 光纤压力传感器

图 6-35 所示为传感型光纤压力传感器。图 6-35a 表示对光纤施加均衡压力的情况，这时由于光弹性效应而引起折射率变化，以及光纤形状、尺寸变化，引起了传播光的相

位变化和偏振波面的旋转；图 6-35b 则表示施加点压力的情况，这时将使光纤变形，导致折射率发生变化，光传播中不连续的折射率变化引起传播光的散射损耗，从而引起光振幅变化。

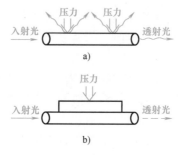

图 6-35　传感型光纤压力传感器

a）施加均衡压力　b）施加点压力

思考题与习题

6-1　光电检测器的性能主要受哪些因素影响？

6-2　非相干光电检测与相干光电检测有何异同？

6-3　设计一个利用 CCD 技术检测成品钢板数量的测试系统。

6-4　如何利用激光干涉技术测量振动？

6-5　激光测振与涡流传感器测振相比，有何异同？

6-6　说明用光纤传感器测量压力和位移的工作原理。

6-7　传光型与传感型光纤传感器有什么区别？

7

无损检测技术

　　无损检测是指在不损伤被检测对象的条件下，利用材料内部结构异常或缺陷所引起的对热、声、光、电、磁等反应的变化，来探测各种工程材料、零部件、结构件等内部和表面缺陷，并对缺陷类型、性质、数量、形状、位置、尺寸、分布及其变化做出判断和评价。无损检测在产品加工制造、成品检验等过程中均起着非常重要的作用，它可以做到防患于未然，起到降低产品成本、提高产品可靠性和增加其竞争力的作用。目前工业中常用五大无损检测技术分别是超声波检测、工业 CT 检测（或射线检测）、电涡流检测、磁粉检测、渗透检测。鉴于电涡流传感器工作原理在前面章节已经介绍，本章主要介绍其他四种无损检测技术及其应用，并简要介绍其他技术在无损检测中的应用。

7.1　超声波检测技术

7.1.1　超声波检测技术简介

　　超声波，简单地说就是音频超过了人类耳朵所能听到的频率范围的声波，一般而言，超声波是指频率超过了 20kHz 的声波。与光波不同，超声波是一种弹性波，它可以在气体、液体和固体中传播。

　　超声波在相同的传播介质中（如大气）传播速度相同，即在相当大的频率范围内，声速不随频率变化，声波的传播方向与振动方向一致，是纵向振动的弹性波，它是借助于传播介质的分子运动而传播的，波动方程描述方法与电磁波是类似的，即

$$A = A(x)\cos(\omega t + kx) \tag{7-1}$$

$$A(x) = A_0 e^{-\alpha x} \tag{7-2}$$

式中，$A(x)$ 为振幅；A_0 为常数；ω 为角频率；t 为时间；x 为传播距离；$k = 2\pi/\lambda$，为波数；λ 为波长；α 为衰减系数。衰减系数与声波所在介质及频率的关系为

$$\alpha = af^2 \tag{7-3}$$

式中，a 为介质常数；f 为振动频率。由此可以看出，频率越高，声波衰减得越厉害，传播的距离也越短。

由于超声波也是一种声波，超声波在介质中传播的速度和介质的特性有关。理论上讲，在13℃的海水里，声音的传播速度为1300m/s；在盐度水平为3.5%、深度为0m、温度为0℃的环境下，声波的速度为1449.3m/s。声音在25℃空气中传播速度的理论值为344m/s，而在0℃时降为334m/s。温度 T 和声速 c 之间的关系为

$$c = 331.45 + 0.61T \tag{7-4}$$

使用时，如果温度变化不大，则可认为声速是基本不变的。如果测量精度要求很高，则应通过温度补偿的方法加以校正。

超声波的应用非常广泛。在机械加工中超声波可以用来加工诸如红宝石、金刚石、陶瓷石英、玻璃等硬度特别高的材料；在材料焊接中超声波可以用来焊接诸如钛、钽、锆等难焊金属；在化学工业中可利用超声波作为催化剂；在农业上可利用超声波促进种子发芽；在医学上可利用超声波进行诊断、消毒等；在机械测试技术中，超声波可用来测量零件的厚度、距离，进行无损检测等。

超声波检测所用的频率一般在 0.5~10MHz 之间，对钢等金属材料的检验，常用的超声波频率为 1~5MHz。超声波波长很短，由此决定了超声波具有一些重要特性，使其能广泛用于无损检测。

1）超声波方向性好。超声波频率很高、波长很短，在无损检测中使用的超声波波长为毫米级。超声波像光波一样具有良好的方向性，可以定向发射。

2）超声波能量高。超声波检测频率远高于声波，而能量（声强）与频率二次方成正比。因此超声波的能量远大于声波的能量。

3）超声波在传播时遇到界面会产生反射、折射和波形转换。在超声波检测中，就是利用了超声波传播时在界面上的反射、折射等特性。

4）超声波穿透能力强。超声波在液体、固体中传播能量损失小，传播距离大，穿透能力强。在一些金属材料中其穿透能力可达数米，这是其他无损检测手段所无法比拟的。

7.1.2　超声波无损检测原理

超声波检测方法按原理可分为脉冲反射法、穿透法和共振法。

（1）脉冲反射法　将超声波导入被检测试件，然后根据反射回来的超声波情况来检测试件缺陷的方法。

1）缺陷回波法。根据仪器示波屏上显示的缺陷波形进行判断的方法称为缺陷回波法，该方法是反射法的基本方法。其基本原理为：在均匀的材料中，缺陷的存在将造成材料的不连续，这种不连续往往又造成声阻抗的不一致，根据反射定理可知，超声波在两种不同声阻抗的介质的交界面上将会发生反射，反射回来的超声波能量大小与交界面两边介质声阻抗的差异和交界面的取向、大小有关。检测过程中，当试件完好时，超声波可顺利传播到达底面，检测图形中只有发射脉冲 T 及底面回波 B 两个信号，如图 7-1a 所示。若试件中存在缺陷，底面回波前有表示缺陷的回波 F，如图 7-1b 所示。

2）底波高度法。当试件的材质和厚度不变时，底面回波高度应是基本不变的。如果试件内存在缺陷，底面回波高度会下降甚至消失，这种依据底面回波的高度变化判断试件缺陷情况的检测方法，称为底波高度法，如图 7-2 所示。其特点在于同样投影大小的缺陷可以得到同样的指示，而且不出现盲区，但是要求被检测试件的探测面与底面平行。由于该方法检出缺陷定位定量不便，灵敏度较低，因此，实用中很少作为一种独立的检测方法，而经常作为一种辅助手段，配合缺陷回波法发现某些倾斜的和小而密集的缺陷。

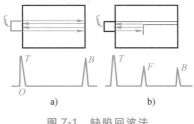

图 7-1　缺陷回波法

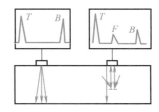

图 7-2　底波高度法

3）多次底波法。当透入试件的超声波能量较大，而试件厚度较小时，超声波可在探测面与底面之间往复传播多次，示波屏上会出现多次底波 B_1、B_2、B_3……如果试件存在缺陷，则由于缺陷的反射以及散射而增加了声能的损耗，底面回波次数减少，同时也打乱了各次底面回波高度依次衰减的规律，并显示出缺陷回波。这种依据底面回波次数来判断试件有无缺陷的方法，称为多次底波法。多次底波法主要用于厚度不大、形状简单、探测面与底面平行的试件检测，缺陷检出的灵敏度低于缺陷回波法。

实际检测中假设示波屏横坐标表示工件厚度，那么由缺陷波出现的位置可读出缺陷在工件中的位置，根据缺陷反射回波声压的高低来评价缺陷的大小。然而工件中的缺陷形状、性质各不相同，目前的检测技术还难以确定缺陷的真实大小和形状。为此，特引入当量法。当量法是人为设计若干规则反射体，当自然缺陷回波与某人工规则反射体回波等高时，则该人工规则反射体的尺寸就是此自然缺陷的当量尺寸。

（2）穿透法　根据脉冲波或连续波穿透试件之后的能量变化来判断缺陷情况的一种方法。穿透法常采用两个探头，一个做发射用，另一个做接收用，分别放置在试件的两侧进行探测。

（3）共振法　若声波（频率可调的连续波）在被检测试件内传播，当试件的厚度为超声波的半波长的整数倍时，将引起共振，仪器显示出共振频率。当试件内存在缺陷或试件厚度发生变化时，将改变试件的共振频率。依据试件的共振特性来判断缺陷情况和试件厚度变化情况的方法称为共振法。共振法常用于试件测厚。

在超声波检测中，超声波的发射和接收主要是通过探头来实现的。探头一般由压电材料组成，在发射与接收超声波时分别利用了压电材料的逆压电效应和正压电效应。探头发射超声波时，高频电脉冲激励探头压电晶片，使其发生逆压电效应，将电能转换为声能；探头接收超声波时，发生正压电效应，将声能转换为电能。超声波探头种类很多，根据发射的波形不同分为纵波探头、横波探头、表面波探头、板波探头等；根据探测缺陷的相对位置分为直探头和斜探头，直探头探测与探测面平行的缺陷，斜探头探测与探测面垂直或成一定角度的缺陷，比直探头多一透声斜楔。

7.1.3　超声波无损检测的应用

运用超声波检测方法来检测损伤的仪器称之为超声波探伤仪。超声波探伤仪是超声波检测的主体设备，它的作用是产生电振荡并加于换能器（探头）上，激励探头发射超声波，同时将探头送回的电信号进行放大，通过一定方式显示出来，从而得到被检测工件内部有无缺陷及缺陷位置和大小等信息。

由于探测对象、探测目的、探测场合、探测速度等方面的要求不同，因而有各种不同设计的超声波探伤仪，常见的有以下几种：

（1）脉冲波探伤仪　这种仪器通过探头向工件周期性地发射不连续且频率不变的超声波，根据超声波的传播时间及幅度判断工件中缺陷位置和大小，这是目前使用最广泛的探伤仪。

（2）连续波探伤仪　这种仪器通过探头向工件中发射连续且频率不变的超声波，根据透过工件的超声波强度变化判断工件中有无缺陷及缺陷大小。这种仪器灵敏度低，且不能确定缺陷位置，因而已大多被脉冲波探伤仪所代替，但在超声显像及超声共振测厚等方面仍有应用。

（3）调频波探伤仪　这种仪器通过探头向工件中发射连续的频率周期性变化的超声波，根据发射波与反射波的差频变化情况判断工件中有无缺陷。以往的调频式电路探伤仪便采用这种原理。但由于只适宜检查与探测面平行的缺陷，所以这种仪器也大多被脉冲波探伤仪所代替。

图7-3是一种脉冲反射式超声波探伤仪的系统组成，它相当于一种专用示波器。这类探伤仪尽管型号、外形、体积和功能各不相同，但它们的基本结构都是由同步电路、扫描电路、发射电路、接收电路、显示电路和电源电路等几个主要部分组成的。工作过程为：同步电路产生的触发脉冲同时加至扫描电路和发射电路，扫描电路受触发开始工作，产生锯齿波扫描电压，加至示波管水平偏转板上，使电子束发生水平偏转，在荧光屏上产生一条水平扫描线。与此同时，发射电路受触发产生高频窄脉冲，加至探头，激励压电晶片振动，在工件中产生超声波。超声波在工件中传播，遇缺陷或底面发生反射，返

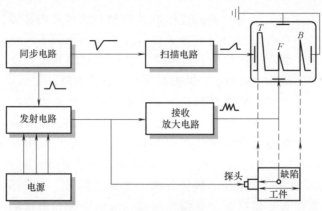

图7-3　脉冲反射式超声波探伤仪的系统组成

回探头时，又被压电晶片转换为电信号，经接收电路放大和检波，加至示波管垂直偏转板上，使电子束发生垂直偏转，在水平扫描线的相应位置上产生缺陷波和底波。根据缺陷波的位置可以确定缺陷的深度，根据缺陷波的幅度可以估算缺陷当量的大小。

超声波无损检测的优点是：具有较高的检测灵敏度、周期短、成本低、灵活方便、效率高、方向性好，可以以很窄的波束向介质中辐射，易于确定缺陷的位置，且对人体无害等。

超声波无损检测的缺点是：对工作表面要求平滑、需要富有经验的检验人员才能辨别缺陷种类、对缺陷没有直观性，另外当缺陷的尺寸小于波长时，声波将绕过缺陷而不能反射。

超声波检测可以应用在毛坯检测、零件制造过程检测、成品检测以及在役检测；其应用对象包括各类材料（金属、非金属等）、各种工件（焊接件、锻件、铸件等）、各种工程（道路建设、水坝建设、桥梁建设、机场建设等）。天鲲号是亚洲最大的重型自航绞吸船，船体由多个钢板焊接而成，需要保证焊缝稳定可靠，而无损检测提供了面向焊缝的检测手段，扫描右侧二维码观看相关视频。

科普之窗
中国创造：天鲲号

7.2 工业 CT 检测技术

7.2.1 工业 CT 成像技术简介

CT 是 Computed Tomography 的缩写，即计算机断层成像技术。它是一种重要的无损检测技术，是物理学与计算机科学的发展产物。它是基于射线与物质的相互作用原理，通过投影重建方法获取被检测物体数字图像的一种无损检测技术。

工业 CT（ICT）是计算机断层成像技术的工业应用，目前也是一种飞速发展的高新技术。工业 CT 主要用于工业产品的无损检测，根据被检测工件的材料及尺寸选择不同能量的 X 射线，其功能和特性在很多方面超过常规 X 射线检测、超声波检测、涡流检测等无损检测方法，从而为航空、航天、兵器等工业领域的精密零部件的无损检测提供了新的手段，被国际无损检测局称为最佳无损检测手段。

工业 CT 是与一般辐射成像完全不同的成像方法。一般辐射成像是将三维物体投射到二维平面成像，各层面影像重叠会造成相互干扰，不仅图像模糊而且损失了深度信息，不能满足精密分析评价要求。如图 7-4 所示，工业 CT 是把被检测物体所检测断层孤立出来单独成像，避免了其余部分的干扰和影响，图像质量高，能够清晰准确地显示所检测部位内部的结构关系、物质组成及缺陷状况，检测效果远远高于其他传统的无损检测方法。

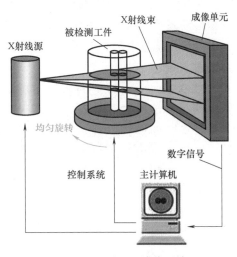

图 7-4 工业 CT 成像系统

7.2.2　工业 CT 工作原理

1917 年，丹麦数学家雷当（J. Radon）的研究工作为 CT 建立了数学理论基础。他从数学上证明了某种物理参量的二维分布函数可由该函数在其定义域内的所有线积分完全确定。该研究结果的意义在于，只要能知道一个未知二维分布函数的所有线积分，那么就能够求得该二维分布函数。所谓获得 CT 断层图像，就是求取能够反映断层内部结构和组成的某种物理参量的二维分布，因此 CT 机的任务就是求取能够反映被检测断层内部结构组成的物理参量二维分布函数的线积分。

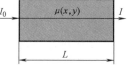

图 7-5　CT 的数学模型

当一束射线穿过物质并与物质相互作用后，射线强度将受到射线路径上物质的吸收或散射而衰减，衰减规律遵循比尔定律。一般地，用衰减系数度量衰减程度。如图 7-5 所示，若该物质为非均匀的，一个面上衰减系数分布为 $\mu(x, y)$，当射线穿过该物质面，入射强度 I_0 的射线经过衰减后以强度 I 穿出，射线在面内的路径长度为 L，由比尔定律确定的 I_0、I 和 $\mu(x, y)$ 的关系为

$$I = I_0 \exp\left[-\int_L \mu(x, y)\, \mathrm{d}x\mathrm{d}y \right] \tag{7-5}$$

$$\int_L \mu(x, y)\, \mathrm{d}x\mathrm{d}y = \ln\frac{I_0}{I} \tag{7-6}$$

由式（7-5）和式（7-6）可以得出，射线路径 L 上衰减系数 $\mu(x, y)$ 的线积分，等于射线入射强度 I_0 与出射强度 I 之比的自然对数。I_0 和 I 可用探测器测得，由此可以计算出路径 L 上衰减系数的线积分。经过多次探测，就可以获得整个面的无穷多个线积分，从而可以精确无误地确定该物质面的衰减系数的二维分布。因为物质的衰减系数与物质的质量密度直接相关，故衰减系数的二维分布可以体现出密度的二维分布，由此转换成的断面图像能够表示其结构关系和物质组成，从而达到 CT 成像的目的。

图 7-6 所示为工业 CT 检测系统的基本结构，包括射线源、前后准直器、探测器、机械扫描运动系统、电子学系统与接口、计算机及外围设备、射线防护措施等。

射线源从能量上分，有低能 X 射线源——X 射线管和高能 X 射线源——加速器。探测器的种类很多，性能差异较大，成本差异也较大，应根据不同的使用场合及检测指标选择合适的探测器。机械扫描装置（如回转检台）的性能与旋转精度进一步决定了射线扫描的精度，应使用高精度的交流伺服电动机直接驱动机械扫描装置，当完成一个步长时，机械扫描装置一次步进或旋转动作完成，则发出触发加速器的指令，完成射线扫描。

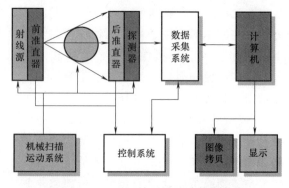

图 7-6　工业 CT 检测系统的基本结构

电子学系统包括：前端数据采集与控制系统，后端图像处理系统。因此，至少需要两台计算机来完成，一台是前端计算机，负责数据采集、发送电动机运动信号，并协调整个 CT 系统运转（包括系统监测、停机措施等），还承担前后端的数据分离与校验；另一台是后端计算机，主要承担图像重建运算和数字图像处理任务。在前端数据采集与控制系统中，需防止高能 X 射线对数据采集及传输的影响，应使用高速数据采集板和光纤传输。前端控制计算机可使用高性能的工业控制计算机及 UNIX 操作系统。后端图像获取与处理系统视实际需要选择低端的微型计算机或高端的图形工作站。由于 CT 重建图像的计算量极其巨大，特别是检测大型工件获取全三维数字图像，一般使用具有特殊硬件处理能力的专用工作站。此外，对获取的 CT 影像的输出可用高质量的胶片输出设备、视频复制输出设备或高质量的激光打印输出设备；CT 影像的存储也是重要的一个环节，存储介质可用磁盘、光盘等，存储的数字影像可建成影像数据库，这对产品做数字化全寿命检查是必需的。

对获取的 CT 影像数据的后续处理，主要包括：多平面重组、交互可视化、图像的增强、逆向 CAD 处理技术、图像的缩放、旋转、镜像、锐化、平滑滤波、边缘提取、亮度/对比度调整、伪彩色处理以及对图像进行标注、编辑等。多平面重组技术是把一系列的 CT 图像组合起来，提取目标对象的空间信息，并在此基础上重建出三维图形，获得矢状、冠状、斜面及曲线面的影像。根据重建目标，可分为体数据生成和表面生成两大类。而交互可视化技术是最近新兴的一项技术，主要是把大量抽象的数据以及相互间的关系用图形、图像表示出来，达到直观、利于分析的目的，而且在用户和图形、图像数据间实现交互功能，使得用户可以按照自己的需要对图像进行各种操作，以提供更直观有效的视觉效果，提高信息的利用率。

在整个高能工业 CT 系统中，射线的防护措施必不可少。它包括两类：一是对操作人员的防护，特别是对泄漏的（散射）X 射线引起空气电离，产生二次辐射的防护；二是对一些精密电子设备的防护，如对探测器放大电路、数据传输的防护。

7.2.3　工业 CT 检测系统的应用

工业 CT 能够准确地再现物体内部的三维立体结构，能够定量地提供物体内部的物理、力学等特性，如缺陷的位置及尺寸、密度的变化及水平、异型结构的形状及精确尺寸、物体内部的杂质及分布等。因此，工业 CT 被广泛应用于兵器工业、汽车、造船、钢铁、石油钻探、精密机械、管道等行业。

图 7-7 为焊接缺陷在射线探伤仪上的显示图，可见，纵向裂纹、横向裂纹、未焊透、条状夹渣、气孔、咬边等缺陷均可通过 CT 探伤仪检测出来。

随着铁路客运列车大面积提速，高速的行驶特点对机车关键部件的安全性提出了更高的要求。其中，摇枕、侧架、车钩等作为列车转向架的重要组成部分，对列车行驶安全起到至关重要的作用。因此，开发大型工业 CT 系统，对摇枕、侧架等关键部件的内部结构及内部的气孔、砂眼、夹杂物、缩孔、疏松、冷隔、裂纹等铸造缺陷进行快速有效检测显得非常重要。

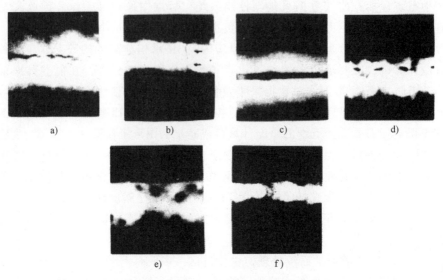

图 7-7 焊接缺陷在射线探伤仪上的显示图

a) 纵向裂纹 b) 横向裂纹 c) 未焊透 d) 条状夹渣 e) 气孔 f) 咬边

图 7-8 为列车摇枕 CT 扫描图像及局部图，扫描区域内可见明显的缩孔缺陷。

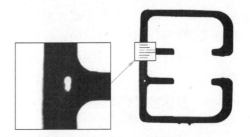

图 7-8 列车摇枕 CT 扫描图像及局部图

7.3 磁粉检测技术

7.3.1 磁粉检测技术简介

磁粉检测（Magnetic Particle Testing），业内人士简称 MT，是工业无损检测的一种成熟的无损检测方法。它通过磁化被检工件，然后在磁化的工件表面施加磁粉，通过观察磁粉的分布判断被检工件是否存在缺陷。这种方法不会破坏被检工件，因而在航空航天、兵器、船舶、火车、汽车、石油、化工、锅炉压力容器、压力管道等各个领域都得到广泛应用。

1. 磁粉检测方法分类

按照施加磁粉的时间可分为连续法和剩磁法。连续法是在磁化工件（被测件）的同时，施加磁粉；剩磁法是先磁化工件，停止磁化后再施加磁粉。

按照显示材料可分为荧光法（Fluorescent）和非荧光法（Non-Fluorescent）。荧光法是采用荧光磁粉，在黑光灯下观察磁痕。非荧光法是采用普通黑色磁粉或者红色磁粉，在正常光照条件下观察磁痕。

按照磁粉的载体可分为湿法和干法。湿法是磁粉的载体为液体（油或水）。干法是直接以干粉的形式喷涂在工件上，只有特殊情况下才会采用这种方法。

2. 磁粉检测方法的特点

（1）优势　能直观检验工件表面的裂纹、疏松、气孔和夹杂等缺陷，可显示缺陷的形状、位置、大小和严重程度，并可大致确定缺陷的性质；磁粉在缺陷上聚集形成的磁痕有放大作用，可检出缺陷的最小宽度约为 $0.1\mu m$ ，能发现深度约为 $10\mu m$ 的微裂纹，因此具有较高灵敏度；磁粉检测适应性好，几乎不受试件大小和形状的限制，综合采用多种磁化方法，可检测工件上的各个方向的缺陷；检测速度快，工艺简单，操作方便，效率高，成本低。

（2）局限性　磁粉检测只能用于检测铁磁性材料，如碳钢、合金结构钢等，不能用于检测诸如镁、铝、铜、钛及奥氏体不锈钢等非铁磁性材料；只能用来检测表面和近表面缺陷，不能检测埋藏较深的缺陷，可检测的皮下缺陷的埋藏深度一般不超过 $1\sim2mm$ ；难于定量确定缺陷埋藏的深度和缺陷自身的高度；通常采用目视法检查缺陷，磁痕的判断和解释需要有技术经验和素质。

7.3.2　磁粉检测技术原理

磁粉检测原理如图 7-9 所示。当磁性工件被磁化时，若工件材质是连续、均匀的，则工件中的磁力线将基本被约束在工件内，几乎没有磁力线从被检测表面传出，被检测表面不会形成明显的泄漏磁场。如果工件表面存在缺陷，缺陷与基体材料的磁特性不同，缺陷部位的磁导率低，磁阻很大，磁力线将会改变路径。大部分改变路径的磁通将优先从磁阻较低的不连续性底部的工件内通过，当工件磁感应强度比较大，工件不连续性底部难以接受更多的磁通时，部分磁通就会从不连续性部位逸出工件，越过不连续性部位上方然后再进入工件，这种磁通的泄漏同时会使不连续性部位两侧产生磁极化，形成所

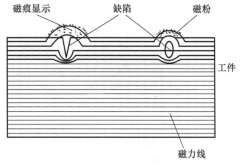

图 7-9　磁粉检测原理图

谓的漏磁场。若缺陷漏磁场的强度足以吸附磁性颗粒，则将在缺陷对应处形成尺寸比缺陷本身更大、对比度也更高的磁痕，从而指示缺陷存在的位置、形状和大小。

磁粉检测流程如图 7-10 所示。首先磁化被检工件，然后在磁化的工件表面上施加合适的磁粉，最后观察和解释磁粉堆积。

磁粉检测设备需要磁化电源、螺线管、工件夹持装置、指示装置、磁粉或磁悬液喷

洒装置、照明装置和退磁装置。

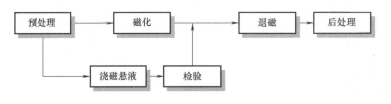

图 7-10　磁粉检测流程

7.3.3　磁粉检测技术的应用

一般压力容器焊缝的磁粉检测采用湿法+非荧光法+连续法，即在正常的光照条件下，把黑色或者红色的磁粉分散在以水或者油的载体（即磁悬液）中，然后磁化焊缝的同时施加磁悬液，一边磁化一边观察焊缝表面是否有磁痕形成。图7-11是采用湿法+非荧光法+连续法对球罐焊缝的磁粉检测结果，可见，在球罐的环形对接焊缝处磁痕粗大明显，表明存在焊接缺陷。

在工业生产中磁粉检测也常用于吊钩、驱动轴、花键轴等零件裂纹缺陷检测。例如，用于检测原材料缺陷、热加工缺陷、冷加工缺陷、使用缺陷以及电镀缺陷等。图 7-12 是磁粉检测用于起重机吊钩、驱动轴、螺栓裂纹的检测结果。

图 7-11　球罐焊缝检测

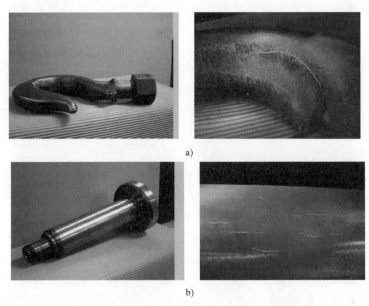

a)

b)

图 7-12　典型工件裂纹检测

a）起重机吊钩裂纹检测　b）驱动轴的热处理裂纹检测

c)

图 7-12　典型工件裂纹检测（续）

c）螺栓裂纹检测

7.4　渗透检测技术

7.4.1　渗透检测技术简介

渗透检测（Penetrant Testing），业内人士简称PT。它利用液体的毛细管作用，将渗透液渗入固体材料表面开口缺陷处，再通过显像剂将渗入的渗透液析出到表面显示缺陷的存在。这是一种应用最早的工业无损检测方法。

渗透检测可以检测非磁性材料的表面缺陷，从而为磁粉检测提供了一项补充的手段。由于渗透检测简单易操作，因此在现代工业的各个领域都有广泛的应用。渗透检测主要用于检测铸件、锻件、粉末冶金件、焊接件以及各种陶瓷、塑料及玻璃制品等存在的裂纹、气孔、分层、缩孔、疏松、冷隔、折叠及其他开口于表面的缺陷。图 7-13 所示为钢管渗透无损检测。

图 7-13　钢管渗透无损检测

渗透检测具有以下特点：

（1）优势　不受被检工件磁性、形状、大小、组织结构、化学成分及缺陷方位的限制，一次操作能检查出各个方向的缺陷；不需要特别昂贵和复杂的电子设备和器械，可以以最小的投资用于检验各类材料和试件的表面缺陷，取得可观的经济效益；检验速度快，操作比较简单，大量零件可以同时批量检测；缺陷显示直观、检验灵敏度高。

（2）局限性　只能检测出材料表面开口缺陷，对于埋藏在材料内部的缺陷，渗透检测就无能为力；此外，由于多孔性材料的缺陷图像显示难以判断，所以渗透检测并不适合多孔性材料表面缺陷检测；工序多，难以定量地控制检验操作程序，大多凭检验人员的经验和眼睛的敏锐程度。

7.4.2　渗透检测技术原理

渗透检测技术的基本原理是借助毛细现象，如图 7-14 所示。由毛细现象可知，当液体润湿毛细管或含有细微缝隙的物体时，液体沿毛细缝隙流动。如果液体能润湿毛细管，则液体在细管内上升，管子的内径越小，它里面上升的水面也越高，如水在玻璃毛细管内，液面是上升的，相当于水渗入毛细管内。如果液体不能润湿毛细管，则液体在细管内下降，如水银（Hg）在玻璃毛细管内，液面是下降的。

渗透检测方法如图 7-15 所示。在测试材料表面使用一种液态染料，并使其在体表保留至预设时限，该染料可为在正常光照下即能辨认的有色液体，也可为需要特殊光照方可显现的黄/绿荧光色液体。

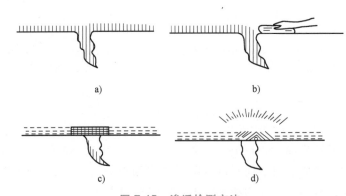

a)　　　　　　　　　　　　b)

c)　　　　　　　　　　　　d)

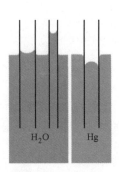

图 7-14　毛细现象

图 7-15　渗透检测方法
a）渗透处理　b）去除处理　c）显像处理　d）检测评定

由于毛细现象的作用，当人们将溶有荧光染料或着色染料的渗透剂施加于试件表面时，渗透剂就会渗入到各类开口于表面的细小缺陷中（细小的开口缺陷相当于毛细管，渗透剂渗入细小开口缺陷相当于润湿现象），然后清除依附在试件表面上多余的渗透剂，经干燥后再施加显像剂，同样，缺陷中的渗透剂在毛细现象的作用下重新吸附到试件表面的显像剂中，在一定的光源下（黑光或白光），缺陷处的渗透剂痕迹被显示，从而探测出缺陷的形貌及分布状态。具备相应资质的检测人员目视检测即可分析出缺陷的形状、大小及分布情况。

渗透检测按染料不同，分为荧光法和非荧光法。荧光渗透检测，需在紫外线灯的照射下检测，若存在裂纹，其黄绿色荧光格外醒目；非荧光法（也称为着色法）只需在白光或日光下检测，在没有电源的场合也能工作，因而应用非常广泛。

渗透检测可广泛应用于检测大部分非吸收性物料的表面开口缺陷，如钢铁、非铁金属、陶瓷及塑料等，对于形状复杂的缺陷也可一次性全面检测，无须额外设备，便于现场使用。其局限性在于检测程序繁琐，速度慢，试剂成本较高，灵敏度低于磁粉检测，对于埋藏缺陷或闭合性表面缺陷无法测出。

7.4.3　渗透检测技术的应用

渗透检测的主要应用是检查金属（钢、铝合金、镁合金、铜合金、耐热合金等）和非金属（塑料、陶瓷等）工件的表面开口缺陷，如表面裂纹等。

本节以铸造叶片的裂纹检测（图 7-16）为例，说明荧光渗透检测技术的检测流程。

1）将叶片浸入汽油或煤油中清洗，去除叶片上的油污、灰尘和金属污物，并进行彻底干燥。

2）将叶片完全浸入到水洗型荧光渗透剂中，所有受检表面均应被荧光渗透剂浸湿和覆盖，渗透剂和环境温度要保持在 15~40℃ 之间，停留时间最少 15min。

3）从渗透剂中取出叶片，使多余的荧光渗透剂滴落回槽中，滴落时间不得超过 2h。

4）采用手工喷洗的方法清洗叶片上多余的渗透剂，喷水压力为 0.2MPa，水温为 10~20℃，喷头与零件的距离为 40cm。在黑光灯下检查叶片的清洗情况，排除叶片上多余的水。

5）叶片应放在热空气循环烘箱中干燥或在室温下自然干燥，烘箱的温度保持在 60~65℃，表面烘干即可。

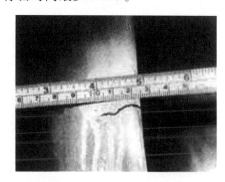

图 7-16 叶片渗透检测

6）用喷粉柜或手工撒的方法把干粉显像剂施加到叶片的表面，显像时间为 10min，最长不超过 2h。显像结束后，轻轻敲掉多余的干粉。

7）在暗室的黑光灯下检查叶片，判别是否存在裂纹缺陷。

无损检测技术原理和适用范围区别很大，各个技术具有各自独特的优点和局限性。例如：射线检测对体积型缺陷，如气孔、夹渣等的检出率高，对面积型缺陷，如裂纹、未熔合类，如果照相角度不适当，则比较容易漏检。射线检测的局限性还在于成本很高，且对人体有害；磁粉检测几乎不受工件几何和缺陷方向的限制，但是检测灵敏度与磁化方向有很大关系；渗透检测适用于任何非多孔性材料工件，特别适合于现场检测，但是检测速度较慢，污染度较严重等。

7.5 其他技术在无损检测中的应用

常用的无损检测方法除了上述四种检测方法之外，还有电涡流检测、霍尔检测、红外检测等，下面对其进行简要介绍。

7.5.1 电涡流传感器在无损检测中的应用

电涡流传感器检测原理在第 4 章已经进行了介绍，在机械工业中，该类传感器常用来测量旋转机械的转速。除此之外，电涡流检测作为五大常规无损检测方法之一，在钢铁行业中应用非常广泛，包括金属棒检测、线材检测、结构件疲劳裂纹检测、材料成分及杂质含量的鉴别、热处理状态的鉴别、混料分选、测量金属薄板的厚度等诸多方面。

近年来，随着对电涡流检测技术认识的深入以及计算机、仪器仪表和数字信号处理技术的发展，电涡流无损检测技术在钢铁工业中的应用取得了一定突破，对于某些以往认为是检测极限或"不可能"的难题，找到了解决的办法或思路。目前已经有可以检测1000℃以上的高温钢和其他金属板材、坯材的电涡流检测设备，从而将传统的电涡流检测对象的温度提高了几百摄氏度。此外，电涡流检测的应用还延伸到了不锈钢毛细管、直径小于1mm的丝材及结晶器液位检测等方面。图7-17所示为电涡流传感器用于板材及管路的检测。

图 7-17 电涡流传感器用于板材及管路的检测

7.5.2 霍尔传感器在无损检测中的应用

霍尔传感器检测原理在第5章已经进行了介绍。霍尔效应无损检测方法与磁粉检测技术类似，检测对象是具有高磁导率的铁磁性材料，通过测量铁磁性材料中由于缺陷所引起的磁导率变化来检查缺陷。铁磁性材料在外加磁场的作用下被磁化，当机械设备无缺陷时，磁力线绝大部分通过铁磁性材料，此时在材料内部的磁力线均匀分布，如图7-18a所示。当有缺陷存在时，由于材料中缺陷的磁导率远比铁磁性材料本身小，致使磁力线发生弯曲，并且有一部分磁力线泄漏出材料表面，如图7-18b所示。采用霍尔元件检测该泄漏磁场 B 的信号变化，就能有效地检测缺陷的存在。

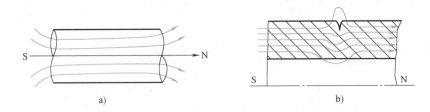

图 7-18 外加磁场作用下有无缺陷的铁磁性材料内部磁力线分布

漏磁场检测方法很多，可采用多种磁敏元件进行检测。由于霍尔元件检测不受速度影响，将霍尔元件、恒流源和线性差动放大器等组装为线性集成电路，具有灵敏度高、分辨力强、安装方便、使用可靠等特点，因此霍尔传感器近年来被广泛应用在设备故障、材料缺陷的检测中。

图7-19是采用霍尔效应对钢丝绳做断丝检测的例子。当钢丝绳通过霍尔元件时，钢丝绳中的断丝会改变永久磁铁产生的磁场，从而会在霍尔元件中产生一个脉动电压信号。

对该脉动信号进行放大和后续处理后可确定断丝根数及断丝位置。

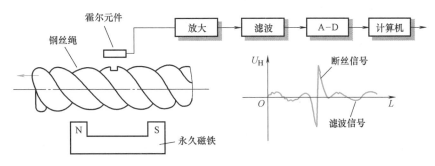

图 7-19　霍尔效应钢丝绳断丝检测装置

7.5.3　红外技术在无损检测中的应用

红外检测原理在第 5 章已经进行了介绍。红外线辐射是自然界存在的一种最广泛的电磁波辐射,任何温度在 0K 以上的物体,都会因自身的分子运动而辐射出红外线。物体由于其内部的损伤、缺陷,会造成不同区域导热性能发生变化,进而引起表面温度的变化,因此,通过对物体表面温度场的分析,可以判断物体内部缺陷与损伤的位置、大小和性质。通过红外热像仪将物体辐射的功率信号转换成与物体表面热分布相应的热像图,便能实现对目标进行远距离热状态图像成像和测温,并进行分析、判断。红外无损检测是非接触式的,并且可以实现在大范围、宽视野内测量,单次检测面积大,效率高且费用低。

红外无损检测系统的构成如图 7-20 所示。红外无损检测主要是利用红外热像仪进行检测,其在钢铁工业、石化工业、电力工业等中应用非常广泛。

下面以钢铁工业为例,说明热像仪在无损检测中的应用。

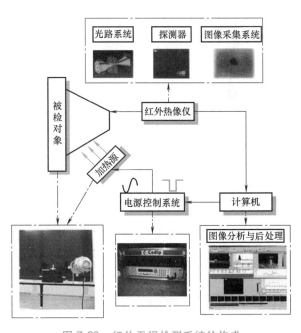

图 7-20　红外无损检测系统的构成

1) 大型高炉料面的测定。现代炼铁高炉要求炉内加入的原料分布均匀,从炉顶面温度的分布可以测定原料的分布均匀性。某钢厂应用热像仪实时采集、计算、显示料面温度,对决定原料的定量投放、提高生铁产量和质量、延长炉龄和节能降耗起了重要作用。

2) 热风炉的破损诊断和检修。热风炉的炉衬在生产中容易被烧坏,但因炉子是封闭的，烧损位置不易发现。某钢厂应用热像仪诊断炉子破损位置，及时进行检修，大大延长了热风炉的使用寿命。

3）高炉残铁口位置的确定。高炉大修之前，需要在炉子上开口把炉内残铁排尽。以往凭经验确定开口位置，往往不准确，造成残铁排不尽，给拆炉工作带来困难。某钢厂在高炉大修时，应用热像仪对炉壳测温，只用了 25min 就确定了残铁液的下表面位置和开口位置，开口后残铁全部排尽。

4）钢锭温度的测定。炼钢厂浇注的钢锭，在进入均热炉前的温度很重要。某钢铁厂应用热像仪对入炉前的钢锭进行表面温度测定，使均热炉对钢锭加热达到最佳化，并且节省了煤气用量。

5）连铸板坯温度的测定。在连铸机中板坯的拉制与冷却水量及拉坯速度有一定关系，研究这一定量关系对板坯的产量、质量及连铸机的安全生产极为重要。某钢厂应用热像仪对铸坯在不同冷却水量和不同拉坯速度下的温度进行测定，取得了大量数据，从而制订出与铸坯温度相适应的生产工艺规则，使连铸机能稳定运转。

6）钢锭模温度的测量。为了改进钢锭模的使用寿命，减少消耗，需测定钢锭模热态工作状态下表面温度场的变化规律。某钢厂应用热像仪测定了钢锭模从浇注到脱模之间表面温度场的变化情况，获得了该温度场的变化规律、钢锭模的最高温度及其位置和持续时间等数据，利用这些数据成功地设计出了高质量的钢锭模。

7）出炉板坯温度的测定与控制。从加热炉出来的待轧板坯，要求温度分布均匀。某钢厂应用热像仪测定了出炉板坯的温度，发现炉宽方向温度不均匀，还发现板坯出现"黑印"，据此分析了原因，采取了相应措施，消除了这些问题，从而保证了板材质量。

8）热轧辊表面温度的测定。热轧辊长期在高温下工作，容易产生热疲劳裂纹，这与辊表面温度分布及变化的规律有关。某钢厂应用热像仪测量，发现轧辊表面温度分布不均匀，这与生产中轧辊冷却水分布不均、钢坯温度不均等因素有关，因此采取相应措施，从而减少或消除了热裂纹。

思考题与习题

7-1 什么是无损检测？目前工业中常用的无损检测技术有哪些？

7-2 超声波检测按工作原理分为哪几种方法？并说明其各自特点。

7-3 脉冲反射式超声波探伤仪的系统组成是什么？

7-4 简述超声波无损检测的优缺点。

7-5 简述工业 CT 工作原理。

7-6 简述工业 CT 检测系统的基本结构。

7-7 简述磁粉检测技术原理。

7-8 简述渗透检测技术原理。

7-9 简述霍尔传感器应用于无损检测的原理及典型应用情况。

7-10 对比分析五大无损检测技术的特点及其应用范围。

8

计算机测试技术

自 1971 年 Intel 公司发明世界上第一款微处理器（Intel 4004——4 位微处理器芯片）以来，微型计算机技术得到了迅猛的发展。20 世纪 70 年代，随着微电子技术的发展和微处理器的普及，电子计算机从过去的庞然大物已经缩小到可置于测量仪器之内，于是出现了以微处理器为核心的智能仪器系统（Intelligent Instruments）。这类仪器既能进行自动测试，又具有一定的数据处理能力，它使测试仪器的功能由单一功能发展到多功能。20 世纪 80 年代，随着计算机技术的飞速发展，测试技术与通用计算机技术的融合产生了一种全新的仪器架构——虚拟仪器（Virtual Instruments），它是传统测试仪器与测试系统观念的一次巨大变革，使测试技术进入了一个发展的新纪元。

在今天，测试系统与计算机系统更是紧密结合，任何一个复杂的测试系统如果离开计算机技术是不可想象的，计算机测试系统的应用无处不在。在工业生产中，应用计算机测试系统可对生产现场的工艺参数进行自动采集、监测和记录，是保障产品质量、降低生产成本的重要手段；在科学研究中，计算机测试系统是探索科学奥秘的有力工具。

尽管计算机测试系统的形式多种多样，但就其本质来说，计算机测试系统的工作过程都是首先接收外部传感器输出的模拟信号并转换为数字信号，然后根据不同的应用需要由计算机进行相应的计算和处理，最后将计算机得到的数据进行显示或输出，以完成对被测对象的测量和控制。因此，数据采集、数据处理和数据表达是任何一个计算机测试系统需要完成的三大基本任务，其中，后两项任务需要测试技术人员根据具体应用对象与实际条件选用合适的设备，而第一项任务则是需要技术人员必须掌握的基本理论与技术。因此，本章首先对其进行重点介绍；然后，将智能仪器作为计算机测试技术的应用对象，介绍计算机测试系统的组成与功能，在此基础上，介绍一种具有数据智能处理功能的传感器——智能传感器；最后，对近年来将计算机测试技术中的数据处理与数据表达两项任务结合得非常完美的新一代计算机测试系统——虚拟仪器进行介绍。

8.1 数据采集技术

数据采集技术是计算机测试系统的核心技术之一，它使计算机系统具有了获取外界物理信号的能力，是完成测试任务的第一步。由于被测物理量一般都是连续模拟信号，而计算机只能对二进制的离散数字信号进行运算和处理，因此，在设计开发一个计算机测试系统时，面临的首要问题是如何将传感器所测量到的连续模拟信号转换为离散的数字信号，而数据采集技术就是把模拟信号转换为数字信号。因此，下面将重点介绍模拟信号的数据采集技术。

8.1.1 模拟信号的数字化处理

1. 模拟信号的数字化

将连续模拟信号转换为离散数字信号的过程称为模拟信号的数字化，该过程包括采样、量化和编码等三个步骤。

（1）采样　采样（又称为抽样）是利用采样脉冲序列 $p(t)$ 从模拟信号 $x(t)$ 中抽取一系列样值使之成为离散信号 $x(n\Delta t)(n=0, 1, 2, \cdots)$ 的过程。Δt 称为采样间隔，$f_s = 1/\Delta t$ 称为采样频率。因此，采样实质上是将模拟信号 $x(t)$ 按一定的时间间隔 Δt 逐点取其瞬时值。连续的模拟信号 $x(t)$ 经采样过程后转换为时间上离散的模拟信号 $x(n\Delta t)$（即幅值仍然是连续的模拟信号），简称为采样信号，它可以描述为采样脉冲序列 $p(t)$ 与模拟信号 $x(t)$ 相乘的结果。

（2）量化　量化又称为幅值量化，将采样信号 $x(n\Delta t)$ 的幅值经过舍入的方法变为只有有限个有效数字的数的过程称为量化。若采样信号 $x(n\Delta t)$ 可能出现的最大值为 A，令其分为 D 个间隔，则每个间隔长度为 $R=A/D$，R 称为量化步长或量化增量。

当采样信号 $x(n\Delta t)$ 落在某一小区间内，经过舍入方法而变为有限值时，则产生量化误差，其最大值应是 $\pm 0.5R$，其均方差与 R 成正比。量化误差的大小取决于计算机采样板的位数，其位数越高，量化增量越小，量化误差也越小。例如，若用 8 位的采样板，8 位二进制数为 $2^8 = 256$，则量化增量为所测信号最大幅值的 $1/256$，最大量化误差为所测信号最大幅值的 $\pm 1/512$。

（3）编码　模拟信号数字化的最后一个步骤是编码。编码是指把量化信号的电平用数字代码来表示，以便于计算机进行处理。编码有多种形式，最常用的是二进制编码。在数据采集中，被采集的模拟信号是有极性的，因此编码也分为单极性编码与双极性编码两大类。在应用时，可根据被采集信号的极性来选择编码形式。

信号在变化的过程中要经过"零"的就是双极性信号，而单极性信号不过"零"。模拟量转换为数字量是有符号的整数，所以双极性信号对应的数值会有负数。对于单极性信号，如 $0 \sim +5\text{V}$，经过 8 位 AD 采集，输出可以单极性编码，其数值范围是 $0 \sim 255$；而对于双极性信号，如 $-5 \sim +5\text{V}$，经过 8 位 AD 采集，输出采用二进制补码形式，其中 8 位二进制的最高位是符号位（1 表示负数，0 表示正数），有效转换数的表示位数是 7 位，即 $2^7 = 128$，所以输出的数值范围是 $-128 \sim +127$。一般常用的采集板卡基本上采用后一种编码方式。

2. 采样定理及频率混淆

在对模拟信号离散化时，采样频率的设置必须遵循采样定理，否则会导致频率混淆，即不能复现原来连续变化的模拟量。

（1）采样定理　采样的基本问题是如何确定合理的采样间隔 Δt 和采样长度 T，以保证采样所得的数字信号能真实地代表原来的连续信号 $x(t)$。一般来说，采样频率 f_s 越高，采样点越密，所获得的数字信号越逼近原信号。但是，当采样长度 T 一定时，f_s 越高，数据量 $N = T/\Delta t$ 越大，所需的计算机存储量和计算量就越大；反之，当采样频率降低到一定程度时，就会丢失或歪曲原来信号的信息。

采样定理给出了带限信号不丢失信息（或能够无失真恢复原来信号）的最低采样频率，即

$$f_s \geqslant 2f_m \tag{8-1}$$

式中，f_m 为原信号中最高频率，若不满足此采样定理，将会产生频率混淆现象。

（2）频率混淆　频率混淆是由于采样频率取值不当而出现高、低频成分发生混淆的一种现象，如图 8-1 所示。图 8-1a 给出的是被测真实信号 $x(t)$ 及其傅里叶变换 $X(\omega)$，其频带范围为 $-\omega_m \sim \omega_m$。图 8-1b 给出的是采样信号 $x_s(t)$ 及其傅里叶变换，它的频谱是一个周期性谱图，周期为 ω_s，且 $\omega_s = 2\pi/\Delta t$。图中表明：当满足采样定理，即 $\omega_s > 2\omega_m$ 时，周期谱图是相互分离的。而图 8-1c 给出的是当不满足采样定理，即 $\omega_s < 2\omega_m$ 时，周

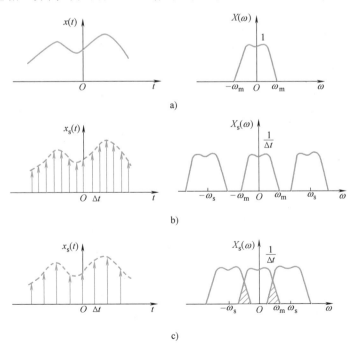

图 8-1　采样信号的混淆现象

期谱图相互重叠，即谱图之间高频与低频部分发生重叠的情况，这使信号复原时产生混淆，即频率混淆现象。

解决频率混淆的办法是：

1）提高采样频率以满足采样定理，一般工程中取 $f_s = (2.56 \sim 4)f_m$。

2）用低通滤波器滤掉不必要的高频成分，以防频率混淆的产生，此时的低通滤波器也称为抗混滤波器。若滤波器的截止频率为 f_c，则 $f_c = f_s/(2.56 \sim 4)$。

8.1.2 数据的采集与保持

在计算机测试系统中，被测物理量经常是几个或几十个，往往需要同时采集多个传感器的信号，为了完成此类任务，多路模拟开关及采样/保持器是数据采集系统中的常用元器件，下面对其进行简要介绍。

1. 多路模拟开关

对于多个传感器的信号采集，为了降低成本和减小体积，往往希望多个输入通道共用一个模-数（A-D）转换器，在计算机的控制下对多路信号分时进行采样。为此，需要有一个多路开关，轮流把各传感器输出的模拟信号切换到 A-D 转换器，这种完成从多路到一路的转换开关，称为多路模拟开关。

多路模拟开关的技术指标是：导通电阻小，断开电阻大。由于多路模拟开关是与模拟信号源相串联的部件，故在理想条件下，要求在开关导通状态的电阻等于零（实际 <100Ω），而在开关处于断开状态时，要求断开电阻为无穷大（一般 $>10^9\Omega$）。其切换速度要与被传输信号的变化率相适应，信号变化率越高，要求多路模拟开关切换速度越高。此外，还要求各输入通道之间有良好的隔离，以免互相串扰。

多路开关有机械触点式开关和半导体集成模拟开关。机械触点式开关中最常用的是干簧继电器，它的导通电阻小，但切换速率慢。集成模拟开关的体积小，切换速率快且无抖动，耗电少，工作可靠，容易控制；缺点是导通电阻较大，输入电压电流容量有限，动态范围小。为了满足不同的需要，现已开发出各种各样的集成模拟开关。按输入信号的连接方式可分为单端输入和差动输入；按信号的传输方向可分为单向开关和双向开关，双向开关可以实现两个方向的信号传输。常用的集成模拟开关有 AD7501、CD4051 和 LF13508 等。

2. 采样/保持器

当模拟信号进入 A-D 转换器进行转换时，由于 A-D 转换器的转换过程需要一定时间，在此期间，如果输入的模拟信号发生变化，将会导致 A-D 转换产生误差，而且信号变化的快慢将影响误差的大小。因此，为了避免在 A-D 转换期间由于信号变化而产生误差，就需要在 A-D 转换器前级设置采样/保持电路（即采样/保持器，简称 S/H）。

采样/保持器（S/H）可以取出输入信号某一瞬间的值并在一定时间内保持不变。采样/保持器有两种工作过程，即采样过程和保持过程。其工作原理如图 8-2 所示，图中 A_1 为由高输入阻抗的场效应晶体管组成的放大器，A_2 为输出缓冲器，A_1 及 A_2 均为理想的同相跟随器，其输入阻抗及输出阻抗均分别趋于无穷大及零。开关 S 是工作过程控制开关。当开关 S 闭合时，输入信号 V_{in} 经放大器 A_1 向保持电容 C_H 快速充电，使充电电压 V_C 能够跟踪输入信号 V_{in} 的变化，此时为采样工作过程；当开关 S 断开时为保持过程，由于放大器的输入阻抗很高，因此在理想情况下，电容器保持充电的最终值。

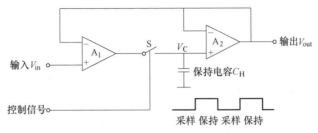

图 8-2 采样/保持器工作原理

采样/保持器实现了对一连续信号 $V_{in}(t)$ 以一定时间间隔快速取其瞬时值。该瞬时值是保持控制指令下达时刻 V_C 对 V_{in} 的最终跟踪值，该瞬时值保存在记忆元件——电容器 C_H 上，供模-数转换器进一步量化。

采样定理指出，当采样频率大于两倍的信号最高频率时，就可用时间离散的采样点恢复原来的连续信号。所以采样/保持器以"快采慢测"的方法可实现对快变信号的有效测量。

目前比较常用的集成采样/保持器如 AD582 等，将采样电路/保持器制作在一个芯片上，保持电容器外接，由设计者选用。电容的大小与采样频率及要求的采样精度有关。一般来讲，采样频率越高，保持电容越小，但此时衰减也越快，精度较低。反之，如果采样频率比较低，但要求精度比较高，则可选用较大电容。

下面通过图 8-3 来说明采样/保持器的主要性能参数，它包括以下几项：

1) 捕捉时间 t_{AC}（Acquisition Time）又称为获取时间，是指采样/保持器接到采样命令时刻起，采样/保持器的输出电压达到当前输入信号的值（允许误差 ±0.1% ~ ±0.01%）所需的时间。它与电容器 C_H 的充电时间常数、放大器的响应时间及保持电压的变化幅度有关，一般在 350ns~15μs 之间。该时间限制了采样频率的提高，而对转换精度无影响。显然，保持电压的变化幅度越大，捕捉时间越长。

2) 孔径时间 t_{AP}（Aperture Time）又称为孔径延时，是从发出保持命令到保持开关真正断开所需要的时间。保持电容只有在 t_{AP} 时间后才开始起保持作用，因此这一延时会产生一个与被采样信号的变化有关的误差。

3) 孔径抖动 t_{AJ}（Aperture Jitter）又称为孔径不确定性（度），是孔径时间的变化范围。通常 t_{AJ} 是 t_{AP} 的 10% ~ 50%。孔径时间所产生的误差可通过保持指令提前下达得以消除，但孔径抖动 t_{AJ} 的影响无法消除。

4) 保持建立时间 t_{HS}（Hold Mode Settling Time）指在 t_{AP} 之后，S/H 的输出按一定的误差带（如 ±0.1% ~ ±0.01%）达到稳定的时间。采样/保持器进入保持状态后，需要经过保持建立时间 t_{HS}，输出才能达到稳定，因此转换时间早于 t_{HS} 会产生误差。

5) 衰减率（Droop Rate）反映采样/保持器输出值在保持时间内下降的速率。其原因是电容器 C_H 本身漏电以及等效并联阻抗并非无穷大，使得电容器 C_H 慢速放电，引起保持电压的下降。衰减率反映了采样/保持器的输出值在保持期间内的变化。

A-D 转换器仅对采样/保持器所保持的稳定值进行量化，忽略了保持时间内输入信号的实际变化。因此，如果输入信号变化较快，信号采样间隔应该小（采样率高），但 A-D 转换器的工作性质决定了信号采样间隔至少要包含采样/保持器的孔径时间和保持建立时间，可以用一个保持时间来综合表示，即 $t_H = t_{AP} + t_{HS}$。

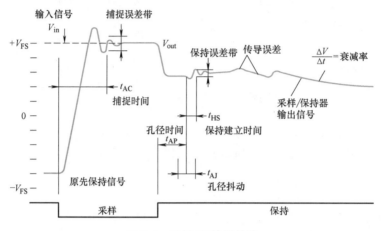

图 8-3　采样/保持器性能

8.1.3　A-D 转换器类型及性能指标

A-D 转换器根据其工作原理可分为逐次逼近式、积分式、并行式等类型。逐次逼近式 A-D 转换器的转换时间与转换精度比较适中，转换时间一般在微秒级，转换精度一般在 0.1% 上下，适用于一般场合。积分式 A-D 转换器的核心部件是积分器，因此转换速度较慢，其转换时间一般在毫秒级或更长，但抗干扰性能强，转换精度可达 0.01% 或更高，适用于在数字电压表类的仪器中采用。并行式 A-D 转换器又称为闪烁式 A-D 转换器，由于采用并行比较，因而转换速率可以达到很高，其转换时间可达纳秒级，但抗干扰性能较差，由于工艺限制，其分辨率一般不高，这类 A-D 转换器可用于数字示波器等要求转换速度较快的仪器中。

A-D 转换器的主要性能指标有：

（1）分辨率与量化误差　分辨率是衡量 A-D 转换器分辨输入模拟量最小变化程度的技术指标。A-D 转换器的分辨率取决于 A-D 转换器的位数，习惯上以输出二进制数或 BCD 码数的位数来表示。例如，如果 A-D 转换器的位数为 12 位，最高 1 位表示符号位，其余 11 位表示有效转换数，即用 $2^{12-1} = 2048$ 对输入模拟信号进行量化，其分辨率为 1LSB（最低有效位数）。若最大允许输入电压为 ±5V，则可计算出它能分辨输入模拟电压的最小变化为 $5/2^{12-1}V = 2.4mV$，此处分辨率（也称为量化阶）1LSB = 2.4mV。量化误差是由于 A-D 转换器有限字长数字量对输入模拟量进行离散取样（量化）而引起的误差，其大小为半个单位分辨率（LSB/2），所以，提高分辨率可以减小量化误差。

（2）转换精度　转换精度反映了实际 A-D 转换器与理想 A-D 转换器在量化值上的差

值，用绝对误差或相对误差来表示。由于理想 A-D 转换器也存在着量化误差，因此实际 A-D 转换器转换精度所对应的误差指标是不包括量化误差在内的。转换精度指标有时以综合误差指标的表达方式给出，有时又以分项误差指标的表达方式给出。通常给出的分项误差指标有偏移误差、满刻度误差、非线性误差和微分非线性误差等。非线性误差和微分非线性误差在使用中很难进行调整。

（3）转换速率　转换速率是指 A-D 转换器在每秒钟内所能完成的转换次数。这个指标也可表述为转换时间，即 A-D 转换从启动到结束所需的时间，两者互为倒数。例如，某 A-D 转换器的转换速率为 1MHz，则其转换时间是 1 μs。

（4）满刻度范围　满刻度范围是指 A-D 转换器所允许输入电压范围，如 ±2.5V、±5V等。

（5）其他参数　如对电源电压变化的抑制比（PSRR）、零点和增益温度系数、输入电阻等。

A-D 转换器除了以上主要特性外，作为测量系统中的一个环节，它也有测量环节的基本特性（静态特性、动态特性）相对应的技术指标。

A-D 转换器主要是根据其分辨率、转换时间、转换精度、接口方式和成本等因素来选择。一般位数越高，测量误差越小，转换精度越高，但是价格也越高。目前常用的 A-D 转换器多为 8 位、10 位、12 位和 16 位。24 位的 Sigma-Delta 型 A-D 转换器因其具有极高的分辨率和转换精度而在低速数据采集系统中获得了越来越广泛的应用。

8.1.4　A-D 通道方案的确定

在计算机测试中，经常需要采集多个模拟信号，而且采集要求不尽相同。例如：对于慢变量模拟信号，往往采用顺序扫描采集就可以满足测量要求；如果模拟信号之间存在严格的相位关系时，就必须进行同步采集。因此，测量系统的数据输入通道方案多种多样，应该根据被测对象的具体情况来确定。

1. 输入信号变化率对 A-D 通道选择的限制

（1）没有采样/保持器的 A-D 通道　对于直流或低频信号，通常可以不用采样/保持器，直接用 A-D 转换器采样。

考虑到在 A-D 转换器的转换时间 t_{CONV} 内，输入信号最大变化量不超过量化误差（LSB/2），则应满足

$$\frac{\mathrm{d}U}{\mathrm{d}t}\bigg|_{\text{max}} = \frac{1}{2} \cdot \frac{M}{2^{n-1}t_{\text{CONV}}} = \frac{M}{2^n}f_{\text{s}} \qquad (8-2)$$

式中，M 为 A-D 转换器的满量程电压；n 为 A-D 转换器的位数；f_{s} 为 A-D 转换频率。

例 8-1　若设 $M = \pm 5\text{V}$，$n = 12$，$t_{\text{CONV}} = 0.1\text{s}$。请计算 A-D 转换器允许的模拟输入信号电压最大变化率是多少？

解：由式（8-2）可知，模拟输入信号电压最大变化率为

$$\frac{\mathrm{d}U}{\mathrm{d}t}\bigg|_{\text{max}} = \frac{5\text{V}}{2^{12} \times 0.1\text{s}} \approx 0.01\text{V/s}$$

因此，当实际输入信号的变化率小于 0.01V/s 时，可以不用采样/保持器。

（2）带采样/保持器的 A-D 转换通道 当模拟输入信号变化率较大时，需要使用采样/保持器来稳定所要采集时刻的信号值，以便 A-D 转换器正确采集。这时模拟输入信号的最大变化率上限取决于采样/保持器的孔径时间的不稳定，即孔径抖动 t_{AJ}。类似地，可以给出输入信号最大变化率不超过量化误差所满足的关系，即

$$\left.\frac{\mathrm{d}U}{\mathrm{d}t}\right|_{\max}=\frac{1}{2}\cdot\frac{M}{2^{n-1}t_{AJ}}=\frac{M}{2^{n}t_{AJ}} \tag{8-3}$$

2. 带采样/保持器的 A-D 通道形式

（1）多通道共享采样/保持器与 A-D 转换器 图 8-4 所示为多通道共享采样/保持器与 A-D 转换器的系统框图。该系统采用分时转换工作方式，为了满足多路分时传送，输入通道中必须配置多路开关。模拟开关在计算机控制下，分时选通各个通路信号，在某一时刻，多路开关只能选择其中某一路，把它接入到采样/保持器和 A-D 转换器，经过 A-D 转换器转换后送计算机处理。这种结构形式简单，所用芯片数少，适用于信号变化速率不高，对采样信号不要求同步的场合。如果信号变化速率慢，也可以不用采样/保持器。如果信号比较弱，混入的干扰信号比较大，为了使传感器的输出变成适合计算机测试系统的标准输入信号，并有效地抑制串模和共模以及高频干扰，一般需要有信号放大电路和低通滤波器。由于各路信号

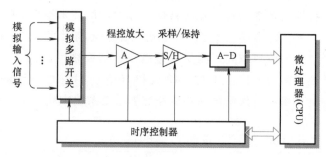

图 8-4 多通道共享采样/保持器与 A-D 转换器的系统框图

的幅值可能有很大差异，常在系统中放置程控放大器，使加到 A-D 输入端的模拟电压信号幅值处于 $M/2\sim M$ 范围，以便充分利用 A-D 转换器的满量程分辨率。

在使用采样/保持器的数据采集系统中，每路信号的吞吐时间（即 A-D 进行一次转换，从模拟信号的加入到有效数据的全部输出所经历的传输时间）t_{TH}，等于采样/保持器的捕捉时间 t_{AC}、保持建立时间 t_{HS}、A-D 转换时间 t_{CONV} 与输出时间 t_{OUT} 四者之和，即

$$t_{TH}=t_{AC}+t_{HS}+t_{CONV}+t_{OUT} \tag{8-4}$$

如果系统对 N 路信号进行等速率采样，且模拟开关切换时间 $t_{MUX}\leqslant t_{HS}+t_{CONV}$，$t_{MUX}$ 可忽略不计时，则任一通道相邻两次采样时间间隔至少为 t_{TH}，故每个通道的吞吐率为

$$f_{TH}\leqslant\frac{1}{N(t_{AC}+t_{HS}+t_{CONV}+t_{OUT})} \tag{8-5}$$

由采样定理可知，信号带宽应满足

$$f_{\max}\leqslant\frac{1}{2}f_{TH} \tag{8-6}$$

这时，由于采样/保持器的孔径时间远远小于吞吐时间，孔径误差已不再构成对信号上限频率的限制，而是吞吐时间限制了信号上限频率。

通常 A-D 转换时间 t_{CONV} 比采样/保持器的孔径时间 t_{AP} 大，更比孔径抖动 t_{AJ} 大得多，

在不使用采样/保持器的情况下，为了保证转换误差不大于量化误差，则 A-D 转换器可以直接转换的输入信号的频率是很低的。因此，对较高频率的输入信号进行模-数转换时，通常在 A-D 转换器前都要加采样/保持器。

（2）多通道共享 A-D 转换器　图 8-5 所示为多通道共享 A-D 转换器的系统框图。这种系统的每一模拟信号在通道上都有一个采样/保持器，且由同一状态指令控制，这样，系统可以在同一个指令控制下对各路信号同时进行采样，得到各路信号在同一时刻的瞬时值。然后经模拟多路开关分时切换输入到 A-D 转换器的输入端，分别进行 A-D 转换和输入计算机。这种系统可以用来研究多路信号之间的相位关系或信号间的函数图形等，在高频系统或瞬态过程测量系统中特别有用，适用于振动分析、机械故障诊断等数据采集。例如，为了测量三相瞬时功率，数据采集系统必须对同一时刻的三相电压、电流进行采样，然后进行计算。系统所用的采样/保持器，既需要有短的捕捉时间，又要有很小的衰减率。前者保证记录瞬态信号的准确性，后者决定通道的数目。

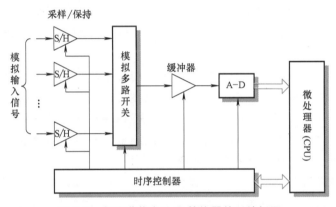

图 8-5　多通道共享 A-D 转换器的系统框图

（3）多通道并行 A-D 转换　图 8-6 所示为多通道并行 A-D 转换器的系统框图。该类型系统的每个通道中都有各自的采样/保持器和 A-D 转换器，各个通道的信号可以独立进行采样和 A-D 转换，转换的数据可经过接口电路直接送到计算机中。由于不用模拟多路开关，故可避免模拟多路开关所引起的静态和动态误差，数据采集速度快，但是系统的成本较高。这种形式常用于高速系统和高频信号采集系统。

在进行多路输入通道结构设计时，应根据被测信号的特性以及对

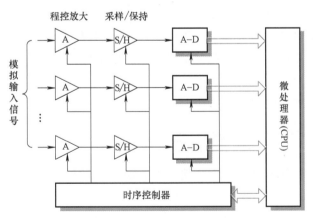

图 8-6　多通道并行 A-D 转换器的系统框图

测量精度、分辨率、速度、通道数、工作环境、成本等方面的要求，选择合适的输入通道方案，使之在满足系统性能指标的同时，又能节约成本。

8.2 智能仪器

智能仪器是计算机技术与测量仪器相结合的产物，是内嵌微计算机或微处理器的测量仪器，它具有对数据的存储、运算、逻辑判断及自动化操作等功能。

近年来，由于微处理器架构的不断改进和性能的大幅提升，使其数据处理能力有了极大的改善，使得智能仪器可以执行更为复杂的测试任务和算法分析。例如，将动态信号分析技术引入智能仪器之中，可以构成智能化的机器故障诊断仪等。智能仪器已开始从较为成熟的数据处理向知识处理方向发展（如模糊判断、故障诊断、容错技术、信息融合等），使智能仪器的功能提升到一个更高的层次。

智能仪器具有以下特点：

（1）测量自动化　智能仪器运用微处理器的控制功能，可以方便地实现量程自动转换、自动调零、触发电平自动调整、自动校准和自诊断等功能，极大地提高了仪器的测量精度和自动化水平。

（2）很强的数据处理能力　智能仪器由于采用了单片机或微处理器，使得许多原来用硬件逻辑难以解决或根本无法解决的问题，现在可以用软件非常灵活地加以解决，极大地改善了仪器的性能。例如，传统的数字多用表（DMM）只能测量电阻和交直流电压、电流等，而智能型的数字多用表不仅能进行上述测量，而且能对测量结果进行诸如平均值、极值统计分析以及更加复杂的数据处理。

（3）友好的人机交互方式　智能仪器使用键盘代替传统仪器中的切换开关，操作人员只需通过键盘输入命令，就能实现某种测量功能。与此同时，智能仪器还可通过显示屏将仪器的运行情况、工作状态以及对测量数据的处理结果及时告诉操作人员，使仪器的操作更加方便直观。智能仪器广泛使用键盘，使面板的布局与仪器功能部件的安排可以完全独立地进行，明显改善了仪器前面板及有关功能部件结构的设计。这样既有利于提高仪器技术指标，又方便了仪器的操作。

（4）具有远程控制功能　智能仪器一般都配有 GPIB、RS232C、RS485 等标准的通信接口，可以很方便地与 PC 和其他仪器一起组成多种功能的自动远程测量系统，来完成更为复杂的测试任务。

8.2.1 智能仪器的硬件结构

智能仪器系统的硬件主要包括微型计算机系统、信号输入/输出单元、人机交互设备、远程通信接口等，其通用结构框图如图 8-7 所示。

1. 微型计算机系统

微型计算机系统是整个智能仪器系统的核心，对整个系统起着监督、管理、控制作用。例如，进行复杂的信号处理、控制决策、产生特殊的测试信号、控制整个测试过程等。此外，利用微型计算机强大的信息处理能力和高速运算能力，实现命令识别、逻辑

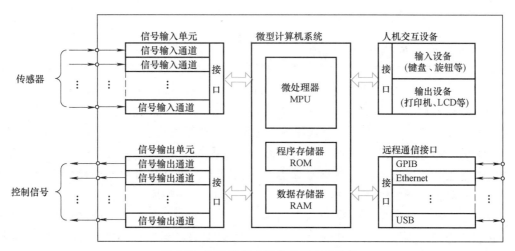

图 8-7　智能仪器系统的典型硬件结构

判断、非线性误差修正、系统动态特性的自校正、系统自学习、自适应、自诊断、自组织等功能。智能仪器的微型计算机系统可以是单片机，也可以是完整的计算机系统，它主要由微处理器（MPU）、程序存储器（ROM）、数据存储器（RAM）和 I/O 接口电路组成。

2. 信号输入单元

用于与传感器、测试元件、变换器连接。被测参数由数据采集子系统收集、整理后，传送到微型计算机子系统处理。信号输入电路主要实现测量信号的调理和数字化转换。它主要由信号调理、A-D 转换器等电路组成，并通过接口电路与微型计算机系统连接。

3. 信号输出单元

通过输出各种所需的模拟信号和数字信号，实现对被测控对象、被测试组件、信号发生器，甚至于系统本身和测试操作过程的自动控制。信号输出通道主要由时序控制器、数-模转换器（D-A）、信号功率匹配、阻抗匹配、电平转换和信号隔离等电路组成。

4. 人机交互设备

人机接口电路主要完成操作者与仪器之间的信息交流，实现输入或修改系统参数、改变系统工作状态、输出测试结果、动态显示测控过程等多种形式的人机交互功能。根据信息的传输方向，可将人机交互设备分为输入设备和输出设备。智能仪器中典型的输入设备有：键盘、旋钮、鼠标等，主要完成系统参数和操作命令的输入；而典型的输出设备则包括指示灯、数码管、液晶显示器、微型打印机等，主要完成数据显示和打印输出等功能。人机交互设备可以通过微处理器的专用接口电路连接，如扫描键盘接口和液晶显示器接口等。

5. 远程通信接口

标准通信接口用于实现智能仪器与其他仪器仪表和测试系统的通信与互联，以便根据应用对象灵活构建不同规模、不同用途的微型计算机测控系统，如分布式测控系统、集散测控系统等。智能仪器通过标准测控总线接收计算机的程控命令，并将测量数据上传给计算机，以便进行数据分析和处理。目前常用的仪器通信接口有 GPIB、Ethernet、

USB、RS232C、CAN 总线接口等。

8.2.2 智能仪器的软件功能

测试和控制软件是实现仪器功能及其智能化的关键。智能仪器的软件需要完成人机交互、信号输入通道控制、数据采集、数据存储、数据分析、数据显示、数据通信和系统管理等一系列工作。因此，整个软件系统包括若干功能模块，常用的功能模块如下：

（1）自检模块　完成对硬件系统的检查，发现存在的故障，避免系统"带病运行"。该模块通常包括程序存储器、数据存储器、输入通道、输出通道和外部设备等模块功能的自检。故障自诊断是提高系统可靠性和可维护性的重要手段之一。自检模块通常在系统上电时首先执行，即在主程序的前端调用一次自检模块，以确认系统启动时是否处于正常状态。为了发现系统运行中出现的故障，可以在时钟模块的配合下进行定时自检，即每隔一段时间调用一次自检模块。也可以采用手动方式进行系统自检。

（2）初始化模块　完成系统硬件的初始设置和软件系统中各个变量默认值的设置。该模块通常包括外围芯片、片内特殊功能寄存器（如定时器和中断控制寄存器等）、堆栈指针、全局变量、全局标志、系统时钟和数据缓冲区等的初始化设置。该模块为系统建立一个稳定和可预知的初始状态，任何系统在进入工作状态之前都必须执行该模块。

（3）时钟模块　完成时钟系统的设置和运行，为系统其他模块提供时间数据。系统时钟的实现方法有两种：一种是采用时钟芯片来实现（硬件时钟）；另一种是采用定时器来实现（软件时钟）。时钟系统的主要指标是最小时间分辨率和最大计时范围。时钟模块主要用于数据采样周期定时、控制周期定时、参数巡回显示周期定时等。

（4）监控模块　监控程序的主要作用是及时响应来自系统或外部的各种服务请求，有效地管理系统软硬件资源，并在系统一旦发生故障时，能及时发现和做出相应的处理。监控程序常常通过获取键盘信息，解释并执行仪器命令，完成仪器功能、操作方式与工作参数的输入和存储。

（5）人机交互模块　利用人机交互设备（如仪器面板的键盘、旋钮和显示器等）完成仪器当前的工作状态及测量数据处理结果的显示。

（6）数据采集模块　它是智能仪器系统的核心功能模块之一，主要完成各种传感器信号和各种开关量信号的获取。数据采集模块的设计与信息采集的方式有关。数据采集通常是由定时中断或外部异步事件（如信号的上升沿和下降沿等）来触发的。

（7）数据处理模块　按预定的算法将采集到的信息进行加工处理，得到所需的结果。该模块设计的核心问题是数据类型和算法的选择。数据处理模块一般是在数据采集模块之后执行的。该模块由于常常涉及比较复杂的算法，占用 CPU 的时间较长，因此通常安排在主程序之中运行，数据采集模块可通过软件标志来通知数据处理模块。

（8）控制决策模块　根据数据处理的结果和系统的状态，决定系统应该采取的运行策略。该模块的设计与控制决策算法有关，通常包含人工智能算法。控制决策模块通常安排在数据处理模块之后执行。

（9）信号输出模块　根据控制决策模块的结果，输出对应的模拟信号和数字信号，对控制对象进行操作，使其按预定要求运行。

（10）通信模块　完成不同设备之间的信息传输和交换，该模块设计中的核心问题是通信协议的制定。它接收并分析来自通信接口总线的各种有关功能、操作方式与工作参数的程控操作码，并通过通信接口输出仪器的现行工作状态及测量数据的处理结果，以响应计算机的远程控制命令。通信模块一般包含接收程序和发送程序两部分。由于接收程序处于被动工作方式，故一般安排在通信中断子程序之中，而发送程序的设计与所采取的通信方式有关。

（11）其他模块　完成某个特定系统所特有的功能，如电源管理和程序升级管理等。

从功能结构来看，智能仪器系统软件开发的过程就是合理地完成上述功能规划和各个功能模块的实现过程。因为每个功能模块的实现都在一定程度上与硬件电路有关，因此，功能模块的设计方式不是唯一的，对应不同的硬件设计可以有不同的考虑。

8.2.3　智能仪器的自动测量功能

智能仪器利用微处理器丰富的硬件资源和软件的灵活性，可以实现稳定、可靠、高精度的自动测量，这是仪器智能化的一个重要特征。目前，在智能仪器中常见的自动测量功能有量程自动转换、非线性自动校正、零位误差与增益误差的自动校正，以及温度误差的自动补偿等。

1. 量程自动转换

量程自动转换是通用智能仪器的基本功能。量程自动转换电路能根据被测量的大小自动选择合适的量程，以保证测量具有足够的分辨力和精度。

当被测信号变化范围很大时，为了保证测量精度，需要设置多个量程。由于智能仪器中的 A-D 部件要求一个固定的输入信号范围（如 $0 \sim 5V$），这就需要将各种幅值的输入信号统一调整到这个范围之内。实现这种调整的电路就是量程转换电路，它由衰减器和放大器两部分组成（图 8-8）。当输入信号

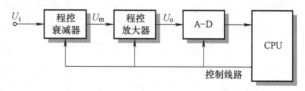

图 8-8　量程自动转换电路示意图

U_i 较大时，衰减器按已知比例进行衰减，使衰减后的信号 U_m 在安全范围之内，这时放大器的放大倍数很小，使放大器的输出电压 U_o 落在 A-D 转换器要求的范围之内。当输入信号 U_i 较小时，衰减器不进行衰减（直通状态），U_m 经过放大器放大后的输出信号 U_o 在 A-D 转换器要求的范围之内。量程转换的过程就是根据输入信号的大小，合理确定衰减器的衰减系数和放大器的放大倍数，使 A-D 转换器得到尽可能大而又不超出其输入范围的信号 U_o。

量程自动转换程序流程图如图 8-9 所示。在量程转换过程中需要插入延时环节，使测量信号稳定。量程自动转换必须满足快速、稳定和安全的要求。

2. 零位误差与增益误差的自动校正

由于传感器和电子线路中的各种元器件受其他不稳定因素的影响，不可避免地存在

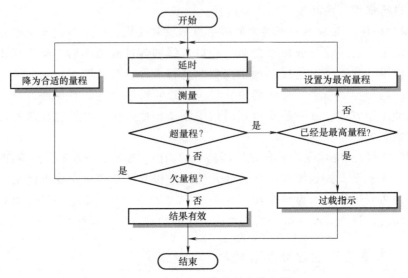

图 8-9　量程自动转换程序流程图

着温度和时间漂移，这会给仪器引入零位误差和增益误差，严重影响测量的准确性。

在传统仪器中，为了保证测试精度，必须选用高精度、高稳定性的元器件，增加了制造成本。即使如此，为了消除零点偏移和增益偏移的影响，还需设置调零电路和增益调整电路，以便在使用前由人工进行校正，确保测试结果的可靠性。智能仪器允许各个元器件有误差和参数偏移，只要求系统误差是可测试或可预知的，它就可以利用强大的数据处理能力，通过软件校正的方法来自动校正，保证测试精度，从而不必采用高精度、高稳定性的元器件，取消了各种人工校正部件，降低了系统制造成本。

智能仪表进行零位校正时，需中断正常的测量过程，将输入端短路。如果存在零位误差，则输出不为零；可根据整个仪器的增益，将输出值折算成输入通道的零位值储存于内存单元；正常测量时，从采样值中减去零位值即可消除零位误差。而增益误差是通过定时测量基准参数的方法来校正的。校正的基本思想是仪器开机后或每隔一定时间测量一次基准参数，建立误差校正模型，确定并储存校正模型参数，根据测量值和校正模型求出校正值，从而消除误差。校正后，测量系统的误差仅与标准参量有关，可大大降低对测量系统元器件的稳定度方面的要求。

3. 非线性自动校正

多数传感器和电路元件都存在非线性问题，当输出信号与被测参量之间非线性比较明显时，就需要进行校正。当测量系统输出量与输入量之间函数关系已知时，传统方法是利用校正电路解决；但由于绝大多数测量系统输出特性无法准确描述，用硬件电路加以校正就极其困难。而智能仪器利用软件的优势可以很容易地解决非线性校正问题。常用的方法有查表法和插值法两种。当系统的输入输出特性函数表达式可以准确知道时，可以用查表法；对于非线性程度严重或测量范围较宽的情况，可以采用分段插值的方法校正；当要求的校正精度较高时，也可采用曲线拟合的方法。

4. 温度误差的自动补偿

传感器和电子器件都极易受温度的影响，智能仪器出现以前，电子仪器的温度补偿都是采用硬件方法，线路复杂，成本高；由于智能仪器中计算机具有强大的软件功能，使温度误差的补偿变得比较容易。一般在仪器中安装测温元件如热敏电阻或 AD590 等测量温度，通过理论分析或实验的方法建立仪器温度误差的数学模型，并采用相应的算法求出校正方程和校正值，即可实现自动温度补偿。

8.2.4 智能传感器

智能传感器就是面向特定传感器，可以对其原始数据进行加工处理的智能仪器。因此，智能传感器可以视为智能仪器的一个典型应用。

智能传感器具有传感、采集、处理、交换信息的能力，是与微处理器深入融合的传感器系统，其典型结构如图 8-10 所示。

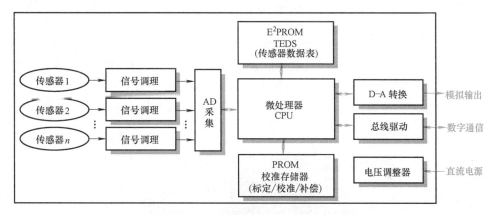

图 8-10　智能传感器的典型结构

从功能和结构上看，智能传感器主要分四大模块：①传感器模块。可以有多个传感器，所以可检测多个物理量，得到多个模拟信号，能够给出全面反映测点状态的多种信息，经过集成与融合，能完善地、精确地反映被测对象的特征。②处理模块。通过编程，完成信号采集，对原始数据进行加工处理，对传感系统进行智能管理，实现传感器品质的提升，也是区别于一般传感器的重要标志。例如，在智能压力传感器中，采集被测压力信号，环境温度信号和环境压力信号，读取校准存储器的信息，并根据实测的环境温度和环境压力数据来对被测压力参数进行变换修正等处理，从而得到准确的压力测量值。③接口模块。主要实现传感器的结果输出以及与外部进行信息交换功能。④电源模块。提供整个智能传感器的电源，满足上述不同模块的不同电源要求，另外进行安全方面的保护。从智能传感器的模块与功能来看，其中有相当一部分功能是属于一个智能仪器所应具有的功能，仅仅扩充了传感功能，也就是说"仪器"和"传感器"的界限已不明显。

智能传感器沿着以下三条途径发展：①模块式智能传感器。由许多互相独立的模块组成一种初级的智能传感器（图 8-11），其集成度低、体积大，比较实用，是一种最经济、最快速建立智能传感器的途径。②混合式智能传感器。它是将传感器模块、处理模块、接口模块和电源模块制作在不同的芯片上，以不同的组合方式集成在电路板上，装在一个外壳里，由此便构成了混合式智能传感器，它作为智能传感器的主要种类而广泛应用。③集成式智能传感器。采用微机械加工技术和大规模集成电路工艺技术，利用硅作为基本材料来制作敏感元件、信号调理电路以及微处理器单元等，并把它们集成在一块芯片上构成智能传感器，实现了微型化、一体化，从而提高了精度、稳定性和可靠性。

智能传感器已广泛应用于航天、航空、国防、科技和工农业生产等各个领域中。

例如，汽车的胎压不足而造成爆胎引起交通事故的比例很高，占高速公路交通事故的46%，在欧盟及美国，实施强制胎压监测，即安装轮胎压力监测系统

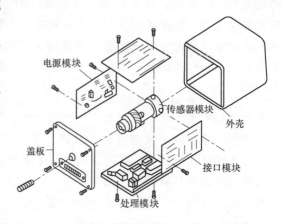

图 8-11　模块式智能传感器结构

（TPMS），其中核心部件就是胎压智能传感器，图 8-12a 是一款智能胎压传感器，它安装在每个汽车轮胎轮圈上，自动采集、处理和发送汽车轮胎压力和温度数据；图 8-12b 是一款三轴过载加速度传感器，它可自动测量和处理三轴过载线性加速度值，以多种方式输出结果。

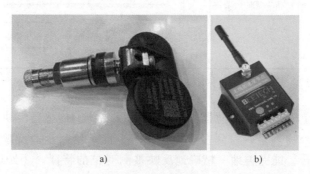

a)　　　　　　　　　　b)

图 8-12　智能传感器

a）智能胎压传感器　b）三轴过载加速度传感器

8.3　虚拟仪器

8.3.1　虚拟仪器的概念

随着现代微电子技术、计算机技术、软件技术、网络技术的发展及其在测试仪器上的应用，20 世纪 80 年代中期，美国国家仪器公司提出了一种突破传统仪器思维的新概念，即虚拟仪器（Virtual Instrumentation，VI），从而建立了仪器系统发展的一个新的里程碑。虚拟仪器是指以通用计算机为核心，通过扩展专用的仪器硬件模块和开发用户自定义的测试软件而构建的一种计算机仪器系统。虚拟仪器利用通用计算机的图形用户界面

模拟传统仪器的控制面板，利用计算机强大的软件功能实现数据的运算、处理和表达，使用户操作这台通用计算机就像操作一台传统电子仪器一样。

虚拟仪器通过软件将计算机强大的计算处理能力、人机交互能力和仪器硬件的测量、控制能力融为一体，形成了鲜明的技术特点：虚拟仪器的各种测试和人机交互功能均可以由用户自行开发定制，打破了仪器功能只能由厂家定义，用户无法改变的模式；仪器硬件的模块化设计，使得仪器系统易于集成和扩展，大大缩短了研发周期；具有灵活的测试过程控制和强大的数据处理能力，易于实现测试的智能化和自动化；与传统仪器系统相比，虚拟仪器技术与计算机技术的发展同步，具有显著的性能、体积和价格优势。

虚拟仪器适用于一切需要计算机辅助进行数据存储、数据处理、数据传输的测试系统应用，除了可以实现示波器、逻辑分析仪、频谱仪、信号发生器等传统仪器的功能外，更适合构建各种专用的测试系统，如工业生产线的自动测试系统、机器状态监测系统、汽车发动机参数测试系统等。目前，虚拟仪器的产品种类从数据采集、信号调理、噪声和振动测量、仪器控制、分布式 I/O 到 CAN 接口等工业通信，应有尽有。虚拟仪器强大的功能和价格优势，使得它在科学研究、工业自动化、国防、航天航空等众多领域具有极为广阔的应用前景。

8.3.2 虚拟仪器的体系结构

虚拟仪器由仪器硬件平台和应用软件两大部分构成。

1. 虚拟仪器硬件平台

虚拟仪器硬件平台包括计算机系统和专用仪器硬件。通用计算机可以是任何类型的计算机系统，如台式计算机、便携式计算机、工作站、嵌入式计算机、工控机等。计算机用于管理虚拟仪器的硬软件资源，是虚拟仪器的硬件基础和核心。专用仪器硬件的主要功能是获取真实世界中的被测信号，完成信号调理和数据采集。计算机系统通过测控总线实现对仪器硬件模块的扩展，因此测控总线（或扩展总线）决定了虚拟仪器的结构形式。如图 8-13 所示，目前虚拟仪器主要有 PC-DAQ、GPIB、VXI、PXI 和 LXI 等五大体系结构。

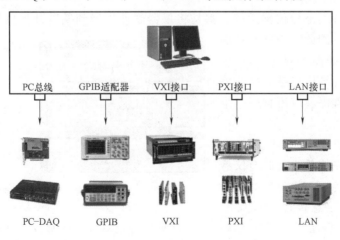

图 8-13 虚拟仪器硬件结构

（1）PC-DAQ 仪器系统　PC-DAQ（Data AcQuisition）仪器系统是以微型计算机为平台，在通用的计算机总线（USB、PCI 等）上扩展数据采集卡而构建的虚拟仪器。PC-DAQ 仪器系统具有性价比高、通用性强等优点，是一种低成本的虚拟仪器系统，它可满足一般科学研究与工程领域测试任务要求。

（2）GPIB 仪器系统　GPIB（General Purpose Interface Bus）是由美国 HP 公司于 1972 年提出的一种标准仪器接口系统。GPIB 总线是一种并行方式的外总线，数据传输速率一般为 250~500KB/s，最多可挂接 15 台仪器。目前各大仪器公司生产的各种中高端台式仪器中几乎都装备有 GPIB 接口。

（3）VXI 仪器系统　VXI（VMEBus eXtensions for Instrumentation）总线是为了适应测量仪器从分立的台式和机架式结构发展为更紧凑的模块式结构的需要而诞生的（1987 年）测控总线。VXI 总线背板的数据传输速率最高可达 320MB/s。VXI 总线所增加的时钟线、触发线、本地总线、同步信号线、星形触发线等专用仪器资源，为高速度、高精度仪器系统的实现提供了强大的支持。由于 VXI 仪器具有极佳的系统性能和高可靠性与稳定性，因此，主要应用于工业自动化、航空航天、国防等需要高可靠性和稳定性的关键任务。

（4）PXI 仪器系统　PXI（PCI eXtensions for Instrumentation）是 1997 年 NI 公司推出的一种全新的开放式、模块化仪器总线规范。PXI 基于 CompactPCI 规范，增加了触发总线、局部总线、系统时钟和高精度的星形触发线等仪器专用资源，定义了较完善的软件规范，保持了与工业 PC 软件标准的兼容性。这些优点使得 PXI 系统体积小、可靠性高、易于集成，适合于数据采集、工业自动化、军用测试、科学实验等多种应用领域，填补了低价位 PC 系统与高价位 GPIB 和 VXI 系统之间的空白。

（5）LXI 仪器系统　LXI（LAN eXtensions for Instrumentation）是安捷伦科技公司和 VXI Technology 公司于 2004 年为自动测试系统推出的一种基于 LAN 的模块化测试平台标准，其目的是充分利用当今测量技术的最新成果和 PC 的标准 I/O 能力，组建一个灵活、可靠、高效、模块化的测试平台。LXI 不受带宽、软件或计算机背板结构的限制，利用以太网日益增长的吞吐量，为构建下一代自动测试系统提供了理想的解决方案。LXI 既适用于小型测试系统，又可用于规模庞大的复杂测试系统，因此具有广阔的发展前景和竞争潜力。

2. 虚拟仪器应用软件

无论上述哪一类虚拟仪器系统，都是将仪器硬件扩展到某种计算机平台上，再加上应用软件构成的，因此应用软件是虚拟仪器的关键。如图 8-14 所示，虚拟仪器系统的软件结构包括 I/O 通信程序、仪器驱动程序和应用程序三个层次。

（1）I/O 通信程序　I/O 通信程序是计算机通过测控总线完成与仪器间的命令与数据传送，并为仪器与仪器驱动程序提供信息传递的底层软

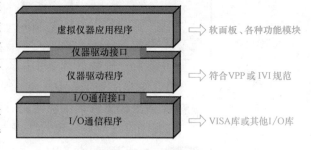

图 8-14　虚拟仪器软件结构

件。I/O 通信程序驻留于计算机系统中，是计算机与仪器之间的软件层连接，用以实现对仪器的程控。随着仪器类型的增加和测试系统复杂性的提高，使用统一的 I/O 函数实现

对各类程控仪器的编程变得十分重要。VISA（Virtual Instrumentation Software Architecture）规范的出现正是适应了这种需求，通过调用统一的 VISA 库函数，就可以编写控制各种 I/O 接口仪器的通信程序。

（2）仪器驱动程序　仪器驱动程序也称为仪器驱动器（Instrument Driver），负责处理与某一专门仪器通信和控制的具体过程，它是连接上层应用程序与底层 I/O 接口软件的纽带和桥梁。一方面，它通过调用 I/O 软件层所提供的标准函数库实现仪器的操作和控制；另一方面，通过封装复杂的仪器编程细节，为仪器的开发和使用提供了简单的函数接口。在仪器驱动程序的开发方面已形成了 IVI（Interchangeable Virtual Instruments）等国际规范，这使得各个厂商能遵循统一的标准来开发驱动程序。

（3）应用程序　应用程序建立在仪器驱动程序之上，面向操作用户，通过提供友好、直观的测控操作界面，丰富的数据分析与处理功能，来完成自动测试任务。虚拟仪器的应用程序是一系列按功能分组的软面板，每块软面板又由一些按键、旋钮、表头等图形化控件组合而成，每个图形化控件对应不同的人机交互功能。通过操作软面板将相应的仪器控制指令传递到下层的仪器驱动程序，仪器驱动程序再调用底层的 I/O 通信程序完成特定的数据采集和测量任务。测量结果将通过仪器驱动程序提交给虚拟仪器的应用层程序进行数据分析和处理，其处理结果返回给仪器面板进行显示，从而实现虚拟仪器系统的数据采集、数据分析和数据表达基本功能。

8.3.3　虚拟仪器软件的开发环境

虚拟仪器软件开发环境是构建虚拟仪器系统的有效工具。目前，可供选择的软件开发环境主要有两类：

（1）基于传统的文本语言开发平台　主要有：NI 公司的 LabWindows/CVI，Microsoft 公司的 Visual C++、Visual Basic，Borland 公司的 Delphi 等。

（2）基于图形化编程环境的平台　如 NI 公司的 LabVIEW 和 Agilent 公司的 VEE 等。

由于图形化编程语言直观易学，因而得到广泛采用。下面主要介绍 LabVIEW（Laboratory Virtual Instrument Engineering Workbench）开发软件。它采用了工程师所熟悉的术语、图标等图形化符号来代替常规基于文本方式的程序语言，把复杂繁琐、费时的语言编程简化为简单、直观、易学的图形编程，与传统的程序语言相比，可以节省约 80% 的程序开发时间。LabVIEW 包含多种仪器驱动程序、数据分析算法和图形化仪器控件及工具，使其不仅能轻松方便地完成与 PC-DAQ、GPIB、VXI、PXI 等各种体系结构虚拟仪器硬件的连接，支持常用网络协议，还能提供强大的数据处理能力和形象直观的人机表达。LabVIEW 为虚拟仪器设计者提供了一个便捷、轻松的设计环境。设计者利用它可以像搭积木一样，轻松组建一个测量系统和构造自己的仪器面板，而无须进行繁琐的计算机代码编写工作。

LabVIEW 的基本程序单元是 VI（Virtual Instrument）。它可以通过图形编程的方法建立一系列的 VI，来完成指定的测试任务。对于简单的测试任务，可由一个 VI 完成。对于一项复杂的测试任务，则可按照模块化设计的方法，将测试任务分解为一系列的任务，每一项任务还可以分解成多项子任务，直至把一项复杂的测试任务变成一系列的子任务，最后建成的顶层虚拟仪器就成为一个包括所有子功能的虚拟仪器的集合。LabVIEW 可以让用户把自己创建的 VI 程序当作一个 VI 子程序节点，以创建更加复杂的程序，且这种调用是无限制的，LabVIEW 中的每一个 VI 相当于常规程序中的一个程序模块。

LabVIEW 中的每一个 VI 均有两个工作界面：一个称为前面板（Front Panel），另一个称为框图程序（Block Diagram）。

前面板是进行测试工作时的人机交互界面，即仪器面板。通过控件（Control）模板，可以选择多种输入控制部件和指示器部件来构成前面板，其中控制部件用来接收输入数据以控制 VI 程序的执行，指示器部件则用于显示 VI 的各种输出数据和信息。LabVIEW 前面板及其控件模板如图 8-15 所示。当构建一个虚拟仪器前面板时，只需从控件模板中选取所需的控制部件和指示部件（包括数字显示、表头、LED、图标、温度计等），其中控制部件还需要输入或修改数值。当 VI 全部设计完成之后，就能使用前面板，通过单击一个开关、移动一个滑动旋钮，或从键盘输入一个数据来控制系统。前面板直观形象，感觉如同操作传统仪器面板一样。

框图程序是使用图形编程语言编写程序的界面，用户可以根据所制定的测试方案，在函数（Functions）模板的选项中选择不同的图形化节点（Node），然后用连线的方法把这些节点连接起来，即可以构成所需要的框图程序。LabVIEW 框图程序及其函数模板如图 8-16 所示。Functions 模板包含若干个模板，每个模板又含有多个选项。这里的 Functions 选项不仅包含一般语言的基本要素，还包括大量与文件输入输出、数据采集、GPIB 及串口控制有关的专用程序块。图 8-15 表示从 Instrument I/O →GPIB 子模板中，选取了 VISA Write 功能模块。

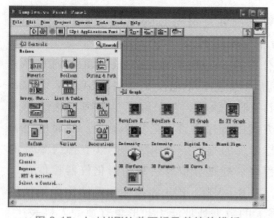

图 8-15　LabVIEW 前面板及其控件模板

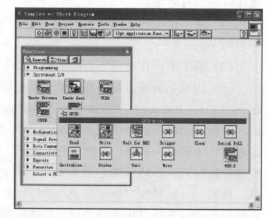

图 8-16　LabVIEW 框图程序及其函数模板

节点类似于文本语言程序的语句、函数或者子程序。LabVIEW 共有四种节点类型：结构、功能函数、子程序和代码接口节点（CINS）。结构节点用于控制程序的执行方式，如 For 循环控制、While 循环控制等；功能函数节点用于进行一些基本操作，如数值相加、字符串格式代码等；子程序节点是以前创建的程序，然后在其他程序中以子程序方式调用；代码接口节点提供了框图程序与 C 语言文本程序的接口。

在虚拟仪器的面板中，当把一个控制器或指示器放置在面板上时，LabVIEW 也在虚拟仪器的框图程序中放置了一个相对应的端子。面板中的控制器模拟了仪器的输入装置并把数据提供给虚拟仪器的框图程序，而指示器则模拟了仪器的输出装置并显示由框图程序获得和产生的数据。

使用传统的程序语言开发仪器存在许多困难。开发者不但要关心程序流程方面的问题，还必须考虑用户界面、数据同步、数据表达等复杂的问题。在 LabVIEW 中一旦程序开发完成，就可以通过前面板控制并观察测试过程。LabVIEW 还给出了多种调试方法，从而将系统的开发与运行环境有机地统一起来。

为了便于开发，LabVIEW 还提供了多种基本的 VI 库。其中包含 450 种以上的 40 多个厂家控制的仪器驱动程序库，而且仪器驱动程序的数目还在不断增长。这些仪器包括 GPIB 仪器、RS232 仪器、VXI 仪器和数据采集板等，可任意调用仪器驱动器图形组成的框图，以选择任何厂家的任一仪器。LabVIEW 还具有进行数学运算及分析的模块库，包括了 400 多种诸如信号发生、信号处理、数组和矩阵运算、线性估计、复数算法、数字滤波、曲线拟合等功能模块，可以满足从统计过程控制到数据信号处理等方面的各项工作，从而最大限度地减少软件开发工作量。

8.3.4　虚拟仪器设计举例

本节通过两个简单的示例来进一步说明虚拟仪器的设计方法。

例 8-2　设计一个具有报警功能的模拟温度监测虚拟仪器。

温度监测虚拟仪器前面板如图 8-17 所示，其设计过程如下：先用 File 菜单的 New 选项打开一个新的前面板窗口，然后从 Numeric 子模板中选择 Thermometer 指示部件放到前面板窗口；使用标签工具重新设定温度计的标尺范围为 $0 \sim 50.0\,^{\circ}\mathrm{C}$；再按同样方式放置两只旋钮用来设置上限值和下限值，并分别在文本框中输入"Low Limit"和"High Limit"；最后再放置指示部件 Over Limit。当前图中前面板指示的实测温度为 $36\,^{\circ}\mathrm{C}$，超过了 High Limit 旋钮设置的 $30\,^{\circ}\mathrm{C}$，所以指示部件 Over Limit 指示内容为"Over Temp"。

温度监测虚拟仪器框图程序如图 8-18 所示。该框图程序设计过程如下：先从 Windows 菜单下选择 Show Diagram 功能打开框图程序窗口，然后从 Functions 功能模板中选择本程序所需要的对象。本程序只有一个功能函数节点，即使用 Functions → Programming → Comparison →In Range and Coerce 函数检查温度值是否在 High Limit 和 Low Limit 之间，如果超出所设定的温度范围，则布尔型指示控件 Over Limit 的值为"真"，显示字符"Over Temp"。图中的连线表示各功能框之间的输入输出关系以及数据的流动路径。

例 8-3　设计一个能采集并显示模拟信号波形的虚拟仪器。

波形采集与显示前面板如图 8-19 所示。图中放置了一个标注为 Waveform 的波形图表（Waveform Chart），它的标尺经过重新定度，device 用于指定 DAQ 卡的设备编号，channel 用于指定模拟输入通道，number of sample 用于定义采样点数，sample rate 用于定义采样率。其框图程序如图 8-20 所示，数据采集是通过调用 LabVIEW 函数模板中的 Data Acquisition →Analog Input →AI Acquire Waveform. vi 实现的。

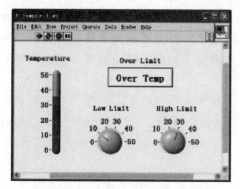

图 8-17 温度监测虚拟仪器前面板

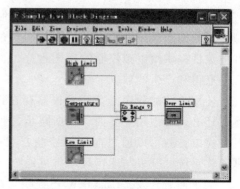

图 8-18 温度监测虚拟仪器框图程序

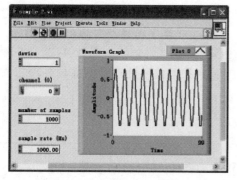

图 8-19 波形采集与显示前面板

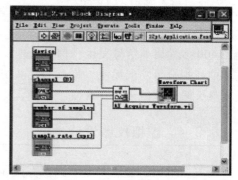

图 8-20 波形采集与显示框图程序

8.4 计算机测试系统设计举例

例 8-4 试设计一个基于 8031 单片机的计算机测试系统。该系统可用于过程控制和工业设备中对温度、压力等参数的实时采集，也可作为智能仪表或集散型测控系统的子系统。系统的性能指标如下：

1）温度测量范围：0~120℃，超范围时声光报警。

2）温度检测分辨率：0.5℃。

3）压力测量范围：$0~3.92×10^5$Pa，超范围时声光报警。

4）压力检测分辨率：$±1.96×10^3$Pa。

5）用 9 位 LED 显示测量值，其中 4 位显示温度值（3 位整数、1 位小数），1 位显示温度代号 T，1 位显示压力代号 P，3 位显示压力值。

6）可实现 4 路温度、4 路压力检测，每 5s 检测一次。

1. 硬件电路设计

（1）信号输入通道 由于所测温度和压力都很低，可选用热敏电阻和电阻应变片做传感器，但需配置信号放大器并设定满量程温度为 125℃，满量程压力为 $4.90×10^5$Pa。如选用 8 位 A-D 转换器，在满量程范围内，温度分辨率为 0.49℃，压力分辨率为 $1.92×10^3$Pa，因此既满足了系统所要求的测温与测压技术要求，又有利于降低硬件的成本和超限的监视。

根据系统巡回采样周期的要求（每隔 5s 巡检一次），选用逐次逼近型 A-D 转换器，其转换时间一般为几十微秒。由于温度和压力是慢变量信号，因此无须采样/保持电路。选用 8 路模拟开关做巡回采样开关，开关的切换速率要大于 A-D 转换速率，以便 8 路输入信号共用一个 A-D 转换器。

（2）测量结果的显示　根据系统要求，选用 LED 构成 4 路温度、压力的显示装置，8个物理量超限共用一个声光报警，以提醒操作人员注意，至于哪一个物理量超限则用指示灯和 LED 显示。声光报警通道中，由于每一个通道只需一个状态就可实现一路报警，所以用一个 8 位数字锁存器即可满足需要。

（3）系统控制器　采用低成本的 8031 单片机，由于 8031 内部没有存储器资源，必须在外部扩展程序存储器和数据存储器。为提高单片机处理数据的能力，测试系统的巡回检测任务由单片机定时到中断触发工作，单片机内的定时/计数器通道参数设置为 5s。图 8-21 所示为单片机温度、压力测试系统电路框图。

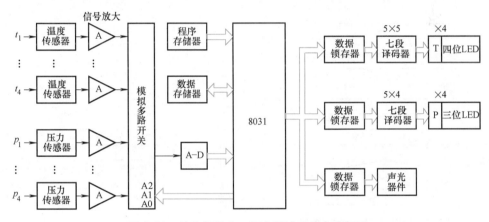

图 8-21　单片机温度、压力测试系统电路框图

2. 系统软件设计

由于采样周期很长，为简化程序，采取待 8 个通道数据全部采样结束后，再对各通道数字量进行标度变换并送显示。由于软件中的标度变换是量纲变换，如满量程时 12 位 AD 输出的十六进制 FF 分别对应的温度值和压力值为 125℃ 和 $4.90 \times 10^5\,\mathrm{Pa}$，所以，必须通过软件将实测的数字量变换为对应的温度值和压力值，即分别进行以下运算

$$t_x = \frac{125}{4095} x_n$$

$$p_x = \frac{4.90 \times 10^5}{4095} x_n$$

式中，x_n 为实测的数字量（经 A-D 转换后用十进制表示的数字量）；t_x、p_x 分别为相应的温度值和压力值（十进制数）。

为了提高抗干扰能力，将采样值经中值滤波后再进行相应的变换与显示。因此该系统的软件包含以下程序：

（1）主程序　完成初始化任务（包括对 8031 单片机初始化和设置存储采样数据的存储区指针以及设置存储中值滤波结果的存储区指针）和报警、显示等任务。

（2）中断服务程序　包含定时中断服务程序和 A-D 转换结束中断服务程序。每隔 5s，定时器触发执行定时中断服务程序，完成设置"定时到"标志后返回，主程序必须在检测到"定时到"标志后方能继续执行下面的程序。同样，主程序必须在检测到 A-D 转换结束中断服务程序所设置的 A-D 转换结束标志后，才能读取 A-D 采样值。

（3）子程序　包括标度变换子程序、将十进制数转换为 BCD 码的子程序、中值滤波子程序等。

图 8-22a、b、c 分别为主程序、定时到中断服务程序和 A-D 转换结束中断服务程序的流程图。

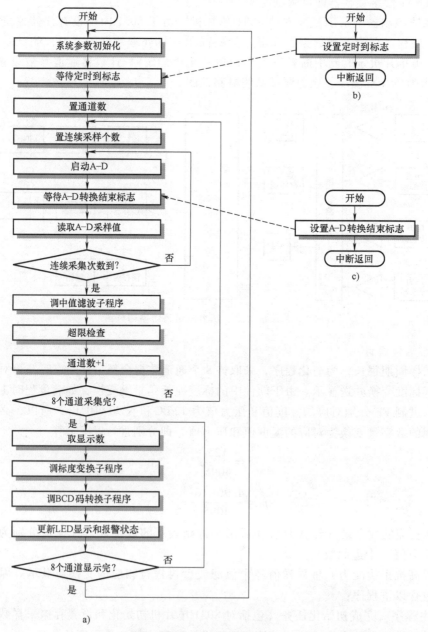

图 8-22　程序流程图

思考题与习题

8-1 计算机测试系统需要完成的三大任务是什么？

8-2 计算机测试系统的主要功能是什么？

8-3 请说明频率混淆的原因以及如何解决该问题。

8-4 在设计计算机测试系统时，选择模拟多路开关要考虑的主要因素是什么？

8-5 测量信号输入 A-D 转换器前是否一定要加采样/保持电路？为什么？

8-6 在选择采样/保持器时，要考虑的主要因素是什么？

8-7 一个计算机测试系统的测试对象是温室大棚的温度和湿度，要求测量精度分别是 +1℃和 +3%RH，每 10min 采集一次数据，应选择何种类型的 A-D 转换器和通道方案？

8-8 对于没有采样/保持器的 A-D 通道，模拟输入信号的最大变化率受什么限制？

8-9 一个带有采样/保持器的数据采集系统是否其采样频率可以不受限制？为什么？

8-10 什么是智能仪器？它有什么特点？

8-11 什么是智能传感器？它有什么特点？

8-12 智能仪器有哪些基本组成部分？主要包含哪些功能模块？

8-13 智能仪器有哪些常用的自动测量功能？

8-14 什么是虚拟仪器？虚拟仪器有什么特点？

8-15 虚拟仪器主要有哪几种硬件体系结构？

8-16 请说明虚拟仪器的软件结构。

8-17 试用 LabVIEW 设计一个频谱分析仪。

9

测试系统设计

测试系统是围绕着获取某一物理对象的某些属性或参数为目的，将不同的传感、变换、处理等单元按照一定的顺序连接组成的系统。前面几章已经分别介绍了机械测试信号分析、测量系统的基本特性、参数式传感器及其应用、发电式传感器及其应用，还单独介绍了光电检测技术、无损检测技术及计算机测试系统，本章将从系统角度，介绍整个测试系统设计的基本原则、测试系统设计的精度设计、信号的放大与滤波环节设计及测试系统的抗干扰设计等问题，为测试技术的实际应用奠定基础。

9.1 测试系统设计的基本原则

由于实际应用中，被测量的测点多少不同、被测量的精度要求不同、被测量的需求也存在差异，因此测试系统的组成形式多种多样。例如：对于蔬菜大棚温度的测量和监测，需要测量的温度点少，温度变化缓慢，对测量精度的要求也不高，但对温度测量系统的经济性要求高，因此可采用基于单片机的测量系统进行测量和监测；相反，对于工业生产中多达上百个点的温度测量和监测，就可采用以计算机为主的集中式温度测量监测系统。因此，根据不同的需求，可以设计不同的测试系统，本节介绍常见的测试系统基本架构及其设计基本原则。

9.1.1 测试系统基本架构

测试系统的组成或基本架构在第 1 章已经进行了初步介绍，下面再对其特点进行简要归纳。

机械工程中测试系统总体上可分为两类，即自动控制中的测试系统和状态检测中的测试系统。自动控制中的测试系统不但要完成测试任务还要对对象的状态进行调控，一般是闭环系统；状态检测中的测试系统只完成测试任务，因此是一种开环系统。由于测试目的和任务不同，两种测试系统在体系架构和组成结构上也不同。

1. 自动控制中的测试系统结构

闭环控制中的测试系统首先通过传感器、信号调理、信号处理与分析等环节得到测量结果，然后由控制电路或计算机进行判断，最后由控制器按照一定的策略和方法通过执行机构对被测对象进行状态调节，使其运行于预期的状态。

这类测试系统除了要求一定的精度外，最重要的一个特性就是要求测试系统应有快速检测的能力，此外，不仅需要关注测试系统的幅频特性，而且需要关注其相频特性。

2. 状态检测中的测试系统结构

状态检测中的测试系统将测量结果以人体感官可以感知的形式进行显示输出。操作者根据输出量的变化进行判断，进而实施过程或状态的调整，使其运行于预期的状态。一般状态检测中的测试系统在组成上包括了传感器、信号调理、信号处理、显示与记录四个环节。当希望测试的信号没有直接反映在可检测信号中时，需要采用激励被测对象的方法，使其产生既能充分表征测试信息又便于检测的信号。

随着计算机技术的迅速发展，许多状态检测中的测试系统均借助计算机的强大功能组成不同类型的计算机测试系统，近年来随着网络技术的快速发展，又形成了功能更强大的网络化测试系统。

（1）基于计算机的测试系统　计算机测试系统是以计算机为基础的测试系统，其测试过程为：传感器将被测量转换为电量，经过信号调理后，接口电路将其转换为数字量输入计算机，由计算机对信号进行处理和分析，进而计算出结果，显示或打印结果或输出控制信息。计算机测试系统从功能上划分为三个部分：数据采集、数据分析、数据显示。在许多计算机测试系统中，数据分析和显示由通用计算机完成，只要增加恰当的数据采集系统就可组成测试系统。

基于计算机的测试系统分为三种类型。

第一种是计算机插卡式测试系统，即在计算机的扩展槽（通常是 PCI、ISA 等总线槽，也可以是便携式计算机专用的 PCMCIA 插槽）中插入信号调理、模拟信号采集、数字输入输出、DSP 等测试分析板卡，构成通用或专用的测试系统。

第二种是由仪器前端与计算机组合的测试系统。仪器前端一般由信号调理、模拟信号采集、数字输入输出、数字信号处理、测试控制等模块组成。这些模块一般通过 VXI、PXI 等仪器总线构成独立机箱，并通过以太网接口、1394 接口、并行接口等通信接口与计算机相连，构成通用的计算机测试系统。

第三种是由各种独立的可编程仪器与计算机连接所组成的测试系统。这类测试系统与前两种最大的区别在于程控仪器本身可以独立，脱离计算机运行，完成一定的测量任务。

计算机测试系统的特点是以计算机为核心，所有测试、计算、显示、存储等操作均由计算机控制自动完成。计算机测试系统的另外一个特点是仪器与仪器之间，或仪器与计算机之间的接口标准化、通用化，方便了计算机测试系统间的互联。

（2）基于微处理器的智能仪器测试系统　以单片机或专用芯片为核心组成的单片机系统。这类测试系统容易做成便携式，其组成主要包括了信号输入通道（信号调理电路、

A-D 转换）、输出通道（IEEE488、RS232 等各种接口、D-A 转换、开关量输出等）、处理器部分、输入键盘和输出显示等。该类测试系统集成了 CPU、存储器、定时器、计数器、并行和串行接口、前置放大器、A-D、D-A 等于一体。它在数字化的基础上利用微处理器进行测量过程管理和数据处理，使仪器具有了数据采集、运算、逻辑判断、存储能力，并能根据被测参数的变化进行自动量程选择、系统自动校准、自动补偿、自动诊断、超限报警、人机交互、结果显示以及与 PC 或其他仪器进行连接的功能，即这种含有微处理器的测量仪器已经具备了一定的智能。

智能仪器测量过程由软件控制，可靠性强、灵活性强。在对测量数据处理方面，智能仪器可自动完成对信号的数字滤波、随机误差与系统误差的消除以及非线性校准等处理，测试精度高。

（3）虚拟仪器测试系统　虚拟仪器是计算机与测试技术结合的产物，是计算机测试系统的最新发展。只要提供一定的采集硬件，就可与各类计算机组成测试仪器，即虚拟仪器。在虚拟仪器中尽管只有一个共同的采集硬件，只要运行相关不同的应用软件，就可得到实现不同功能的虚拟仪器。

虚拟仪器的特点主要表现在：硬件软件化、软件模块化、模块空间化、系统集成化、程序设计图形化、硬件接口标准化。虚拟仪器强调了软件的作用，所以软件是虚拟仪器的核心。另外虚拟仪器也强调了通用的硬件平台，提高了硬件的利用率，降低了用户的测试成本。虚拟仪器是开放的测试系统，用户可以自己定义测试仪器的功能，加快了测试仪器的更新换代。虚拟仪器采用标准化接口实现了仪器间的互联和重构，提高了测试系统的通用性。

（4）网络化测试系统　网络化测试系统是测试系统与计算机网络结合的产物。网络技术的融入，消除了空间距离和时间差，提高了测试系统数据信息的共享范围和程度，实现了基于网络的远距离测试和信息共享，为测试技术的发展注入了新的活力。网络化测试系统除了以计算机网络进行传输和通信外，与基于计算机的测试系统相比，在组成环节上完全一致，也包括了传感器、信号调理、信号处理、显示与记录环节。由于基于网络进行数据传输、通信和管理方式上的差异，形成了两种不同的体系结构，即客户端/服务器结构（Client/Server, C/S）和浏览器/服务器结构（Browse/Server, B/S）。

首先，这两种结构在数据处理任务的分配上存在差异。客户端/服务器结构分为客户机与服务器两层，客户机具有一定的数据处理能力和数据存储能力，通过把应用软件的数据和计算合理地分配给客户机和服务器，有效地降低网络通信量和服务器运算量，减轻了服务器的运算压力；浏览器/服务器结构的应用软件的数据处理和显示等任务完全在应用服务器端实现，用户操作完全在 Web 服务器实现，客户端只需要浏览器即可得到测试的信息和数据，浏览器只完成查询、输入等功能，绝大部分功能在服务器上实现，对服务器的要求较高。

其次，这两种结构在数据处理上存在差异，它们对客户机及服务器性能的要求以及维护工作也不同。相对来说，B/S 结构的客户机只要能上网，有浏览器即可以访问服务器的应用软件。当测试系统处理软件出现问题或者升级时，也只需维护服务器端软件即可；而 C/S 结构的测试系统由于客户机与服务器都有处理任务，对客户机和服务器的要求都较高，两者都有应用软件，且不同的操作系统需要对应不同的软件版本，软件的维护难度大。

早期的网络化测试系统基本上采用的是 C/S 体系结构，C/S 体系结构的监测系统尽管满足了数据的传输、通信和管理，但不能满足数据、信息的跨平台共享测试需求，信息共享终端必须事先安装终端用户程序。近年来发展的 B/S 结构监测系统，通过建立 Web 服务器将测试数据和信息进行发布，具有一定权限的用户，在任何地点、任何时间都可通过计算机网络访问 Web 服务器的页面，即可获得测试系统的数据和信息，实现了信息的跨平台共享。

网络化测试系统通常采用分布式结构存储测试信息和数据，具有存储量大的特点，适合于对众多运行设备上大量物理量的测试。

9.1.2 测试系统设计的基本原则及步骤

测试系统的设计必须遵循以下基本原则：

1) 测试系统应具有良好的特性，能够满足各种静态、动态性能指标。
2) 测试系统应具有良好的可靠性与足够的抗干扰能力。
3) 测试系统应尽可能满足通用化、标准化等要求。
4) 测试系统应具有较高的性能价格比。
5) 测试系统的组建容易、结构简单、便于维护。

测试系统设计中需要考虑的因素多、设计的环节多，各个因素或环节之间常存在相互影响，因此测试系统的设计须按照一定的步骤进行。测试系统设计的一般步骤如下：

1. 明确测试系统设计任务

测试系统设计时，首先要明确测试任务和要求。测试任务和要求具体包括了需要测试的物理量、测试要达到的目的和用途、测试物理量的测试范围、要达到的测量精度以及测试环境等。以上这些内容是测试系统设计的依据。测试任务和要求不同直接决定了测试系统各个环节的选择和设计、测试系统的性能和经济性等。

例如：不同的测量精度要求，对系统各个环节的选择和设计不同；要求对被测物理量进行在线监测或离线测量的差异，直接影响测试系统总体结构的差异；测试环境的差异会影响各测试环节器件的选择和设计，高温环境下测量与常温环境下测量的传感器型号就不同；对于处于运动状态的对象进行测量与处于静止状态的对象进行测量时所选择的传感器和测量方式也会明显不同。显然，只有仔细分析测试系统的任务，才能根据任务来设计测试系统。

2. 测试系统总体方案设计

总体方案设计，也称为概要设计，是根据测试任务和要求，对于测试系统结构、实现方案的设计，也是测试系统总的设计方案。具体来说，总体方案设计首先根据测试任务和要求确定测试系统的架构，进而确定测试系统模块，包括传感模块、隔离模块、调理模块、处理模块、数据库模块、显示模块等。

一般来讲，总体方案可能有若干种，在对各个方案的优缺点进行详细分析对比后，最后给出适宜的测试系统模块结构和总体框图。

3. 测试系统的详细设计

测试系统的详细设计是根据测试系统的总体设计方案，进行各个环节的细节设计。详细设计包括测试系统的测量精度设计、测量方法的选择、传感器的确定、信号调理系统的确定、测试系统的软件设计等。本节将对上述步骤进行简要介绍，下面几节将分别对测试系统的精度设计、信号调理、抗干扰设计等几个关键技术进行详细介绍。

（1）测量精度设计　测量精度设计是测量系统设计中首要考虑的问题。一般来讲，精度越高，成本越大，因此，测量精度的设计不应该追求过高的精度而增加不必要的成本，而应根据测试任务对精度的不同要求设计整个系统，后面将详细叙述。

（2）测量方法的选择　测量方法是指接触式测量或非接触式测量、在线测量或离线测量等的选择。具体选择应根据测试任务对测试精度与测试成本的要求，以及测试对象、测试条件等因素选择。

接触式测量往往具有测量方法简单、信噪比大的特点。但在机械系统中，运动部件的被测参数（如回转轴的振动、扭力矩）往往采用非接触测量方式，这是因为对运动部件的接触式测量，有许多实际困难，诸如测量头的磨损、接触状态的变动、信号获取困难等问题，均不易妥善解决，也易造成测量误差。这种情况下采用电容式、电涡流式等非接触传感器很方便。此外，当传感器自重较重，而被测系统较轻时，接触式测量会影响被测系统的特性，造成测量误差，这种情况下，采用非接触式测量较好。

在线测量是与实际情况更趋于一致的测量方法。特别是在自动化过程中，对测试和控制系统往往要求进行实时反馈，这就必须在现场条件下实时连续进行测量。但是在线测量往往对测量系统有一定的特殊要求，如对环境的适应能力和高可靠性、稳定性等，如果条件不能满足时就必须采取离线测量。另外，相对于离线测量来讲，在线测量对测量仪器性能要求比较高，系统也比较复杂。因此，对于不需要实时测量数据的场合，可以采取离线测量。

（3）传感器的确定　传感器或转换器是整个测量系统的首要环节，如果选取不当，则可能导致干扰信号窜入系统并被放大，这在一定程度上会大大增加后续系统的设计难度，因此，它的正确选取至关重要，将直接影响着后续测量系统的设计和整个测量系统的测量精度。传感器的选择应根据上述测量方法的选定首先确定相应的传感器类型，然后根据测量系统的精度要求选择不同型号的传感器。

1）不同型号的传感器尽管在测量原理上相同，但在安装方式、量程、测量精度、频带范围等方面有明显的差异。选用的传感器应有足够大的量程和足够宽的工作频带，满足动态测试的要求，保证测试系统能准确地再现被测信号。

2）要考虑选用传感器对环境、温度、湿度等因素的要求。通过应用现场分析，确定选用的传感器适用于应用现场的环境、温度和湿度。

3）有些类型的传感器有多种不同的输出方式。可以电压输出、也可以电流输出，在选用传感器时也应根据测试系统的总体设计，选用合适的、便于后续处理的输出方式。

（4）信号调理系统的确定　调理系统包括了信号的转换、放大和滤波。调理电路应与传感器相匹配，即不同的传感器对应于不同的后续放大器以及后续调理装置。例如，电感式传感器一般配接交流放大器，压电传感器一般配接电荷放大器等。也就是说，实际测量系统必须依据传感器输出信号的特征、大小等选择适宜的调理装置。

（5）测试系统的软件设计　前面几个步骤实际上属于测试系统的硬件设计。在机械工程测试领域，为了实现测试系统的自动化、智能化，采用计算机采集系统或虚拟仪器系统是必需的。对于这些系统，除了硬件设计之外，测试系统还应该包括软件设计步骤，也就是说，需要开展与计算机的操作系统相关的工程应用软件的编制。这些软件设计除了应考虑实现测试系统功能外，还应考虑系统的实时性、稳定性、可靠性和人机界面的友好程度。软件设计中的几个关键问题如下：

1）模块化编程思想。随着软件规模的不断增大，软件开发的可靠性非常重要。软件的可靠性直接影响测试系统的使用性能。模块化的编程思想是提高软件可靠性的重要手段，因此测试软件的设计和编写一般采用模块化设计方法。软件设计过程依据软件工程中的程序设计方法和流程进行。定义测试软件中的各个变量，形成数据字典。分析测试系统的各个功能，设计测试系统的数据流图。从顶层开始规划测试软件系统各个模块，定义各个模块的输入和输出，按照模块化的原则进行程序设计。

2）人机接口的设计。测试软件主要完成对被测量的获取、计算、显示、存储等任务。首先测试软件要实现测试系统的所有功能，此外还要考虑各项功能实现的质量和性能，如各功能实现的准确性和及时性，有干扰情况下各功能实现的稳定性、容错性和可靠性，测试结果显示画面是否清楚准确，符合人的视觉习惯。

3）以数据库为中心的测试数据管理。测试数据存储是测试系统的重要组成部分。对于以微处理器为核心的测试系统，一般采用将测试数据保存在测试系统的掉电存储芯片上。可随时通过串口或 USB 接口将数据传输到计算机上。

随着计算机测试技术的发展，测试的物理量越来越多，测试数据向大数据化发展。相应的测试数据更多地采用数据库进行存储和管理。数据库也成了网络化测试系统的中心。因此，数据库软件的设计也是测试系统软件设计的重要组成部分。数据库软件包括数据存储的数据写入软件、数据库查询检索的数据库访问软件、数据库管理软件等。

目前对常用的数据库如 SQL Server 等的访问均采用了结构化的数据库访问语言 SQL 进行访问。不同的软件开发环境，实现数据库访问的方式存在一定的差异，但原理上对数据的操作是类似的。

4. 测试系统的性能评定

当完成了测试系统所有环节选型购置或电路板卡研制后，就需要对设计和研制的测试系统功能和性能指标进行测试和评估。测试系统的功能测试评估就是通过测试系统的试运行，测试和评估对被测量的感知、采集、传输、放大、滤波、转换、整形、通信、存储、报警、显示、记录等功能的实现情况。测试系统的性能指标总体上包括了硬件部分的性能指标和软件系统的性能指标。测试评估需要采用高精度的仪器对测试系统的量程、准确度、重复性、迟滞性、过载能力、存储能力、网络响应、温度漂移、时间漂移、零点漂移等静态特性以及动态特性进行测试和评估。对上述性能指标的校准和检定可参照传统仪器的校准和检定方法进行。

9.2 测试系统的精度设计

精度是测试系统最重要的性能指标。为了使设计的测试系统能达到要求的测试精度，系统设计过程中必须通过对测试系统中各个环节的精度控制来保证。如第3章所述，精度一般是通过误差来度量的，因此测量系统的精度设计也就是测量系统的误差分配与合成。

测量误差可以分为静态误差与动态误差，由于静态误差主要与测试仪器特性紧密相关，而动态误差与被测信号的频率结构紧密相关。因此，本节的精度设计主要介绍测试系统的静态精度设计。

9.2.1 测试系统的误差传递

测试系统一般由传感器、变换器、放大器、滤波器等组成，可将其抽象为如图9-1所示的系统。

图 9-1　测试系统示意图

在完成了测试系统各个环节的选型或设计后，通过查阅说明书或进行实验标定，可得到测试系统各个环节的静态特性。静态特性包括了各个组成环节的灵敏度、非线性度、回程误差、重复性、零漂、稳定性等。各个环节的测试精度有几种不同的表示方法。①当用测量误差表征时，根据其精度等级和满量程可确定出最大可能的误差；②当用不确定度（测量结果不能肯定的程度）表示时，可以直接得到可能的测量误差范围；③在未规定精度等级指数的情况下，精度通常可近似表示为非线性度、迟滞误差和重复性等误差之和。

确定了各个环节的精度或误差之后，根据测试系统各环节之间的传递关系逐级计算确定测试误差。对于直接测量量来说，这一测试误差就是最终的测量误差。对于间接测量量来说，在其相关的直接测量量误差已经确定的情况下，其测试误差是相关的直接测量量误差的合成，合成方法简述如下。

假设最终测量结果（或称为间接测量量）满足函数关系式 $y=f(x_1, x_2, \cdots, x_m)$，这里 m 个环节的直接测量量 $x_i(i=1, 2, \cdots, m)$ 的测量误差为 $\Delta x_i(i=1, 2, \cdots, m)$，由此引起的最终测量结果的测量误差为 Δy。根据已有的函数关系，有下面的关系式

$$y+\Delta y=f(x_1+\Delta x_1, x_2+\Delta x_2, \cdots, x_m+\Delta x_m) \tag{9-1}$$

将上式按泰勒级数展开，略去高阶小量可得

$$\Delta y=\frac{\partial f}{\partial x_1}\Delta x_1+\frac{\partial f}{\partial x_2}\Delta x_2+\cdots+\frac{\partial f}{\partial x_m}\Delta x_m=\sum_{i=1}^{m}\frac{\partial f}{\partial x_i}\Delta x_i \tag{9-2}$$

式中，$\dfrac{\partial f}{\partial x_i}$ 为误差传递系数。为了避免偏导数取负值时的误差抵消，误差计算时采用绝对

值和的形式，即 $\Delta y = \sum\limits_{i=1}^{m} \left| \dfrac{\partial f}{\partial x_i} \Delta x_i \right|$。当直接测量量的数量多于 3 时，按照上述公式计算

的间接测量量误差会偏大，因为每个直接测量量误差都选取了最大值，没有考虑各直接
测量量之间的抵偿情况，因此，实际中常采用平方和算术根的方法进行估计，即

$$\Delta y = \sqrt{\sum_{i=1}^{m} \left(\frac{\partial f}{\partial x_i} \right)^2 \Delta x_i^2} \tag{9-3}$$

若已知各个环节直接测量量的标准偏差（或者不确定度）σ_{x_i}，则间接测量量用标准
偏差（或者不确定度）σ_y 表示的误差传递公式的一般表达式为

$$\sigma_y^2 = \left(\frac{\partial f}{\partial x_1} \right)^2 \sigma_{x_1}^2 + \left(\frac{\partial f}{\partial x_2} \right)^2 \sigma_{x_2}^2 + \cdots + \left(\frac{\partial f}{\partial x_m} \right)^2 \sigma_{x_m}^2 \tag{9-4}$$

$$\sigma_y = \sqrt{\left(\frac{\partial f}{\partial x_1} \right)^2 \sigma_{x_1}^2 + \left(\frac{\partial f}{\partial x_2} \right)^2 \sigma_{x_2}^2 + \cdots + \left(\frac{\partial f}{\partial x_m} \right)^2 \sigma_{x_m}^2} \tag{9-5}$$

当间接测量量的函数关系为直接测量量的相加关系 $y = c_1 x_1 + c_2 x_2$ 时，其中，c_1、c_2 为
常数，根据标准偏差表示的误差传递公式，可得间接测量量的误差传递公式为

$$\begin{aligned} \sigma_y &= \sqrt{\left(\frac{\partial f}{\partial x_1} \right)^2 \sigma_{x_1}^2 + \left(\frac{\partial f}{\partial x_2} \right)^2 \sigma_{x_2}^2} \\ &= \sqrt{c_1^2 \sigma_{x_1}^2 + c_2^2 \sigma_{x_2}^2} \end{aligned} \tag{9-6}$$

当间接测量量的函数关系为直接测量量的乘积关系 $y = c x_1 x_2$ 时（其中，c 为常数），
根据标准偏差表示的误差传递公式，可得间接测量量的误差传递公式为

$$\begin{aligned} \sigma_y &= \sqrt{\left(\frac{\partial f}{\partial x_1} \right)^2 \sigma_{x_1}^2 + \left(\frac{\partial f}{\partial x_2} \right)^2 \sigma_{x_2}^2} \\ &= \sqrt{(c x_2)^2 \sigma_{x_1}^2 + (c x_1)^2 \sigma_{x_2}^2} \\ &= c \sqrt{x_2^2 \sigma_{x_1}^2 + x_1^2 \sigma_{x_2}^2} \end{aligned} \tag{9-7}$$

当间接测量量的函数关系为直接测量量的相除关系 $y = c \dfrac{x_1}{x_2}$ 时，其中，c 为常数，根据
标准偏差表示的误差传递公式，可得间接测量量的误差传递公式为

$$\begin{aligned} \sigma_y &= \sqrt{\left(\frac{\partial f}{\partial x_1} \right)^2 \sigma_{x_1}^2 + \left(\frac{\partial f}{\partial x_2} \right)^2 \sigma_{x_2}^2} \\ &= \sqrt{\left(\frac{c}{x_2} \right)^2 \sigma_{x_1}^2 + \left(-c \frac{x_1}{x_2} \right)^2 \sigma_{x_2}^2} \\ &= \frac{c}{x_2} \sqrt{\sigma_{x_1}^2 + x_1^2 \sigma_{x_2}^2} \end{aligned} \tag{9-8}$$

当间接测量量的函数关系为直接测量量的指数函数关系 $y = cx_1^a x_2^b$ 时（其中，a、b、c 为常数）根据标准偏差表示的误差传递公式，可得间接测量量的误差传递公式为

$$\sigma_y = \sqrt{\left(\frac{\partial f}{\partial x_1}\right)^2 \sigma_{x_1}^2 + \left(\frac{\partial f}{\partial x_2}\right)^2 \sigma_{x_2}^2}$$

$$= \sqrt{(acx_2^b x_1^{a-1})^2 \sigma_{x_1}^2 + (cbx_2^{b-1} x_1^a)^2 \sigma_{x_2}^2}$$

两端均除以 y 后有

$$\frac{\sigma_y}{y} = \sqrt{a^2 \left(\frac{\sigma_{x_1}^2}{x_1^2}\right) + b^2 \left(\frac{\sigma_{x_2}^2}{x_2^2}\right)}$$

$$= \sqrt{a^2 \left(\frac{\sigma_{x_1}}{x_1}\right)^2 + b^2 \left(\frac{\sigma_{x_2}}{x_2}\right)^2} \qquad (9\text{-}9)$$

上式实际上就是用标准偏差表示的相对误差，如果已知各个直接测量量的相对误差 γ_{x_i}，则上式也可直接表示为

$$\gamma_y = \sqrt{a^2 \gamma_{x_1}^2 + b^2 \gamma_{x_2}^2} \qquad (9\text{-}10)$$

探月工程中测试系统的微小误差都会导致任务的失败，扫描右侧二维码了解我国的科学家如何攻克误差难题。

精神的追寻
中国探月工程1

精神的追寻
中国探月工程2

精神的追寻
中国探月工程3

9.2.2　测试系统的误差分配与校核

测试系统从传感器开始到最后的显示记录包含了多个环节。精度设计的任务之一就是根据测试任务中的精度要求，将被测物理量的测量精度分配到测试系统的各个环节，从而得到包括传感器、信号调理电路、信号处理电路以及显示记录装置等各个测量环节的精度要求。精度分配也就是误差分配，测量系统各个环节的选型依据之一就是各个环节的精度分配。

误差分配是根据测试系统设计任务中给定的测量结果允许的总误差，合理确定各个环节的误差。显然，这种误差分配的方案有无穷多个，但合理的系统是在保证满足总误差前提下使整个测量系统的价格低、经济性好的系统。误差分配的步骤如下：

1. 根据不同的假设进行误差预分配

常用的误差预分配原则有自变量误差相等法、误差分量相等法和优势误差加权分配法。

如果将整个测试系统的测量结果视为因变量，而将构成该测试系统的各个环节视为自变量，那么，自变量误差相等法就是要求构成整个测试系统的各个环节具有相同的精度。显然，由于现有技术水平、工艺装备等条件限制，该方法会造成部分测量环节的精度很容易满足，而另一些测量环节的精度难以达到，结果导致必须全部采用昂贵的高精度等级仪器，或者采用以增加测量次数为代价换取精度的方法。

误差分量相等法就是上一小节所述的包含了各分量误差传递系数在内的各测量环节的误差必须相等。各个误差分量相等，相应的测量值误差并不相等，有可能相差较大。

前两种方法比较容易理解，称为等误差原则，但在有的场合下不一定合理。实用中

常采取优势误差加权分配法，即考虑各个自变量测试的难易程度或经济性因素，对于受技术或经济方面的限制难以准确测量的分量分配较大测试误差，即将总误差中的较大份额分配给优势误差项，而将较小份额分配给其他易于测量准确的分量。

2. 误差预分配方案调整

测量系统各个环节的误差按照上述原则初始分配完成后，应对每个环节测量装置的技术经济开展资料查阅或调研，按照现有技术水平、工艺设备、实验环境等因素对测量精度预分配方案进行调整。例如：在现有的技术水平下，某个测试环节的精度难以提高，为了保证测试系统的经济性，可适当降低该测试环节的测量精度；而对于在现有技术水平下比较容易准确测量的测试环节，可以适当提高该环节的测量精度。

测试系统各个环节在对测试信号处理和传输的同时，前面环节的误差和当前环节的误差会传递到下一环节。因此，如果组成测试系统的各部分的精度不同，测试系统中前面环节的误差对测量精度的影响程度比后面环节大。测试系统的最终测量精度取决于精度最低的一个环节。因此，在测试系统精度设计时，应该尽量选用等精度的环节构成测试系统，如果难以实现等精度，则应考虑将前面测试环节的精度设计得高一些。

3. 误差分配方案的校核

调整后的测试系统误差分配方案能否达到被测量的精度要求，需要通过对测试系统的传感器、信号调理（放大和滤波等）、信号处理等各个环节的误差进行合成，从而估计出当前误差分配方案的精度。如果合成的测试精度满足要求，表明调整后的误差方案合理，精度设计结束；否则，需要对各个环节的测试精度再进行调整，然后再进行误差合成，直到满足设计任务中的测试精度为止。

9.3 信号的放大与滤波环节设计

传感器型号选定后，对传感器输出信号的后续处理电路设计应根据传感器输出信号的特点设计。后续信号调理和处理系统设计应注意以下问题：

1）传感器与信号调理装置的匹配问题。测量系统必须依据传感器输出信号的特征、大小等选择适宜的调理装置。一般来讲，参数式传感器的后续信号调理采用直流或交流电桥将电参数变换为电信号，如电阻式传感器常配接直流电桥，直流电桥输出一般后接直流放大器，而电感式传感器常配接交流电桥，交流电桥输出一般后接交流放大器；对于发电式传感器则根据信号大小采取不同的调理电路，如压电式加速度或力传感器，后续调理主要采用电荷放大器对信号进行放大等。

2）各级相互连接的测量装置或环节静态特性和动态特性的匹配问题。在后续测量系统中，所选用的各个测量装置的静态特性指标，如灵敏度、量程、非线性等都必须与待测参数的属性以及整个测试系统的要求相适应，如各个环节应满足等精度原则，或者至少前级精度高于后级精度的原则。同样，各个测量装置的动态特性也必须满足测量系统的性能要求。为了达到测量系统所规定的测量精度，各个测量装置的频响特性必须与被测信号的频率结构相适应，即要求被测信号的有意义的频率成分必须包含在测试装置的可用频率范围之内。

前面第 4、5 章介绍传感器时，已经介绍了与不同传感器相匹配的电桥、调制与解调、电荷放大器等调理电路。实际上，在机械工程测试系统设计时，在很多情况下还需要对信号进一步进行隔离、放大和滤波处理，因此本节对其进行介绍。

9.3.1 信号放大环节设计

机械量测量中很多传感器或测量电路的输出信号都很微弱，不能直接用于显示、记录或 A-D 转换，需要进行放大。因此，对微弱信号进行放大是检测系统中必须解决的问题。一般来讲，机械测试系统中放大器的性能要求包括以下几点：

1）频带应尽量宽，满足测试要求。

2）精度高、线性度好。

3）合适的放大增益和量程范围。

4）输入阻抗高，输出阻抗低。

5）低温度、时间漂移，低噪声。

6）抗共模干扰的能力强。

运算放大器是由集成电路组成的一种高增益的模拟电子器件。由于运算放大器或其组合可以满足上述性能要求，且其价格低廉，组合灵活，因而在放大器的设计中得到了广泛的应用。随着电子技术的发展，各种新型、高精度的通用与专用放大器也大量涌现，出现了测量放大器、可编程增益放大器和隔离放大器等。下面介绍几种机械测试中常用的放大器。

1. 运算放大器

图 9-2 是四种典型的运算放大器，其中图 9-2a 是反向比例放大器，若输入放大器的电流 e_b 为零，可得 $U_o/e_a = -R_f/R_a$；若有输入两路信号 e_a 和 e_b，则得到加法器 $U_o = -R_f$ $(e_a/R_a + e_b/R_b)$。图 9-2b 是差动放大器或比较器，若 A 点接地，B 点输入 e_b，就成了同相输入放大器，这时放大器输出为 $U_o/e_a = 1 + R_f/R_b$。图 9-2c 是积分放大器，放大器的输出 $U_o = -\dfrac{1}{R_aC}\int e_a \mathrm{d}t$。图 9-2d 是微分放大器，放大器的输出 $U_o = -R_f C\dfrac{\mathrm{d}e_a}{\mathrm{d}t}$。详细设计时需要根据对信号的放大增益等参数要求，确定电路中相应的电阻、电容参数。

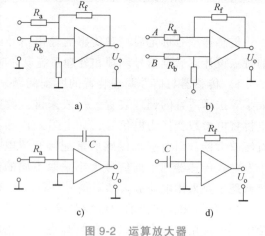

图 9-2 运算放大器

2. 测量放大器

实际测量中在传感器的两条传输线上常常会产生较大的干扰信号，有时两条传输线上受到的干扰信号完全相同，称为共模干扰。对于存在较大共模干扰的微弱信号放大，通用运算放大器难以胜任，可采用测量放大器进行信号放大和共模干扰的抑制。测量放大器的基本电路如图 9-3 所示，它是一种两级串联放大器。前级由两个对称结构的同相放大器组成，它允许输入信号直接加到输入端，从而具有高抑制共模干扰的能力和高输入阻抗。后级是差动放大器，它不仅能切断共模干扰的传输，还能将双端输入方式变换成单端方式输出，适应对地负载的需要。测量放大器有相应的芯片，设计时除了选用合适的芯片外，还要根据对信号放大增益的要求，计算和确定电阻 R_c 的阻值，以得到合理的放大倍数。

3. 可编程增益放大器

对于具有不同输出幅值信号的多参数测量场合，为了适应对各通道信号放大的要求，简化信号处理电路的设计，提高测试系统的灵活性，往往使用放大倍数可以程序控制的放大器，即可编程增益放大器（Programmable Gain Amplifier，PGA）。这种放大器的通用性强，硬件芯片集成度高，放大倍数可根据需要通过软件进行控制，使信号达到均一化。图 9-4 所示为可编程增益放大器的原理电路，它是测量放大电路的扩展，增加了模拟开关及必要的驱动电路。计算机通过开关量输出通道输出不同的开关量控制信号，用于控制增益开关成对动作，每一时刻它们仅有一对开关闭合。如果改变输出的数字量控制信号，则可改变闭合的开关对，选择不同的反馈电阻，达到改变放大器增益的目的。可编程增益放大电路设计主要是放大器芯片的选择以及根据需要对外围器件参数的计算和确定。

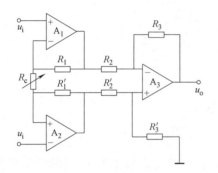

图 9-3　测量放大器的基本电路

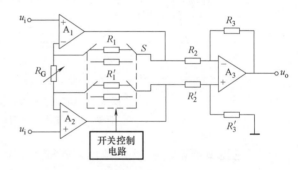

图 9-4　可编程增益放大器的原理电路

4. 隔离放大器

测试系统中往往需要将传感器的输出电信号与 A-D 转换的输入进行隔离，以消除来自大地回路的各种干扰和噪声。对于数字量信号的隔离，广泛采用发光二极管和光敏晶体管组成的光耦合器，也称为光隔离器。对于传感器输出的微弱模拟量信号的隔离，通常采用调制、解调及磁场耦合的模拟量隔离器件进行耦合。图 9-5 是模拟量信号隔离原理图。信号隔离电路设计时，除了选择合适的隔离芯片或器件外，主要是对隔离器外围电路的设计。

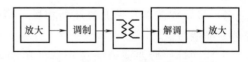

图 9-5　模拟量信号隔离原理图

9.3.2　信号滤波环节设计

滤波电路是一种选频电路，它可以使信号中需要的频率通过，衰减其他频率成分。

利用滤波电路的选频作用，可消除噪声干扰。能够通过滤波器的信号频率范围称为滤波器的通带，被衰减的信号频率范围称为滤波器的阻带，通带和阻带之间分隔点的频率称为截止频率。

1. 滤波器的分类

滤波器按照频率范围可分为四种类型，即低通、高通、带通、带阻滤波器。图 9-6 所示为四种滤波器的幅频特性。

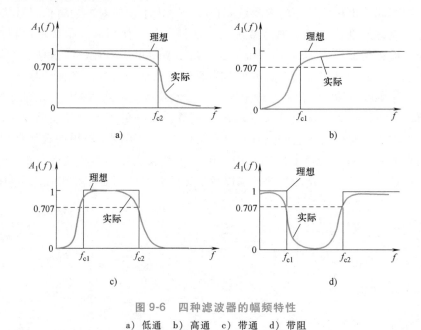

图 9-6　四种滤波器的幅频特性
a）低通　b）高通　c）带通　d）带阻

1）低通滤波器频率从 $0 \sim f_{c2}$ 范围幅频特性平直，它可以使信号中低于 f_{c2} 的频率成分通过，而高于 f_{c2} 的频率成分被极大地衰减不能通过。f_{c2} 称为上截止频率。

2）高通滤波器与低通滤波器相反，在频率 $f_{c1} \sim \infty$ 范围幅频特性平直。高于 f_{c1} 的频率成分通过，而低于 f_{c1} 的频率成分都不能通过。f_{c1} 称为下截止频率。

3）带通滤波器通频带在 $f_{c1} \sim f_{c2}$ 范围之间，它仅仅使信号中频率高于 f_{c1} 而低于 f_{c2} 的成分通过。

4）带阻滤波器与带通滤波器相反，当阻带在 $f_{c1} \sim f_{c2}$ 范围之间时，它使该区间的频率成分不能通过。

上述四种滤波器理想的幅频特性用图中细实线表示，它只是一个理想化模型。实际滤波器通带与阻带之间并非陡直变化，而是如粗实线表示的部分，它有一个过渡带，其幅频特性是一缓慢下降的曲线，在此频带内信号分量会受到不同程度的衰减。这个过渡带是滤波器所不希望的，但也是不可避免的。

此外，滤波器还可以按照有源和无源分为有源滤波器和无源滤波器。由电阻、电容、电感等元件构成的滤波器不用电源就可进行滤波，这些滤波器就称为无源滤波器。例如，在机械工程测试中，常采用无源 RC 滤波器实现信号抗混叠。在实际中，由于无源滤波器损耗能量和带负载能力差等，在不少应用场合受到了限制。目前采用运算放大器和电阻、电容滤波网络组合构成的有源滤波器，可克服上述无源滤波器的不足，被广泛使用。

2. *RC* 低通滤波器设计

RC 低通滤波器及其幅频、相频特性如图 9-7 所示。令 $\tau = RC$，称为时间常数。电路的幅频特性和相频特性分别为

$$A(f) = \frac{1}{\sqrt{1+(2\pi f\tau)^2}} \tag{9-11}$$

$$\phi(f) = -\arctan 2\pi f\tau \tag{9-12}$$

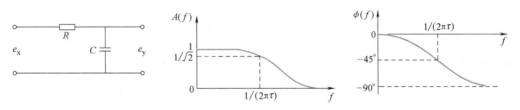

图 9-7　*RC* 低通滤波器及其幅频、相频特性

当 $f \ll \dfrac{1}{2\pi\tau}$ 时，$A(f) \approx 1$，此时信号几乎不受衰减地通过，$\phi(f) \approx -2\pi f\tau$，相频特性曲线近似于一条通过原点的直线。因此，可以认为在此范围内，*RC* 低通滤波器是一个不失真的传输系统。

RC 低通滤波器的截止频率为 $f = \dfrac{1}{2\pi\tau}$，对应截止频率处的幅值为 $A(f) \approx \dfrac{1}{\sqrt{2}}$，由于 $\dfrac{1}{\sqrt{2}}$ 相对于 1 衰减了 -3dB，所以又把幅频特性值的 $\dfrac{1}{\sqrt{2}}$ 所对应的截止频率称为 -3dB 截止频率。

可见 τ 的值，也就是 *RC* 的值决定着低通滤波器的上截止频率。设计时需要根据滤波截止频率确定电阻和电容参数。

3. *RC* 高通滤波器设计

图 9-8 所示为 *RC* 高通滤波器及其幅频、相频特性。其中 $\tau = RC$ 为时间常数。电路的幅频特性和相频特性分别为

$$A(f) = \frac{2\pi f\tau}{\sqrt{1+(2\pi f\tau)^2}} \tag{9-13}$$

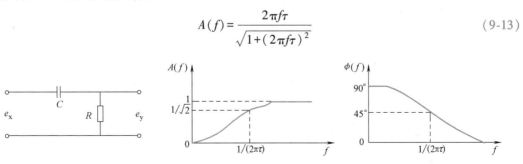

图 9-8　*RC* 高通滤波器及其幅频、相频特性

$$\phi(f) = \arctan\frac{1}{2\pi f\tau} \tag{9-14}$$

当 $f \gg \dfrac{1}{2\pi\tau}$ 时，$A(f) \approx 1$，此时信号几乎不受衰减地通过，$\phi(f) \approx 0$。即当 f 相当大时，幅频特性接近于 1，相移趋于零。在此范围内，可将 RC 高通滤波器视为不失真传输系统。

当 $f = \dfrac{1}{2\pi\tau}$ 时，$A(f) \approx \dfrac{1}{\sqrt{2}}$，即此滤波器的 $-3\mathrm{dB}$ 截止频率为 $f_{c1} = \dfrac{1}{2\pi\tau} = \dfrac{1}{2\pi RC}$。设计时根据滤波器的截止频率可确定电阻、电容的参数。

4. RC 带通滤波器设计

RC 带通滤波器可看成是由 RC 低通滤波器和高通滤波器串联形成的，如图 9-9 所示。在 $R_2 \gg R_1$ 时，低通滤波器对前面的高通滤波器影响极小。带通滤波器的幅频特性和相频特性分别为

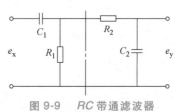

图 9-9　RC 带通滤波器

$$A(f) = A_1(f)A_2(f) \tag{9-15}$$
$$\phi(f) = \phi_1(f) + \phi_2(f) \tag{9-16}$$

带通滤波器以原来的高通滤波器的截止频率为下截止频率，即 $f_{c1} = \dfrac{1}{2\pi R_1 C_1}$；相应地，其上截止频率为原来的低通滤波器的截止频率，即 $f_{c2} = \dfrac{1}{2\pi R_2 C_2}$。滤波器设计时，根据滤波器的上下截止频率，分别计算和确定电阻和电容的参数。设计时需要注意的是，高、低通串联时应消除两级耦合时的相互影响。一般来讲，带通滤波器两级电路之间常采用射极输出器或者运算放大器进行隔离。

5. 有源滤波器设计

有源滤波器是由运算放大器等有源器件组成的调谐电路。运算放大器既可作为级间隔离，又可起信号幅值的放大作用。RC 电路则通常作为运算放大器的负反馈电路。图 9-10a 是基本的一阶有源低通滤波器。其截止频率为 $f_c = 1/(2\pi RC)$，放大倍数为 $K = 1 + R_f/R_1$。图 9-10b 将高通电路作为运算放大器的负反馈，结果获得低通滤波的作用。其截止频率为 $f_c = 1/(2\pi R_f C)$，放大倍数为 $K = R_f/R_1$。滤波器设计时，根据放大倍数和滤波器截止频率要求，可计算和确定电阻、电容的参数值。

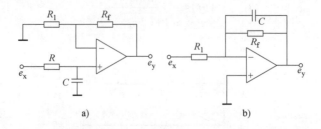

图 9-10　一阶有源低通滤波器

a）一阶有源低通滤波器　b）具有高通负反馈的一阶有源低通滤波器

如果设计时对通带外的高频成分衰减有要求，则应提高低通滤波器的阶次，可采用下面的二阶有源低通滤波器设计方案。图 9-11 所示为二阶有源低通滤波器，高频衰减率为 -40dB。图 9-11b 是图 9-11a 的改进形式，通过多路负反馈削弱 R_f 在调谐频率附近的负反馈作用，使滤波器的特性更接近"理想"的低通滤波器。

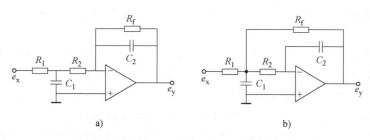

图 9-11　二阶有源低通滤波器

a）两个一阶低通滤波器的简单组合　b）多路负反馈的低通滤波器

9.4　测试系统的抗干扰设计

测试过程中经常会有各种各样的干扰使测量仪器无法正常工作，或者引入较大的测量误差。为了保证测试精度，消除测试系统中各种干扰的影响，测试系统设计中常常采用一定的方法和措施消除各个环节引入的干扰。提高测试系统的抗干扰能力，必须要知道干扰产生的原因，以及干扰窜入的途径，才能针对性地解决测试系统的抗干扰问题。

9.4.1　干扰因素及传播途径

1. 干扰产生的原因

仪器干扰可分为外部干扰和内部干扰两类。仪器工作环境中的电磁场、振动、温度和湿度等均构成了外部干扰源，它们都可能干扰仪器的正常运行。因此，在实际使用中必须要了解仪器的使用环境条件，在设计仪器时也必须保证其具备较强的环境防护能力。

测试系统内部离不开电源、接线和各种器件。系统内部的电源、信号线、接地等也会对内部的其他器件产生干扰，这些干扰就是内部干扰源。

除了上述内、外部干扰之外，实际使用中为了确保正确的测试，还要注意下面几个问题：

1）传感器的安装和测点布置位置应能反映被测对象的特征。

2）传感器与被测物需要有良好的固定，保证紧密接触，连接牢固，振动过程中不能有松动。

3）考虑固定件的结构形式和寄生振动问题。

4）对小型、轻巧结构的测试，要注意传感器及固定件的"额外"质量对被测结构原始性能的影响。

5）导线的连接必须可靠。

2. 干扰传播途径

干扰是一种不利因素，但它必须通过一定的传播途径才能影响到仪器或测量结果。了解干扰的传播途径才能找到有效消除干扰的方法。一般说来，干扰的传播途径主要包括以下几个方面：

（1）静电感应　任何通电导体之间或通电导体与地之间都存在着分布电容。干扰电压通过分布电容的静电感应作用耦合到有效信号就造成了干扰。如图 9-12 所示的两根平行导线，导线 1 的电位会通过分布电容在导线 2 上感应出对地的电压。

（2）电磁感应　由于干扰电流产生磁通，当此磁通随时间变化时，它可通过互感作用在另一回路引起感应电动势。如图 9-13 所示，当印制电路板中两根导线平行敷设时，就会有互感存在。

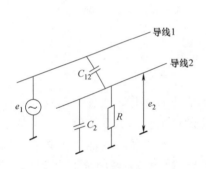

图 9-12　静电感应

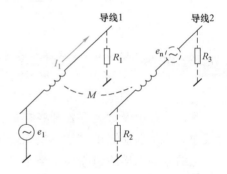

图 9-13　导线之间的磁场耦合

（3）公共阻抗　图 9-14 是公共阻抗连接示意图。公共点 C 为公共接地点，R_C 是公共阻抗；Z_1、Z_2 分别是两个电路的等效阻抗。C 点电压可看作 Z_1 和 R_C 对电源 V 的分压以及 Z_2 和 R_C 对 V 的分压。若 Z_1、Z_2 不相等，彼此产生干扰，这就是公共阻抗干扰。

（4）辐射电磁干扰的漏电流耦合　在强电能频繁交换的地方和高频换能装置周围存在着强烈的电磁辐射，会对仪器产生干扰电压；而电器元件绝缘不良或功率元器件间距不够也会产生漏电现象，由此引入干扰。

（5）机械传递　机械冲击和振动往往会引起测试仪表指针的抖动、光线示波器振子的过量偏移等，最终产生测量误差。

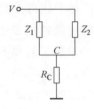

图 9-14　公共阻抗
连接示意图

9.4.2　常用抗干扰技术

测试系统设计中必须考虑电磁兼容问题。电磁兼容性是指以电为能源的电气设备，在其使用的场合运行时，自身的电磁信号不影响周边环境，也不受外界电磁干扰的影响，更不会因此发生误动作或遭到破坏，并能完成预定功能的能力。在测试系统设计中要做到这一点，常采取屏蔽、隔离、接地及滤波技术来提高测试系统的抗干扰性，下面对这些抗干扰技术做一简要介绍。

1. 屏蔽技术

屏蔽技术是利用金属材料对电磁波具有良好的吸收和反射能力来抗干扰的。屏蔽的意义包含了屏蔽干扰源，也包含了屏蔽接收体。对于测试系统来说一般不容易成为干扰源，总是作为接收体受到外界的干扰。但在系统内部有可能不同电路之间可以互成干扰。屏蔽采用铜或铝等低阻值电阻材料或磁性材料制作容器，将干扰源或接收体分别包裹起来，防止电或磁的干扰。根据电磁场性质的不同，屏蔽一般分为三种：静电屏蔽、磁屏蔽和电磁屏蔽。

静电屏蔽是用来消除两个回路之间由于分布电容耦合所产生的干扰。静电屏蔽是使电力线终止于屏蔽体的金属表面上。用导体做成的屏蔽外壳处于外电场时，由于壳内场强为零，可保护放置其中的电路不受外电场干扰；或将带电体放入接地的导体壳内，则壳内电场不能穿透到外面，这就是静电屏蔽。

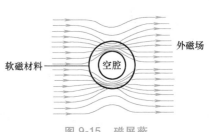

图 9-15　磁屏蔽

磁屏蔽是用一定厚度的铁磁材料做成外壳，铁磁材料的磁阻极小，磁力线无法穿入壳内（图9-15），可以保护内部仪器不受外部磁场影响。磁屏蔽采用的铁磁材料是导体，尽管磁屏蔽不需要接地，但接地后可以同时起到磁屏蔽和电屏蔽的作用。

电磁屏蔽是为了防止高频电磁场的影响，用一定厚度的导电材料做成外壳，由于交变电磁场在导体中产生了电涡流，再利用涡流电磁场与外界的电磁场方向相反来抵消外部电磁场。导电材料内部的电磁场强度按指数规律衰减，使壳内仪器不受外界电磁场影响。

在测量过程中，导线是信号有线传播的唯一通道，干扰将通过分布电容耦合到信号中，因此导线的选取要考虑电磁屏蔽问题。导线可选用同轴电缆，同时其屏蔽层要接地，并且同轴电缆的中心抽出线要尽量短。仪器的机箱为金属材料时，也可作为屏蔽体；而采用塑料机箱时，可在其内壁喷涂金属屏蔽层。

在电路板设计时可采用去耦电容，旁路掉器件或电路的高频噪声。对于数字电路，典型的去耦电容值是 $0.1\mu F$。例如，在集成芯片的 V_{CC} 和 GND 之间可以跨接一个去耦电容，也可以在印制板电源输入端跨接 $10\sim100\mu F$ 的去耦电容。

2. 隔离技术

隔离是抑制干扰的有效手段之一。仪器中的隔离可分为空间隔离和器件隔离。空间隔离实现手段有：

（1）包裹干扰源　将电路板上产生干扰的元器件用屏蔽方法包裹起来，减少或消除干扰源向外发射电磁场，从而达到保护其他电路的目的。

（2）功能电路合理布局　如使数字电路与模拟电路、微弱信号通路与高频电路、智能单元与负载回路相隔一段距离，以减少互扰。同时数字地与模拟地分开布线。时钟发生器、晶振和 CPU 的时钟输入端应尽量靠近，且远离其他低频器件。功率线、交流线，尽量布置在与信号线不同的板上，否则应与信号线分开走线。PCB 板两面的线尽量垂直布置，防止相互干扰。

（3）信号之间的隔离　由于多路信号输入时也会产生相互干扰，可在信号之间用地线隔离。器件性隔离一般有：隔离放大器、信号隔离变压器和光隔离器。如图 9-16 所示，隔离变压器可以用在仪器窜入了电源线的干扰时，将电源和仪器之间耦合路径阻断，达到消除干扰的目的。

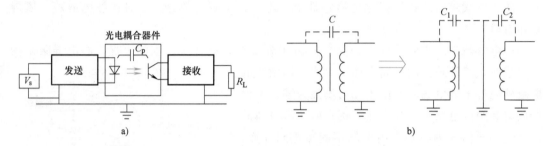

图 9-16　典型的隔离方法

a）光电隔离　b）变压器隔离

3. 接地技术

正确接地能够有效地抑制外来干扰，同时也可以提高仪器本身的可靠性，减少仪器自身产生的干扰因素，是屏蔽技术的重要保证。

接地线应尽量加粗，至少能通过 3 倍于印制板上的允许电流，一般应达 2~3mm。接地线应尽量构成死循环回路，这样可以减少地线电位差。

仪器中所谓的"地"是一个公共基准电位点。该基准点用于不同场合就有了不同的名称，如大地、基准地、模拟地、数字地等。接地是为了仪器的安全性和设置一个基准电位及抑制干扰。根据信号频率高低，接地方法有一点接地和多点接地。多点接地法一般适用于 10MHz 频率以上的电路，而一点接地法适用于频率低于 10MHz 时的电路。通常机械测试系统中信号的工作频率都较低，对它起作用的干扰频率往往在 1MHz 以下，因此一般测试系统采用一点接地的方法。

图 9-17 所示为串联一点接地，A、B、C 三点分别是电路 Ⅰ、Ⅱ、Ⅲ 的接地点，R_1、R_2、R_3 分别是各个电路接地线的等效电阻，I_1、I_2、I_3 分别是各个电路的电流，则各接地点的电位分别为

$$V_A = (I_1 + I_2 + I_3) R_1 \qquad (9-17)$$

$$V_B = (I_1 + I_2 + I_3) R_1 + (I_2 + I_3) R_2 \qquad (9-18)$$

$$V_C = (I_1 + I_2 + I_3) R_1 + (I_2 + I_3) R_2 + I_3 R_3 \qquad (9-19)$$

显然，这种串联接地方法导致了各个电路的电流要流过公共的阻抗，并且不能为电路提供一个等电位，形成相互干扰。为了解决此问题，实际接地时首先应缩短接地点之间的距离，使得电路接地点之间的电位差减小，另外在条件允许的情况下尽量根据流过

的电流大小相应加粗导线。由于串联接地引线较少，布线简单，当各电路的电平相差不大时，常常采用。

并联一点接地如图 9-18 所示，各电路的地电位只与本电路的地电流和地线阻抗有关。由于没有公共阻抗，所以不存在公共阻抗耦合问题。并联接地方法实现起来比较麻烦，在较为复杂的系统中尤其如此。此外，由于若干接地线间彼此接近，容易造成地线电场耦合或磁场耦合，这种方法一般在简单的系统中采用。

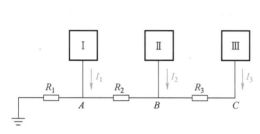

图 9-17　串联一点接地

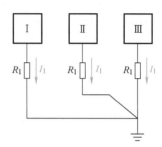

图 9-18　并联一点接地

4. 滤波技术

共模干扰并不是直接干扰电路，而是通过输入信号回路的不平衡转成串模干扰来影响电路的。抑制串模干扰最常用的方法是滤波。滤波器是一种选频器件，可根据串模干扰信号频率分布特性与有用信号频率分布特性，选择合适的滤波器来抑制串模干扰的影响。例如，如果串模干扰信号频率较有用信号的频率高，可采用无源阻容低通滤波器滤除串模干扰。

思考题与习题

9-1　测试系统设计的基本原则是什么？有哪些步骤？

9-2　设计一个测试系统需要考虑哪些影响因素？

9-3　测试系统的干扰窜入方式有哪些？相应地有哪些抗干扰方法？

9-4　用米尺逐段测量一段 10m 长的距离，设测量 1m 距离的标准差为 0.2mm。如何表示此项间接测量量的函数式？

9-5　圆柱体的直径及高的相对标准差均为 0.5%，计算体积的相对标准差为多少？

9-6　设计一个体重测量系统，要求测量系统最大量程为 90kg，测量精度小于 0.1kg。给出选用的传感器，画出测量系统框图，并说明各部分的作用。

9-7　在设计某计量室的温度和湿度测试系统时，要求测量相对误差分别为 ±0.1℃ 和 ±1%，每 1min 测量一次，请选择 A-D 转换的合适参数。

9-8　自动控制系统中被控对象的转动惯量是一个重要的参量。被控对象往往是由许多光学器件、机械零部件、电气元件组成的。由于其复杂的几何形状，很难准确地计算出被控对象的转动惯量，工程中常需要用测量的方法确定其转动惯量。测试系统选用了 YD-12 压电加速度传感器，要求其测量相对误差小于 0.5%，已知测试信号频率为

5~10Hz。设计该计算机测试系统，画出系统组成，选择或设计信号调理模块、数据采集模块、微处理器和应用系统开发软件。

9-9 设计装载机压力计算机测试系统，压力测试点分别为：分配阀进油和回油压力、先导阀压力、动臂油缸压力（大腔、小腔）、翻斗油缸压力（大腔、小腔）等，测试工况为在铲装车作业中。根据设计要求，选用的压力传感器为BPR40型电阻应变式压力传感器。设计该计算机测试系统，画出系统组成，选择或设计信号调理模块、数据采集模块、微处理器和应用软件。

10

典型测试系统设计实例

本章将通过一些典型测试系统的实例介绍测试系统的设计问题。大部分设计实例都力图围绕测试任务、测试方案、传感器的选择、后续测量系统的设计、测量系统效能分析等几个方面展开论述，目的是使学习者学习本章内容后不仅要掌握一些具体的测试技术，更重要的是对测试系统的设计有一个基本的概念，学会分析方法与设计思路，从而能够针对实际测试系统的设计任务达到举一反三的目的。

10.1 应变测量案例

现代机械结构越来越复杂，且使用过程中承受的载荷多种多样，设计者和研究者单靠理论分析计算并不能完全掌握载荷作用下结构强度是否能够满足要求，还必须与试验研究相结合，才能设计出合理的机械结构。为此，本节专门介绍表征强度信息的应变测量技术。

10.1.1 应变测量方法简介

本书第 4 章已经介绍了利用电阻应变片测量应力的基本原理，此处仅从实际测量角度出发，介绍应力测量的实用测量技术。

1. 测点布置原则

结构强度试验分析通常测点很多，工作量较大，测点位置选择得正确与否，决定了能否正确了解结构的受力情况。一般来讲，测点越多越能够充分掌握结构应力的分布情况，但太多测点会增加测试以及后续数据处理的工作量。因此，想要以最少的测点达到完全了解结构的受力情况，测点布置应遵循下面一些原则：

（1）根据结构分析结果选择测点　在测量任何一个结构的应力、应变时，应事先对结构的受力状态做仔细分析，并以此作为测量的依据。有些结构的受力状况比较简单，或在结构设计时已做过计算，只要详细阅读计算说明书，就可正确选择测点。但是，有些结构很复杂，尚无完善可靠的计算方法，则可利用脆性涂料先定性了解结构受力情况，即在所要测量结构的表面涂上一层脆性涂料，受力后脆性涂料产生裂纹，根据裂纹出现的先后和裂开程度就能定性了解结构的受力情况，然后合理布置测点进行测量。

（2）根据试验目的要求选择测点　按试验目的，结构强度检验分为两种：鉴定性试验和研究性试验。鉴定性试验的目的是通过结构应力测试，对新设计的或者改型的机械设备测试其结构受力是否达到设计要求，以及结构承受最危险载荷时是否安全可靠得出结论，这种测量往往只在结构最危险断面上布置测点。而研究性试验则不同，往往要求获得应力分布曲线以便验证计算理论和方法是否可信，或者从应力分布曲线中找出结构受力的规律，以创建新的设计理论和计算方法，这种测试除了在危险断面布置测点外，还应在内力有变化的断面或形状、尺寸变化较大的断面上布置测点，一般是在欲测的位置均匀地布置5~7个测点。

（3）利用结构的对称性选择测点　大多数结构是对称的，载荷也是对称的，因此，可以充分利用这个特点来减少测点数，降低工作强度。

（4）根据试验工况和仪器选择测点　静态测量多采用静态应变仪，配用多点预调平衡箱后可同时测量几十个至几百个测点，因此允许多布置一些测点；但是动态测量时，由于应力变化迅速，并且要求多点同时测量，而现有的动态应变仪测量通道数较少，一般为4~8个，因而要尽可能减少测点数。一般是先进行静态测量，在静态测量的基础上选取关键测点进行动态测量，选择的测点要能够充分反映结构的动态特性。

（5）利用电桥的和差特性选择测点　利用电桥的和差特性和结构以及受力状态不同，合理布置测点可以从复杂受力状态下获得所需的应力成分，排除干扰因素，提高测量电路灵敏度。

结构上某一点的应变，在不同方向上是不一样的，一般结构强度检测目的就是找出最大应力，只有最大应力小于材料许用应力，结构才不会破坏。因此，只有找出最大应变方向并进行测量，才能真正测出该点的最大应力，并以此作为强度检测的依据，下面讨论测量方向的选择原则。

2. 测量方向选择及应力计算方法

（1）主应力方向已知时的应力测量及计算　当主应力方向已知时，只要沿主应力方向测出主应变，就可根据胡克定律算出主应力。下面是几类常见构件测量贴片方法。

1）对于拉压构件，当构件只承受拉力或压力时，属于单向应力状态，构件断面上的主应力方向与构件轴线相平行，并与外载荷平行，因此可沿构件轴线方向进行测量。但为消除温度对测量的影响，有时会在与轴线成90°的方向上增补测点，与主测点一起接在电桥的相邻桥臂中进行测量，如图10-1所示。

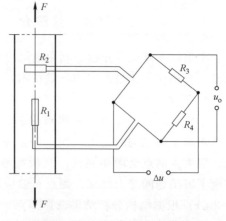

图 10-1　拉（压）构件测量方向

2）对于单向弯曲构件，在其弯曲平面内的上下边缘也是单向应力状态，且应力最大，存在与构件轴线相平行的正应力，因此只要在需要测量处的上下边缘沿轴线方向贴片测量即可，如图 10-2 所示。

3）对于纯扭构件，如机械传动系统中的传动轴，只承受扭矩作用，虽然它是处于一个平面应力状态，但两个主应力 σ_1 和 σ_2 大小相等，符号相反，方向已知。其中一个与轴线成 45°，另一个与轴线成 135°，只要沿着这两个方向测量就可测得主应变值，进而算出主应力，如图 10-3 所示。

4）受内压的薄壁压力容器，如锅炉、氧气瓶、液压油缸等受内压的容器，其中段的应力属于平面应力状态，但主应力方向如图 10-4 所示，可按图示方向贴片测量。

5）复杂受力构件的棱边在没有外力直接作用时，也是单向应力状态，即只有正应力没有切应力，这个正应力就是主应力，方向平行于棱边。因此，复杂构件应力测量可以沿棱边、顺着棱长方向贴片。

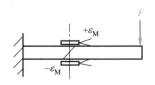

图 10-2　纯弯构件主应力测量

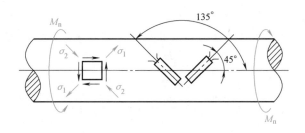

图 10-3　纯扭构件主应力测量

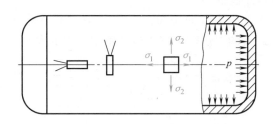

图 10-4　压力容器主应力测量

对于主应力已知情况，通过上述方法测量出主应变的大小后，主应力可按下述方法计算。

1）单向应力状态。对于单向应力状态，应力与应变的关系按胡克定律计算，即

$$\sigma = E\varepsilon \tag{10-1}$$

2）平面应力状态。对于主应力方向已知的情况，如果沿主应力方向测得的主应变分别为 ε_1 和 ε_2，则主应力为

$$\sigma_1 = \frac{E}{1-\mu^2}(\varepsilon_1 + \mu\varepsilon_2)$$

$$\sigma_2 = \frac{E}{1-\mu^2}(\varepsilon_2 + \mu\varepsilon_1)$$

$$(10\text{-}2)$$

式中，μ 为泊松比；E 为弹性模量。

（2）主应力方向未知时的应力测量及计算　很多情况下应力状态复杂，主应力方向很难直观判断出来，此时就需要采用应变花来测量。但为了计算简单，通常选用特殊角度的应变花，如图 10-5 所示。例如，可选用 45°三轴应变花，粘贴在待测平面应力点，则 x 轴方向应变可由 0°位置的应变片测出，y 方向应变可由 90°位置的应变片测出，45°方向应变片可以测出切应变，其关系为

$$\begin{cases} \varepsilon_x = \varepsilon_0 \\ \varepsilon_y = \varepsilon_{90} \\ \gamma_{xy} = 2\varepsilon_{45} - (\varepsilon_0 + \varepsilon_{90}) \end{cases} \quad (10\text{-}3)$$

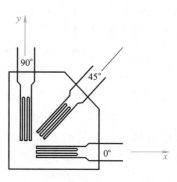

图 10-5　45°三轴应变花

根据材料力学知识，可以计算出与应变花三个轴对应方向的应力，即

$$\begin{cases} \sigma_x = \frac{E}{1-\mu^2}(\varepsilon_x + \mu\varepsilon_y) \\ \sigma_y = \frac{E}{1-\mu^2}(\varepsilon_y + \mu\varepsilon_x) \\ \tau_{xy} = G\gamma_{xy} = \frac{E}{2(1+\mu)}\gamma_{xy} \end{cases} \quad (10\text{-}4)$$

式中，G 为材料的剪切弹性模量。

需要注意的是，由于主应力方向未知，由式（10-4）求出 x、y 方向的正应力与 xy 方向的切应力不一定是最大的，还需要进一步求解主应力的大小，其求解方法为

$$\begin{cases} \sigma_1 = \frac{\sigma_x + \sigma_y}{2} + \sqrt{\left(\frac{\sigma_x - \sigma_y}{2}\right)^2 + \tau_{xy}^2} \\ \sigma_2 = \frac{\sigma_x + \sigma_y}{2} - \sqrt{\left(\frac{\sigma_x - \sigma_y}{2}\right)^2 + \tau_{xy}^2} \\ \tau_{max} = \sqrt{\left(\frac{\sigma_x - \sigma_y}{2}\right)^2 + \tau_{xy}^2} \end{cases} \quad (10\text{-}5)$$

主应力 σ_1 的方向为：$\tan 2\alpha = \dfrac{-2\tau_{xy}}{\sigma_x - \sigma_y}$，$\alpha$ 为主应力 σ_1 与 x 轴之间的夹角。完成主应力的计算后才可以判别结构的应力状态和强度是否符合要求。

3. 常用结构型材的应力测量方法

在机械工程中，常用的结构型材有方钢、工字钢、槽钢、T 字钢、角钢以及由钢板焊成的箱形结构等。它们通常承受拉（压）、弯、扭等形式的外力，结构应力分布十分复

杂。力学分析表明，构件受力虽然千差万别，但其断面只存在正应力和切应力，因此构件应力测量可归结为正应力和切应力测量。

（1）测量断面正应力的布点　不同断面正应力测量都采用角点法，就是在断面的角点处，沿构件的棱线方向布置应变片。由于角点处没有切应力存在，属于单向应力状态，因此一片沿棱线粘贴的应变片就可测得主应力。而断面其他地方存在切应力，属于平面应力状态。因此，应用角点法可以减少测量和数据处理工作量。常用测量型材断面正应力布点如图 10-6 所示。图中数字表示布片的位置，单轴应变片应沿着棱长方向粘贴。

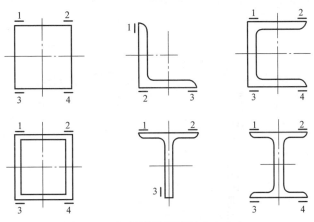

图 10-6　测量型材断面正应力布点

（2）测量断面切应力的布点　断面最大切应力一般在主惯性轴处。由于切应力所产生的切应变是角应变，无法用应变片直接测出，需要借助两个应变片间接测得，图 10-7 给出几种常见型钢测量断面切应力的布点图。通常在所选测点处与构件轴线成 45° 和 135° 布片。如果两应变片测得的应变分别为 ε_{45} 和 ε_{135}，则切应变的计算为

$$\tau_{xy} = G\gamma_{xy} = \frac{E}{2(1+\mu)}(\varepsilon_{45} - \varepsilon_{135}) \tag{10-6}$$

（3）测量断面上平面应力状态的布点　由于薄壁构件的板件相交处不但有较大的正应力，也有较大的切应力，一般应用应变花测量主应力。平面应力测量应变花布点如图 10-8 所示。

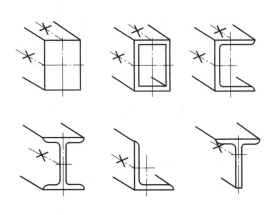

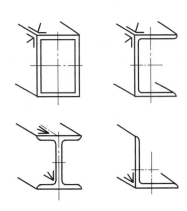

图 10-7　测量断面切应力布点　　　　　图 10-8　平面应力测量应变花布点

10.1.2　塔式起重机结构强度测试

本节给出一个塔式起重机的结构强度测试案例。塔式起重机（简称塔机）是一种广泛应用于建筑安装工程领域中的重要施工机械，其结构如图10-9所示。塔机的机械结构是塔机的骨架，可分为塔身、塔帽、吊臂（也称为起重臂）、平衡臂几部分。小车可以在吊臂上水平移动，整个塔机可以以塔身为中心旋转。在工作过程中，机械结构除承受自重以外还承受作业时的各种外载荷，因此结构设计是否合理对塔机性能以及可靠性起着决定性的作用。

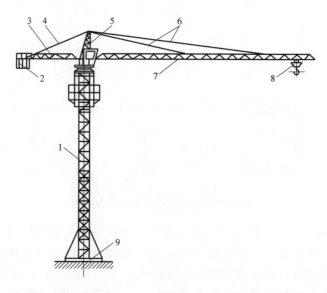

图10-9　塔式起重机结构组成示意图

1—塔身　2—平衡重　3—平衡臂　4—平衡臂拉杆　5—塔帽

6—吊臂拉杆　7—吊臂　8—变幅小车　9—塔基

为了掌握所设计的起重机强度是否满足要求，本测试任务将对塔机的应力进行测试。

1. 测试目的和依据

测量对象是QTZ315型塔式起重机样机，公称起重力矩为315kN·m，最大起重量为3t，工作幅度为2.5~35m，起升高度为28m。检测类别为新产品鉴定，测试项目为强度检测。塔机结构强度试验主要包括：额定起升载荷试验、超载静态试验和超载动态试验。测试目的是通过测试来验证理论计算的正确性，为产品的进一步改进提供依据；也可对样机提出评价意见，作为新产品鉴定的依据。检测依据为国家标准GB/T 5031—2008《塔式起重机》。

2. 测试仪器及工具

测试所使用的仪器均经过省技术监督部门计量认证，所使用的仪器主要有静态应变仪、动态应变仪、预调平衡箱、光线示波器、兆欧表和数字万用表等。

3. 测试原理及流程

本次塔机强度测试的性质是新产品鉴定，因此需要找出关键点测量，只要测出关键断面的静动态应力，判断其是否满足设计值即可。静态和动态应力测试系统框图分别如图 10-10 和图 10-11 所示。强度检测往往会遇到一个机器或结构上要贴几十或几百个应变片，要用一台或多台应变仪对很多测点进行测量，这时，如果只靠应变仪本身去轮流测量这些测点，不仅工作量很大，工作时间也会拖延很长，所以工程实际中通常使用预调平衡箱与应变仪配用。使用时将各组应变片按需要先接在平衡箱上，然后通过转换开关轮流将各组应变片的信号接入应变仪进行测量，这样就可以在同一工况下，较快测量多点的应变。

图 10-10　静态应力测试系统框图　　　　图 10-11　动态应力测试系统框图

塔机结构强度检测一般按下列流程进行：①检查和调整试验样机；②粘贴应变片，并干燥、密封、检查绝缘；③接好应变测试系统，调试仪器，合理选择灵敏度，消除不正常现象；④取空载状态作为初始状态，将应变仪调零。

4. 结构强度静态应力测试

静态应力测试按 GB/T 5031—2008《塔式起重机》规范规定测试条件进行，即：载荷不包括吊钩重量，载荷误差应小于 1%；各工况皆处于空钩离地状态时进行仪器调零；测试数据均为吊重引起的应力，不应包括自重和风阻应力；测试温度为 10~25℃，湿度为 50%~70%，风力 1 级。

静态应力测试根据塔机典型工况下应力组合情况，共计选择了 20 个测点进行额定起升载荷试验和超载静态试验，选择的依据是应力集中点。据此，吊臂选择了两个吊点 A、B 处的截面，将应变片按前一小节所说的方法粘贴在上、下弦杆上；另外在臂根 C、塔帽 D、塔身 F、回转中心 E 处也布置了相应测点，上述截面中布片位置在图 10-12 中小三角形指示处。同时，为检测吊杆强度，在吊杆上沿轴线方向粘贴了应变片，编号为 5、6。粘贴好应变片，按规程检查完毕后，就可以按上述测试流程做好测试准备工作。

表 10-1 给出了测试加载工况说明。其中，Q 表示起重量；R 表示幅度，即吊点到塔机回转中心的距离；α 是起重臂与塔身之间的方位角。

5. 结构强度动态应力测试

结构强度动态应力测试系统如图 10-11 所示，测试时用光线示波器记录下动态应变曲线。由于动态应变仪通道数有限，并且动态测试要求较严苛，因此，结构强度动态应力测试根据设计计算和实际工况，选择了组合应力最大的危险点，测点序号为 1、10、15 和 16，位置如图 10-12 所示。

6. 测试数据处理

结构的静态应力测试在相同试验条件下重复测试三次，测试结果取三次测试的平均值；结构的动态应力测试用光线示波器记录下动态应变曲线，数据处理时应力计算方法如下：

（1）单向应力状态的应力计算　单向应力状态下按式（10-1）计算即可，对于多次测量按下式计算

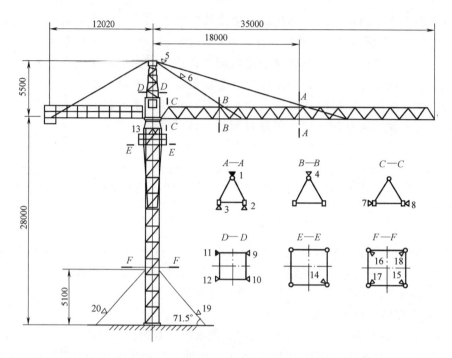

图 10-12　塔式起重机强度检测布点图

表 10-1　测试加载工况说明

工况序号	R/m	Q/kN	α	测试部位	备　注
1	10	29.4	0°	1~20	额定载荷
2	10	29.4	45°	1~20	额定载荷
3	10	36.75	0°	1~20	超载25%
4	10	36.75	45°	1~20	超载25%
5	18	17.15	0°	1~20	额定载荷
6	18	17.15	45°	1~20	额定载荷
7	18	21.4	0°	1~20	超载25%
8	18	21.4	45°	1~20	超载25%
9	33	9.8	0°	1~20	额定载荷
10	33	9.8	45°	1~20	额定载荷
11	33	12.3	0°	1~20	超载25%
12	33	12.3	45°	1~20	超载25%

$$\sigma_i = E\varepsilon_i \qquad \sigma_{max} = E\varepsilon_{max}$$

$$\bar{\sigma} = E\bar{\varepsilon} \qquad K = \sigma_{max}/\bar{\sigma}$$

式中，E 为结构材料的弹性模量，均取 $E = 0.2 \times 10^6 \text{MPa}$；$\varepsilon_i$ 为各测点实际应变值；σ_i 为各测点实际应力值；ε_{max} 为测点在动态应变测试曲线中的最大应变；σ_{max} 为相应的最大应力；$\bar{\varepsilon}$ 为测点在动态应变测试中的平均应变；$\bar{\sigma}$ 为平均应力；K 为动载系数。

（2）平面应力状态的应力计算　由于塔机结构受力的主应力方向已知，构件应力计算应按式（10-2）进行，结构材料的泊松比均取 $\mu=0.3$，计算过程不再赘述。

7. 试验结论

全部测点的静态应力测量均满足 $\sigma_{max} \leqslant [\sigma]$，且有较大余量，表明该机结构强度有较大的安全系数，刚度良好。

10.2 温度测量案例

10.2.1 温度测量方法简介

1. 温度测量基本原理

温度不同于长度、质量和时间等物理量，其本身比较抽象，因而测量温度不能通过与标准量比较而实现，必须通过测量某些与温度相关的物体性质的变化来间接反映温度变化。人们知道物体的性质和所发生的物理现象都与温度有关，如几何尺寸、密度、黏度、弹性、电导率、热导率、热容量、热电势以及辐射强度等，通过测出某个参数的变化就可以间接地知道被测物体的温度，这就是温度计测温的原理。依据以上关系，人们所寻找的测量方法有以下特殊要求：

1）被选择的物理参数变化只与温度有关，与其他因素无关或关系不大。即要求所选择参数仅是温度的单值函数。

2）所选择参数与温度之间的函数关系要求简单，且变化是连续的，函数关系必须稳定。

3）作为温度计的测温介质能够迅速与被测介质达到热平衡，温度的跟踪性要好。

事实上完全满足以上要求是不可能的，但人们从大量的实践中，已经找到比较成熟且基本满足以上要求的测温方法，归纳如下：

1）利用物体的热胀冷缩现象测量温度，如以固体为测量介质的双金属片温度计，以液体（酒精、水银等）为测量介质的玻璃管式液体温度计，以气体为测量介质的气体温度计，这类温度计的应用很普遍，也是最早被采用的。

2）利用物体的热电效应测量温度，如热电偶温度计。

3）利用物体的电导率随温度变化的现象测量温度，如电阻温度计。

4）利用物体的热辐射强度随温度变化的现象测量温度，如光学高温计、光电高温计和辐射高温计。

还有利用磁化率随温度变化现象制造的磁温度计，利用正向电压随温度变化现象制造的二极管温度计等。所有这些方法制造的温度计已广泛应用于工业生产及科学研究中。除此之外，人们正在努力寻找新的测量方法以满足科研和生产部门不断发展的测温要求，如研发或推广可用于温度测量的超声波技术、激光技术、射流技术以及微波技术等现代科技手段。

2. 常用温度计及其使用范围

温度测量技术在各行各业和科研部门均得到广泛应用，温度计的选择与应用是测温工作的重要内容之一。受科学技术发展的推动，所涉及的温度范围也越来越广。由于一种温度计的工作温区有限，在实现不同温度的测量要求时，应合理选择更加适合特定温度区间的温度仪表。目前，温度计的种类繁多，型号各异，图 10-13 给出了目前常用的各类温度计及其适用温度范围。

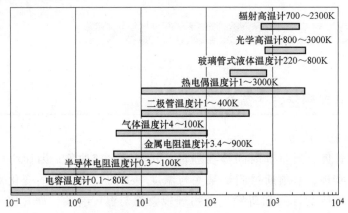

图 10-13　常用的各类温度计及其适用温度范围

10.2.2　高速机车轴温测试系统

本节通过一个实用的高速机车轴温测试系统，从测试任务、测试方案、传感器选择、测试系统设计、测试系统的可靠性与抗干扰设计、测试系统的应用效果等六个方面，介绍温度测试系统的设计。

1. 测试任务

火车高速重载是满足人民群众旅行需要和国民经济发展的客观要求，是铁路运输发展的战略选择。随着高速重载战略的实施，机车速度提高（140~200km/h）和牵引功率增大，使得机车与钢轨的冲击、动力效应和振动增大，导致机车走行部分的轴箱轴承、牵引电动机轴承、抱轴承及空心轴承的发热增多。当轴承磨损和产生缺陷时，这些轴承的不正常发热增大，轻则热轴、固死造成机损，影响机车正常运转；重则造成疲劳破坏和热切轴，车毁人亡，严重影响铁路运输安全，造成巨大的生命和财产损失。因此，性能优良且可靠的高速机车轴温测试报警系统，对保证行车安全具有重要意义。

本例的测试任务是对高速铁路机车的轴箱轴承、牵引电动机轴承、抱轴承及空心轴承等处的温度进行在线监测。在驾驶室向驾驶人实时显示各测点的实际温度，温度超标时发出声音报警并用指示灯显示该点轴位和存储报警信息。该系统能存储各测点的最大温升率和对应的时间，供分析故障时查询，以做参考。

（1）测试系统的主要技术参数

1）测温范围：−55～+125℃。

2）测温精度：±1℃（0～85℃）。

3）测温点数：38点（可根据不同车型而增减）。

4）报警温度：按绝对温度（75℃）和相对温度（环境温度+55℃）报警（可根据不同车型和不同测点的要求而设定）。

5）供电电压：DC 110V（波动范围：DC 65～140V）；功耗小于15W。

（2）对测试系统的其他要求

1）应采取一系列比较完善的抗干扰措施，提高系统的抗干扰能力，能够使系统在机车强电干扰和恶劣环境下，稳定可靠地正常工作。

2）车下各个接线盒之间应采用环行接线，不会因某处中断而影响系统工作。接线盒与主机之间应采用双总线传输方式，当一根总线因故障中断时，可自动转换到另一根总线工作，并用指示灯显示。

3）有完善的自检功能。无论在初始化或正常工作中，当某传感器开路或短路时，都应显示或报警提示。当环境温度传感器发生故障不能测出环境温度时，系统可自动设定环境温度为20℃，以维持系统正常工作。

4）轴温数据的记录和查询。系统应能够自动记录存储各测点的报警温度、最大温升率及其发生的时间，可供随时查询。系统应设有数据输出接口，可输出存储的数据，供机车检修时分析和参考。

5）系统的车下部分（传感器、接线盒、接插件等）应全部采用防尘、防水的密封结构，对环境的适应能力强，性能可靠。

2. 测试方案的选择

测试方案的选择主要包括两个方面：传感器类型的选择和监测计算机系统的选择，这两个方面常常是相关的。

（1）传感器类型的选择　目前，温度传感器的种类繁多，型号各异，即使同一类型温度传感器也可能由于温度传感器材料或工作介质的不同，其适用范围和工作性能大不一样。

机车轴温监测可以采用半导体PN结温度传感器进行测量，配以恒流源，在二次仪表端根据电压的变化来反映轴温的变化。其不足之处在于：

1）测量误差大。PN结温度传感器容易老化和失效，造成较大的测量误差；若采用二线制恒流源法传输模拟量，则测点到仪表的引线较长，会造成较大的引线误差。

2）连线多，环节多，结构复杂。这是由于每个测点到仪表均需连线，每一路信号均需放大等调理。

3）需定期标定，工作量大，传感器的互换性差。

4）微弱模拟信号的传输抗干扰能力弱，测量结果的稳定性和可靠性差，因此对于本测试任务难以胜任。

机车轴温监测也可以使用地面红外线机车轴温监测仪，但它只能在机车通过红外线监测点时，监测轴箱轴承的温度，不能对行车区间内的轴温变化进行监测，也不能监测牵引电动机轴承和抱轴承的温度，因此本测试也不能采取此方案。

为了克服传统的模拟型温度传感器精度较低、抗干扰能力差、多点测量时不能串行通信等弱点，本测试方案采用新型数字式温度传感器，其核心是美国 DALLAS 公司的 DS1820 温度传感器芯片。与传统的温度传感器相比，这种单片数字式温度传感器具有外围电路简单、精度高、对电源要求不高、抗干扰能力强等优点。它的输入和输出均为数字信号，且以串行方式与外部连接，因此可以容易地将很多个测点串行集成到应用系统中，简化了系统的设计并减少了系统的连线。该传感器具有以下基本特征：

1）无须外围器件，即可以用 9 位二进制数字量形式输出温度值。

2）温度测量范围：-55~125℃，分辨力为 0.5℃。

3）将温度转换为数字量的时间小于 200ms。

4）采用串行单总线结构传输数据，即仅用一根数据线接收命令和传送数据。

5）测温误差：<1℃。

6）用户可自定义永久的报警温度设置。

7）可用于恒温控制、工业系统、消费品、温度表和其他热敏系统，尤其适合于工业现场的温度监测和控制，抗干扰能力强，能适应恶劣的工业环境，工作稳定可靠。

该传感器有两种供电方式。一种是利用主机内部的电源通过数据线的高电平供电，不需外接电源和电源线，适用于数据总线上连接少量传感器的情况；另一种需外接+5V 电源和电源线，适用于数据总线上连接较多传感器的情况，本系统采用此方式供电。

（2）监测计算机系统的选择　目前在工程实际中常用的监测计算机系统主要有工业控制计算机、基于 ARM 板的嵌入式计算机和单片计算机等三种。

工业控制计算机是一种通用的计算机系统，其功能强大、运算速度快、编程方便（采用高级计算机语言）、通用性强，但其体积较大，价格也较高，所以常用于参量类型和数目较多、要求运算速度快、显示界面复杂的监测和控制任务。

基于 ARM 板的嵌入式计算机，简称 ARM 板计算机，是近几年才应用于工程实际的集成度较高的计算机系统，其功能和运算速度介于工业控制计算机与单片计算机之间，即比工业控制计算机低，但比单片计算机高出许多；其体积比工业控制计算机小许多，但比单片计算机大；其价格比工业控制计算机低许多，但比单片计算机高。

单片计算机于 20 世纪 80 年代已经应用于生产实际的测量、监测和控制等任务，经过 20 多年的改进和发展，已经比较成熟和完善。相对于工业控制计算机和 ARM 板计算机，单片计算机具有结构简单、价格低廉、功能相对简单等特点，但其运行速度较慢和数据处理能力较弱，所以常用于参量类型和数目较少、要求运算速度不高、显示界面简单的小型监测和控制任务，其最典型的应用是自动（智能）监测仪表。

对于本节具体的高速机车轴温监测任务，采用工业控制计算机、ARM 板计算机和单片计算机均可以实现。基于以下理由，本测试任务选用单片计算机。

1）高速机车轴温监测系统的监测任务相对简单，单片计算机完全能够实现。最主要的是单片计算机价格低廉，所以其性价比最高。

2）采用半导体数字式温度传感器，直接输出数字量，所以监测计算机只需接收数字信号，完成比较简单的温度数据比较、报警、显示、存储等功能，不需要进行复杂的数据处理，因此没有必要选用数据运算和处理能力强的工业控制计算机和 ARM 板计算机。

3）采用半导体数字式温度传感器，利用单根串行总线传输数字信号，需要编写底层的通信程序，而单片计算机的汇编语言编写该程序，比其他两种计算机用高级语言编程更为方便。

3. 测试系统的硬件和软件设计

（1）系统的硬件构成　测试系统的硬件构成如图 10-14 所示。EEPROM 用于存储、改写和读取各个传感器的编号，掉电后编号不消失。RS485 串口用于读出存储的报警和温升率数据。

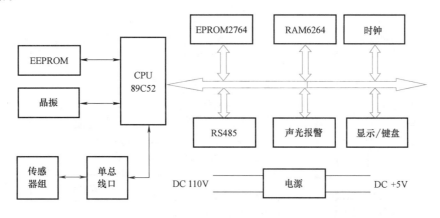

图 10-14　测试系统的硬件构成

（2）传感器与主机的数据传输　传感器为数字式，直接输出二进制数，且具有单总线数据输入、输出接口。本测试系统的温度测点达 38 个，为了提高数据传输的可靠性并节省连线，传感器和主机之间采用两条单总线串行传输数据。将两条单总线连接成环状，其工作状态自动切换（当正在工作的一条总线故障时，自动切换到另一条总线工作），同时只有一条单总线处于工作状态。所有传感器连接在环形总线上，实现了单总线多点温度监测。这样的连接保证了当总线的任何部位发生断线等故障时，主机仍然能够接收到每个测点的数据，提高了总线的可靠性，且使连接简单。

由于采用串行单总线结构，必须保证总线上一次只能接收或发送一个传感器的数据，而其他传感器必须处于禁止状态，否则总线无法正常工作。在传感器安装之前，将每一个传感器分别唯一地连接在总线上，分别读出每个传感器 ROM 中的唯一编号，存入主机的 EEPROM 中，并存储对应的轴位号。监测时，主机利用传感器 ROM 中的唯一编号，采用依次通知的方式，呼叫到哪个传感器，哪个传感器就完成温度转换和数据传输，而其他传感器处于禁止状态，这样保证了每个测点的温度都能唯一准确地传送给主机。

（3）测试系统的软件设计　系统主程序的简化流程如图 10-15 所示。系统自检程序判断传感器、指示灯和蜂鸣器等硬件是否完好。设置程序的核心是传感器编号设置，需发送指令码，读出唯一连接在总线上的传感器的内部编号，并从键盘上读入该传感器安装的轴位号，均存入主机的 EEPROM 中。测试程序的核心是主机与传感器的单总线串行通信程序，主机需发送一个测点的传感器编号，对应传感器唯一响应并进行温度转换，然后主机接收温度数据，进行判断处理，而总线上的其余传感器处于禁止状态。查询程序将存储的温变率和报警事件数据依次显示出来，供有关人员观察和分析。

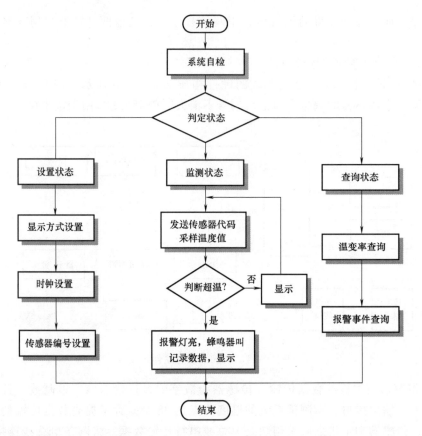

图 10-15　系统主程序的简化流程

4. 测试系统的可靠性与抗干扰设计

铁路高速机车（以 SS7D 型为例）的牵引额定功率达 4800kW，其上存在多种大功率电气设备，如驱动电动机（每个 800kW，共 6 个）、变压器（9062kW）、制动器（4000kW）、主断路器、整流机组、空压机组、前照灯和空调等；也存在多种电压，电网电压高达 AC 29kV，主要做功设备使用 AC 380V，控制、监测电路使用 DC 110V。电弓的起落、前照灯的开关和其他大功率设备的起停会产生很大的电源干扰和磁辐射干扰，因此，测试系统对控制、监测系统的抗干扰能力和可靠性提出了很高的要求。

本测试系统作为应用于高速机车上的单片机应用系统，抗干扰能力是其能否在实际应用中正常工作的关键。为此，本系统采用了下列抗干扰措施：

（1）系统电源的抗干扰设计　机车上大功率设备的动作使 110V 直流供电电源产生的瞬时干扰会进入测试系统，影响系统正常工作，如前照灯打开时，干扰有时可以使小继电器自动吸合。为此，系统电源将 110V 直流转换为 5V 直流，并根据抗干扰的要求对其进行专门设计，即电源的输入和输出端加有参数适当的磁环吸收、抑制干扰，并在输入端加装参数适当的滤波器减弱干扰。

（2）系统主板的抗干扰设计　将主电路板上的电源线和地线加粗，并使地线有效接地，可以使瞬态干扰的能量很快释放。除机壳屏蔽外，在主电路板和电源板之间加有屏蔽钢板。将主板上驱动蜂鸣器等部件的晶体管改为小继电器，改进后，当电弓升起或前照灯打开时，蜂鸣器的误报警和主机的乱码显示现象将彻底消除。

（3）系统软件的抗干扰设计　系统软件具有自复位能力，当强干扰导致程序混乱时，系统自动复位、初始化后继续正常工作。系统的传感器为低功耗，仅 $5\mu A$，当主机与测点较远时，瞬态干扰偶尔会使传输的数据畸变，测不出温度数据。系统软件对没有测到数据的测点采用多次测量的方法解决这一问题。由于传感器转换温度仅需 200ms，而主机显示一个测点的温度需近 2s，所以，偶尔的多次测量对系统的测试周期影响不大。

5. 测试系统的应用效果

根据测试任务要求，高速机车轴温测试系统采用新型数字式温度传感器，利用单总线串行传输数字信号等新技术，具有测温精度高，抗干扰能力强，工作稳定可靠的特点，满足了高速机车的需要。该系统在 SS7D 型高速机车（最高速度 200km/h）上的运行结果证明了其可行性和实用性，为高速机车的安全运行发挥了应有的重要作用。

10.3　位移测量案例

10.3.1　位移测量方法简介

位移是物体上某点在两个不同瞬间的位置变化量，是一种基本的测量量，在机械工程中应用很广。这不仅因为在机械工程中经常要求精确地测量零部件的位移，更重要的是因为对许多参数如力、压力、扭矩、温度、流量、物位等的测试，也可通过适当的转换或变换成位移来测试。位移有线位移和角位移之分，线位移是物体上某点在两个不同瞬时的距离变化量，它描述了物体空间位置的变化。角位移则是在一平面内，两矢量之间夹角的变化量，它描述了物体上某点转动时位置的变化。

对位移的测量除了确定其大小之外，还应确定其方向。一般情况下应使测量方向与位移方向重合，这样才能真实地测量出位移量的大小。否则测量结果仅是该位移量在测量方向上的分量。位移测量时应当根据不同的测量对象，选择恰当的测量点、测量方向和测量系统。测量系统一般由位移传感器、相应的测试电路和终端显示装置组成。位移传感器选择得恰当与否，对测试精确度影响很大，必须特别注意。

经典的位移测量传感器有电感式、差动变压器式、电容式、涡流式、应变式、霍尔式、压电式等，也可采用光栅、感应同步器和磁栅等方法。测量时应根据不同的被测对象、测量范围、线性度、精确度和测量目的，选择合适的测量方法。表 10-2 和表 10-3 给出了几种经典位移测量方法的比较。

表 10-2　几种模拟式位移传感器的特性

类　型		测试范围[1] /mm	测试误差	特　　点
电位器式	线性电位器	0~1	±0.01mm	输出信号电平高，可不接放大器。可测至 1000mm 的大位移,测试误差不随测试范围扩大而增加,电刷与电阻丝间产生接触电阻及磨损,引起噪声,影响寿命,响应速度低
	螺旋电位器	−50~+50	±0.1mm	

（续）

类　型		测试范围[1]/mm	测试误差	特　点
电阻应变式	金属应变片	$-0.03 \sim +0.03$	$\pm 1.5\%$	结构简单，能测微小位移，易受冲击、温度和湿度的影响
	半导体应变片	$0 \sim 100$	$\pm 1.5\%$	
电容式	变极距型	$-0.05 \sim +0.05$	$\pm 1\%$	灵敏度高，动态特性好，能进行非接触测试，可测微小位移，需考虑良好的屏蔽和密封，测试范围小
	变面积型	$0 \sim 250$	$\pm 0.01\%$	线性度好，测试范围大，适合于测试较大的位移，但要考虑良好的屏蔽
涡流式	阻抗变化型	$0 \sim 100$	$\pm 1\%$	线性度好
	电容变化型	$0 \sim 1.5$	$\pm 2.5\%$	测试不同材料时，仪器不需重新校准
电感式	变极距型	$0 \sim 0.1$	$\pm 2\%$	结构简单，灵敏度高，输出功率大，线性范围小，电磁吸引力大
	螺管型	± 125	$0.1\% \sim 1.5\%$	灵敏度高，测试精度高，可测大的位移，但体积大，响应速度低
	差动变压器式	± 625	2%	
光电式	非扫描型	± 10	$\pm 1\%$	非接触测试，响应速度快，可用于测试快速变形、位移，对使用环境和光源有一定的要求
	扫描型	$0 \sim 970$	$\pm 4\%$	测试范围大，显示功能较多，对光源的要求不高，抗干扰性能好，精度不高
	CCD型	$0 \sim 1500$	$\pm 0.5\%$	测试范围大，扫描稳定，不易受外界振动和电磁场干扰，集成度高，功耗低，可用于图像识别和位移快速的动态测试，分辨力低于光学机械扫描式传感器

① 表中测试范围仅列举一、二种，并非所有型号。

表 10-3　几种数字式位移传感器的特性

类型	节距/μm	最小示值/μm	示值误差[1]	最大工作速度/(m/min)	特　点
光栅	10	0.5	$\pm(0.2\mu m + 2 \times 10^{-6}L)$ $\pm 0.5''$（测角）	15	精度高，定性好，测试范围大，制造、调试较难，刻线要很精确。油污、灰尘会影响工作可靠性，应有防护罩
磁栅	200	1	$\pm(2\mu m + 5 \times 10^{-6}L)$ $\pm 0.5''$（测角）	12	结构简单，精度较高，测试范围大，不怕油污；易受外界磁场影响，要进行磁屏蔽
感应同步器	2000	1	$\pm 2.5\mu m/250mm$ $\pm 1''$（测角）	50	结构简单，精度较高，接入方便，对环境要求不高，寿命较长，应用广泛

① 指所能达到的示值误差，L 为被测试位移值，单位为 m。

10.3.2　润滑油膜厚度光纤测试系统

本节通过一个实际的润滑油膜厚度测试需求，从测试任务、测试方案、传感器设计、测试系统设计、测试效果等几个方面，介绍一个典型的位移测试系统的设计。

1. 测试任务

高速流体动压滑动轴承广泛用于高速机床、高速离心机、汽轮发电机组、钢铁和化工联合企业的大型机械设备中。滑动轴承作为一种关键的基础零部件，既是这些关键设备的重要支撑零件，又是保证其完成旋转运动的关键摩擦副。为此，它对设备的正常运行起着至关重要的作用。与此同时，随着设备向高速、重载方向发展，对轴承的工作载荷和速度的要求不断提高。在高速、重载、高温条件下工作的机器，摩擦、磨损又是其发生故障的最主要原因，而润滑则是减少摩擦与磨损的简便而有效的方法。为保证轴承处于流体动力润滑状态，必须满足最小油膜厚度处轴承两表面平面度高峰不直接接触的条件。对于一些重要场合，对轴承的润滑状态常有非常严格的要求。因此，对润滑油膜厚度实施有效的监测和控制就显得非常重要。

本例的测试任务就是对摩擦副间微小区域内的油膜厚度进行直接测量，以监测滑动轴承润滑油膜工作状态。

2. 测试方案

测量摩擦副间微小区域内的油膜厚度可以有多种测试手段，诸如电阻法、放电电压法、电容法、X光透射法、激光衍射法和光纤测量法等。

（1）电阻法　电阻法测量油膜厚度是通过测量油膜的电阻大小来判断其厚度，然而由于油膜的电学性能极不稳定，在电阻的标定上存在很大的困难，不能定量地反映油膜厚度的数值。故一般仅采用电阻法进行定性测量，用它来鉴别润滑油膜存在与否。

（2）放电电压法　放电电压法是利用电压击穿的原理，根据电压与电流的关系来推算出代表油膜厚度的放电电压。然而，由于润滑油的性质和纯洁程度对放电电压的影响，测量结果的稳定性较差，所以此法也不能满意地用作油膜厚度的定量测定。

（3）电容法　电容法测量油膜厚度是指当润滑油的介电常数已知后，根据电容值随油膜的厚度增大而降低的变化关系测得油膜厚度。采用电容法测量的主要困难在于建立电容值和油膜厚度的关系时油膜间隙形状不明确。

（4）X光透射法　X光透射法测量油膜厚度的原理是：金属能够吸收X光而不能使X光穿过，而润滑油却允许X光穿过，并且在一定条件下透过油膜的X光强度与油膜厚度成正比。此方法存在的困难是必须对射向油膜的光束以及它与油膜的相对位置进行精确的调整。

（5）激光衍射法　激光衍射法测量两个圆盘间的油膜厚度的原理是：当激光束通过无油的缝隙时，由于衍射现象将在屏幕上出现条纹。测量衍射条纹的宽度即可算出缝隙的宽度，测量精度相当高。但当缝隙中充满润滑油时，衍射宽度将受到油的密度、黏度和折射率等因素的影响，对于给定的润滑油品种，能够确定衍射条纹宽度和油膜厚度的关系。激光衍射法的主要困难是所测缝隙的下限值较大。例如，对于功率为 $1\mathrm{mW}$ 的激光器，若缝隙小于 $7.62\mu m$，屏幕上的条纹就显得模糊。因此，要测量较窄的缝隙必须采用更大功率的激光器。

（6）光纤测量法　近几年来刚刚兴起的光纤动态测量润滑油膜厚度的检测方案是利用光纤作为传感器进行测量。光纤传感器具有灵敏度高、频带宽、测量范围大、抗电磁干扰、耐高压、耐腐蚀、保密性好、在易燃易爆环境下安全可靠、便于与计算机等智能设备相连接、在线测量和自动控制等优点。为此，选择光纤传感器实现润滑油膜厚度的精密测量有很大的优越性，是一个比较理想的解决方案。

3. 光纤位移传感器设计

光纤传感器可以探测的物理量很多，目前已实现的光纤传感器测量物理量达 70 余种。然而，能够适合本节测试任务——滑动轴承润滑油膜厚度测量的传感器只有反射式强度调制光纤位移传感器。

（1）反射式强度调制光纤位移传感器的工作原理　反射式强度调制光纤位移传感器是一种非功能型光纤位移传感器，其工作原理如图 10-16 所示。图 10-16a 中，距光纤端面 d 的位置放有反光物体——平面反射镜，它垂直于输入和输出光纤轴移动，故在平面反射镜之后相距 d 处形成一个输入光纤的虚像。因此，确定调制器的响应等效于计算虚光纤与输出光纤之间的耦合。设输出光纤与输入光纤间的间距为 a，且都具有阶跃型折射率分布，芯径为 $2r$，数值孔径为 NA，并令 $T = \tan\theta = \tan(\arcsin NA)$，则在图 10-16b 中，$R = r + 2dT$，$\delta = 2dT - a$。

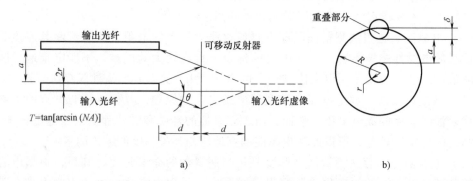

图 10-16　反射式强度调制光纤位移传感器工作原理

当 $d < a/(2T)$，即 $a > 2dT$ 时，耦合进输出光纤的光功率为零。

当 $d > (a+2r)/(2T)$ 时，输出光纤与输入光纤的像发出的光锥底端相交，其相交的截面积恒为 πr^2，此光锥的底面积为 $\pi(2dT)^2$，故在此范围内间隙的传光系数为 $[r/(2dT)]^2$。

当 $a/2T \leqslant d \leqslant (a+2r)/2T$ 时，耦合到输出光纤的光通量由输入光纤的像发出的光锥底面与输出光纤相重叠部分的面积所决定，重叠部分如图 10-16b 所示。

利用伽玛函数可精确地计算重叠部分的面积，或利用线性近似法来进行计算，即光锥底面积与出射光纤端面相交的边缘用直线来进行近似。如果 δ 是光锥边缘与输出光纤重叠的距离，在这种近似的前提下，简单的几何分析即可给出输出光纤端面受光锥照射的表面所占的百分比为

$$\beta = \frac{1}{\pi}\left\{\arccos\left(1-\frac{\delta}{r}\right) - \left(1-\frac{\delta}{r}\right)\sin\left[\arccos\left(1-\frac{\delta}{r}\right)\right]\right\} \tag{10-7}$$

由图 10-16b 的几何关系可计算出 δ/r 的值为

$$\frac{\delta}{r} = \frac{2dT - a}{r} \tag{10-8}$$

因此，被输出光纤接收的光功率占输入光纤输出的入射光功率的百分数为

$$\frac{P_0}{P_i} = F = \beta \frac{\delta}{r} \left(\frac{r}{2dT} \right)^2 \tag{10-9}$$

式中，F 称为耦合效率。

设光敏二极管输入的光强为 E，显然有

$$E \propto F \propto \beta \tag{10-10}$$

（2）润滑油膜厚度测量传感器的安装 润滑油膜厚度光纤位移传感器的安装如图 10-17 所示，即在滑动轴承的轴颈上贴一块反射纸，并在轴瓦上安装两根光纤。两根光纤测量端的端面对齐固定在轴瓦上，输入光纤的另一端对准激光光源，输出光纤的另一端则对准光敏二极管。光敏二极管（PIN 管）是数据采集电路板的一部分，作为其信号源（传感器）环节。在此基础上，包括计算机和以单片机为核心的数据采集板在内的整个系统，就构成了一个完整的、根据反射式强度调制光纤位移传感器原理设计的润滑油膜测量装置。

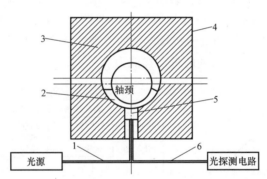

图 10-17 润滑油膜厚度光纤位移传感器的安装
1—输入光纤 2—油膜 3—轴瓦 4—滑动轴承
5—能透光的密封器件 6—输出光纤

（3）润滑油膜厚度测量传感器的性能分析 本装置采用的激光光源为氦氖激光灯，其输出的光功率 $P_i = 30\mu W$，波长约为 630nm。考虑传输中光的损耗（设比例系数为 u_0）以及油膜所吸收的光功率（设比例系数为 w），则输出光纤接收的光功率 P_0 为

$$P_0 = u_0 w F P_i \tag{10-11}$$

所以光敏二极管接收到的光功率为

$$E = u_1 P_0 \tag{10-12}$$

式中，u_1 为从光纤输入到光敏二极管时，由于损耗而产生的耦合效率系数。

总的耦合系数 u 为

$$u = u_0 u_1 \tag{10-13}$$

本装置所用的光敏二极管是一个集成了一个光敏二极管（PIN 管）和一个运算放大器的芯片。它直接输出电压，输出电压与芯片接收到的光功率成正比，而且具有很高的

灵敏度和线性度，其灵敏度 $S = 0.45\text{V}/\mu\text{W}$。因此，光敏二极管输出电压为

$$V = SE = SuwFP_i \tag{10-14}$$

由于有暗电流，所以实际输出为

$$V = V_0 + SuwFP_i \tag{10-15}$$

式中，V_0 为暗电压（即没有光输入时光敏二极管所输出的电压）。

根据以上讨论分析可知：

1) 当 $0 < d < a/(2T)$ 时，光敏二极管输出的电压为 $V = V_0$。

2) 当 $a/(2T) \leqslant d \leqslant (a+2r)/(2T)$ 时，$V = V_0 + Suw\beta(\delta/r)[r/(2dT)]^2$，则输出电压 V 随 d 的增大而单调增大。

3) 当 $d > (a+2r)/(2T)$ 时，$V = V_0 + Suw[r/(2dT)]^2$，则输出电压 V 随 d 的增大而单调减小。

为此，当 $d = (a+2r)/(2T)$ 时，输出电压 V 达到最大。

4. 后续测试系统的设计

基于上述反射式强度调制光纤位移传感器的工作原理，开发了一种相应的检测润滑油膜动态厚度的两点光纤测试系统，如图10-18所示。其工作原理为：采用两路相互垂直的双圈同轴反射式强度调制光纤位移传感器测得两路油膜厚度动态值，求出轴颈动态圆心 O' 的坐标 (x, y)，从而推知旋转机械支承的滑动轴承最小润滑油膜厚度动态值及其偏位角。该系统结构简单，具有较强的抗干扰能力。

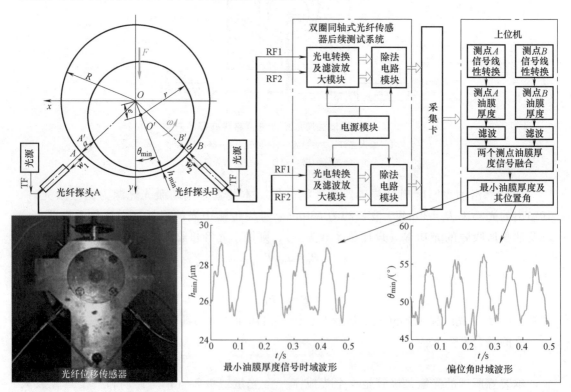

图 10-18　润滑油膜厚度光纤测试系统

5. 测试效果

由于在测试系统中采用了光纤传感技术，解决了其他测试方法中无法消除的电磁干扰、使用寿命短、不耐高温、不耐腐蚀等问题。与传统的只能定性测试膜厚的方法相比，这种润滑油膜光纤测试系统实现了油膜厚度的精密测试，并能对出现的误报警及时进行判断，具有重要的工程意义。

10.4 噪声测量案例

在机械工程领域中，机械噪声是常见的物理现象。一般来讲，噪声对人体是有害的，为了降低噪声，噪声的测试分析技术就有着十分重要的实际意义。为此，本节首先介绍噪声测量基础，然后以某款汽车悬架减振器的异响声为例介绍噪声测量与分析技术。

10.4.1 噪声测量方法简介

一般来讲，噪声测量包括强度测量和频谱测量。噪声强度测量一般包括声压、声强和声功率，噪声频谱测量分为倍频程频谱及连续谱。

1. 噪声强度测量

（1）声压 p 及声压级 L_p　声波作用于物体上的压力称为声压 p，其单位是帕（Pa）。以正常人耳的听觉为例，可听到的最弱声压为 $2 \times 10^{-5}\,\text{Pa}$，称之为听阈声压，人耳感觉疼痛的声压为 20Pa，称之为痛阈声压。由于听阈声压与痛阈声压数量级相差甚远，表示起来很不方便。为此，人们往往用声压的对数——声压级 L_p 来衡量声音的强弱，其单位是分贝（dB），定义为

$$L_p = 20\lg \frac{p}{p_0} \tag{10-16}$$

式中，p 为声压；p_0 为基准声压，我们取其值为听阈声压 $2 \times 10^{-5}\,\text{Pa}$。这样，由听阈声压到痛阈声压的声音强弱便可由 0~120dB 的声压级来表示。

（2）声强 I 及声强级 L_I　如果说声压与声压级是一种与压力相关的量，那么声强及声强级则是一种与能量相关的量。声强是单位时间内垂直于声波传播方向上单位面积内所通过的能量，用 I 表示，其单位是 W/m^2，相应的声强级定义为

$$L_I = 10\lg \frac{I}{I_0} \tag{10-17}$$

式中，I 为声强；I_0 为基准声强，取为 $10^{-12}\,\text{W/m}^2$。

（3）声功率 w 及声功率级 L_w　将声强 I 在包围声源的封闭面积上积分，便可得到声源在单位时间内发射出的总能量，称之为声功率，用 w 表示，其单位为瓦（W）。

$$w = \int_S I \mathrm{d}S \tag{10-18}$$

式中，S 为包围声源的封闭面积。

相应的声功率级定义为

$$L_w = 10\lg \frac{w}{w_0} \qquad (10\text{-}19)$$

式中，w_0 为基准声功率，取为 $10^{-12}\,\mathrm{W}$。

声功率级是反映声源发射总能量的物理量，且与测量位置无关，因此它是声源特性的重要指标之一。声功率级无法直接测量，只能通过对声压级的测量经换算而得到。声功率级与声压级的换算关系依声场状况而定，在自由声场中有

$$L_w = \overline{L}_p + 20\lg R + 11\,\mathrm{dB} \qquad (10\text{-}20)$$

式中，$\overline{L}_p$ 为在半径为 R 的球面上所测的多点声压级的平均值。设有 n 个测点，$\overline{L}_p$ 的求法为

$$\overline{p} = \left(\frac{\sum p_i^2}{n^2}\right)^2 \qquad (10\text{-}21)$$

$$\overline{L}_p = 20\lg \frac{\overline{p}}{p_0} \qquad (10\text{-}22)$$

若声波仅在半球方向上传播，这种情况相当于开阔地面上声源的声发射过程。声功率级与声压级之间的换算公式为

$$L_w = \overline{L}_p + 20\lg R + 8\,\mathrm{dB} \qquad (10\text{-}23)$$

（4）声压及声压级的合成　当噪声源为两个时，其总噪声的声压及声压级不可以直接进行初等数学运算。总声压应该是两个噪声源声压能量的叠加，即

$$p_合 = \sqrt{p_1^2 + p_2^2} \qquad (10\text{-}24)$$

式中，$p_合$、p_1 及 p_2 分别为合成声压、声压 1 及声压 2。

根据上述有关定义和公式，可得出 n 个声源同时发射互不相关的声波时，声场中某处的总声压级 L_{ptot} 和总声功率级 L_{wtot} 分别为

$$L_{ptot} = 10\lg\left(\sum_{i=1}^{n} 10^{L_{pi}/10}\right) \qquad (10\text{-}25)$$

$$L_{wtot} = 10\lg\left(\sum_{i=1}^{n} 10^{L_{wi}/10}\right) \qquad (10\text{-}26)$$

（5）背景噪声的扣除　在噪声测量时，即使所测量的声源停止发声，环境也存在着一定的噪声，称此噪声为环境噪声或背景噪声。背景噪声必然影响噪声测量结果。换言之，测量结果实质上是所考察的噪声和背景噪声的合成结果。只有从此结果中扣除背景噪声，才能得到所考察噪声的正确声压级值。根据声压级的合成公式，表 10-4 是对应于两声压级之间的算术差，以及应该在总声级中扣除的声级值。

表 10-4　背景噪声级影响的扣除值　　　　　　（单位：dB）

两声压级算术差	3	4	5	6	7	8	9	10
扣除值 ΔL	3.00	2.30	1.70	1.25	0.95	0.75	0.60	0.45

由表 10-4 可以看出，若被测噪声源的声级以及各频带的声压级分别高于背景噪声的

声级和各频带的声压级 10dB，则可忽略背景噪声的影响；若测得的噪声与背景噪声相差 3~10dB，则应按表 10-4 的数据进行修正；若两者相差小于 3dB，则测量结果无效。

2. 噪声频谱测量

在用声级计进行噪声测量时，得到的噪声级是由各种频率组合成的噪声的总噪声级。在实际工作中，为了找出噪声产生的原因，必须知道噪声的频率分布特性。声音的频谱能清楚地表明声能按频率分布的状况，表明声音中含有哪些频率成分、各频率成分的强弱、有哪些频率成分占主导地位，进而可以查明这些主导频率成分的产生原因。因此，测量声的频谱往往是噪声测量的重要部分。

对噪声频谱的测量，当然可以采用振动分析中所用的频谱分析仪进行。除此之外，噪声频谱测量中，人们也往往按一定宽度的频率来进行测量，即测量各个频带的声压级。在某一频带中，声音的声压级称为该频带声压级，讨论频带声压级时应该指明频带的宽度。在噪声测量中，最常用的频带宽度是倍频程和 1/3 倍频程。表 10-5 给出了倍频程的中心频率和频率范围。

表 10-5　倍频程的中心频率和频率范围　　　　　　　（单位：Hz）

中心频率	频率范围	中心频率	频率范围
31.5	22.4~45	1000	710~1400
63	45~90	2000	1400~2800
125	90~180	4000	2800~5600
250	180~355	8000	5600~11200
500	355~710	16000	11200~22400

3. 噪声的主观评价

人耳对声音所感觉的强度不仅与声压有关，并且与声音的频率特征有关。人耳听觉所能接受的声音频率范围很宽，一般在 20~20000Hz 之间，但对 1000~5000Hz 的频率范围反映最灵敏。另外声音微弱时，人耳对相同声压不同频率的声音会感觉出较大的差别，随着声音增大，这种感觉会变得迟钝。由于对噪声评价的目的主要是保护人体身心健康，正因为人耳的这种特性，需要引入一个把频率和声压级统一起来的可以反映主观感觉的量，即响度或响度级。

响度是人耳判别声音强度大小的量，它用 S 来表示，单位是宋（sone）。1sone 的定义是：频率为 1000Hz、声压级为 40dB 的平面行波的强度。响度级 L_S 的单位是方（phon），选 1000Hz 纯音作为基准音，若某种频率的噪声对人耳来说与声压级为 90dB 的基准声音一样，则认为该噪声的响度级为 90phon。根据这个原则，人们通过对人耳听觉的大量实验做出了人耳可闻频域内纯音的响度级曲线，并称之为等响度曲线，如图 10-19 所示。

从等响度曲线出发，在声测量仪器中添加一种特殊的滤波器——频率计权网络，用它模仿人耳对不同频率声音的灵敏性进行不同程度的衰减，使得仪器的输出能近似地表达人耳对声音响度的感觉。显然，这样的仪器测得的声压级不是声音原本的声压级，不是客观的物理量，而是人为的、表达主观评价的量。这种声压级称为计权声压级，简称为声级。在噪声测量中，使用最广泛的是 A 声级，国际上已把 A 声级作为评价噪声的主要指标，它是近似模拟 40phon 等响度曲线的倒置，如图 10-20 所示。A 计权较好地模仿

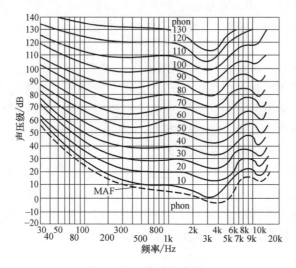

图 10-19 等响度曲线

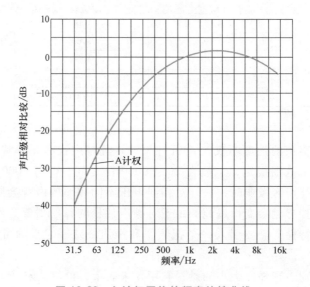

图 10-20 A 计权网络的频率特性曲线

了人耳对低频段（500Hz 以下）不敏感、对 1000~5000Hz 敏感的特点。

4. 噪声测量仪器

常用的噪声测量仪器是以声级计为核心的噪声测量系统。它的主要组成设备为传声器、声级计、频谱分析仪、校准仪等。

（1）传声器 传声器又称为话筒，它是将声信号转换为相应的电信号的传感器，即电声换能器。一个理想的声学测量用的传声器应有如下特性：自由场电压灵敏度高、频率响应范围宽、动态范围大、体积小，而且不随温度、气压、湿度等环境条件变化。由于所用换能原理或元件不同，有许多类型的传声器，常用的有动圈式传声器、驻极体式传声器、电容式传声器等。

动圈式传声器的频率响应一般为 200~5000Hz，质量高的可达 30~18000Hz。动圈式传声器具有坚固耐用、工作稳定等特点，具有单向指向性，价格低廉，适用于语言、音乐扩音和录音。

驻极体式传声器具有体积小、结构简单、电声性能好、价格低廉等优点，广泛应用于盒式收录机、电话机、无线话筒及声控电路中。

电容式传声器灵敏度高、动态范围宽（12dB）、频率响应范围宽而平直（从 10Hz~20kHz），具有优越的瞬态响应和稳定性，以及极低的机械振动灵敏度和良好的音质等，所以广泛应用于电视、广播、电影及剧院中的高保真录音的场合，或用于科研上的精密声学测量的场合，因其灵敏度极其稳定且可校准，可将其用作声学基准。

（2）声级计　声级计是传声器与后续调理电路的集合。声级计不仅能测量声级，还能与多种辅助仪器配合进行频谱分析、记录噪声的时间特性等，图 10-21 所示为两款声级计。

1）声级计的组成。声级计是由电容传声器、放大器、衰减器、计权网络、检波电路、指示电表、电源等部分组成。它是一种电子仪器，但又不同于电压表等客观电子仪表，在把声信号转换成电信号时，可以模拟人耳对声波反应速度的时间特性，对高低频有不同灵敏度的频率特性。因此，声级计是一种主观性的电子仪器。

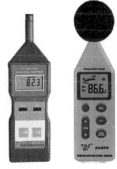

图 10-21　声级计

传声器的作用前面已介绍过。放大器就是电子放大电路。一般要求声级计中的放大器在声频范围响应平直、动态范围宽、稳定性高、固有噪声低。衰减器的作用是使放大器处于正常工作状态，将过强的输入信号衰减到合适的程度再输入放大器，从而扩大声级计的量程。计权网络是模拟人耳对不同声音的反应而设计的滤波电路，如前所述的 A 计权。此外，有的声级计还配有倍频带和 1/3 倍频带滤波器，可直接进行频谱分析。检波器是把来自放大器的交变信号变换成与信号幅值保持一定关系的直流信号，以推动电表指针偏转。

2）声级计的分类。按照声级计灵敏度可将之分为两大类：一类是普通声级计，另一类是精密声级计；按照声级计的用途也可分为两类：一类用于测量稳态噪声，一类则用于测量脉冲噪声。

目前，声级计大多采用了先进的数字检波技术，使得仪器的稳定性、可靠性大大提高，且具有量程动态范围大、大屏幕液晶数显、自动测量存储各种数据等特点。

3）声级计的使用。噪声测量时，声级计应根据情况选择好正确档位，两手平握声级计两侧，传声器指向被测声源，也可使用延伸电缆和延伸杆，减少声级计外形及人体对被测量的影响。

此外，由于传声器性能受环境条件影响较大，因此正确使用声级计的方法是每次测量之前，要对声级计进行校准。常用的校准方法有两种：活塞发声器法和声级校准器法。活塞发声器是一种标准声源，它能产生频率为 250Hz±2%、声压级为 124dB 的声音，声压级精度为 ±0.2%。声级校准器也是一种标准声源，但精度较活塞发声器低，它能产生频率为 1000Hz±2%、声压级为 94dB 的声音，声压级精度为 ±0.3dB。

10.4.2　汽车悬架减振器异响声分析

本节通过一个实际的汽车悬架减振器异响声测试需求，从测试任务、测试方案、测试系统的设计、数据处理与分析等几个方面，介绍一个典型的噪声测试案例。

1. 测试任务

汽车噪声水平是决定车型开发成功与否的重要因素。近年来，由于汽车上的主要噪声源和振动源（如动力总成等）已经得到了较好控制，以前被忽视的其他零部件的噪声问题逐渐被暴露出来，其中悬架减振器异响（不正常声音）问题就是其中之一。

如图 10-22 所示，悬架减振器是悬架系统中与弹性元件并联安装的减振器，作用是改

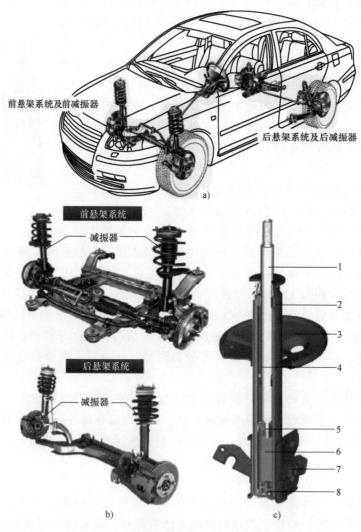

图 10-22　汽车悬架及减振器

a）悬架系统及减振器在车辆上的位置　b）前、后悬架系统　c）减振器内部结构

1—活塞杆（连杆）　2—油封　3—弹簧托盘　4—工作缸
5—活塞　6—减振器油　7—支架　8—阀系

善汽车行驶平顺性。悬架减振器多采用液压减振器，其工作原理是当车身和车桥间受振动出现相对运动时，减振器内的活塞上下移动，减振器腔内的油液便反复地从一个腔经过不同的孔隙流入另一个腔内，由于流体的阻尼作用衰减振动。

本例的任务是针对某车型出现的悬架减振器异响问题开展试验研究，探索异响特征和异响形成的原因，为结构改进提供依据。

2. 测试方案

由于悬架减振器的异响问题不仅与减振器的内在结构及其油液特性密切相关，而且受到悬架结构形式、悬架与车体连接关系、车体与乘坐室构造以及车身内饰声振抑制能力等的综合影响，其作用机理极为复杂。此外，汽车噪声除了空气动力噪声之外，常常由于结构振动引起结构噪声。因此，为了寻找悬架减振器异响原因，除了测量噪声之外，也必须对汽车相应部位的结构振动进行测量。测试方案如下：

1）测试采取整车路试方式进行，先后测试数十个悬架减振器安装条件下的振动与噪声，每次测试更换安装不同编号悬架减振器。

2）测试内容包括主观评价与客观评价。主观评价是依据驾乘人员对不同编号减振器下车内噪声进行主观判断，分为"正常"和"异响"两种状态；客观评价是测试声压及加速度频谱进行分析。

3）测试中，车辆发动机（含进、排气系统）、空调、传动系、转向系、行驶系（被测样件除外）、车体结构及附件等的振动、噪声状态无异常；轮胎技术状态良好、胎压正常；车辆仪表、信号系统正常；此外，在针对前悬架减振器进行测试的过程中，要求后悬架减振器保持主观评价无异响。

4）测试中要求道路及周边噪声干扰源少、周边没有大的声反射物。分三种路面进行测试，即：500m以上的平直、干燥沥青路面或混凝土路面；带斜坡的坑洼路面（便于熄火滑行）；颠簸的土石路面。

3. 测试系统的设计

根据前面确定的测试方案，整个测试系统组成如图10-23所示。

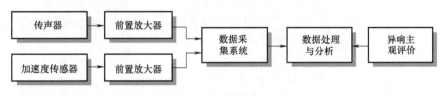

图 10-23　测试系统组成

正如本节前面所述，目前测量噪声的传感器就是传声器，不同型号传声器具有不同的适用范围。考虑到本次试验为实际路况试验，条件比较苛刻，因此，选择了一种带有集成前置放大器的传声器，具体型号为 GRAS-46AE-26CA，如图10-24a 所示，其技术参数见表10-6。

振动大小虽然可以采用电涡流位移传感器、电容传感器等进行测量，但同样考虑到实际路况测量的苛刻条件，且为了安装方便起见，本次试验采取具有集成前置放大器的加速度传感器测量振动信号，具体型号为 PCB-ICP，如图10-24b 所示。

表 10-6　GRAS-46AE-26CA 传声器技术参数

参　数	单　位	数　值
频率范围(±1dB)	kHz	5~10
具有 GRAS CCP 前置放大器的动态范围上限	dB	138
灵敏度	mV/Pa	50
输出阻抗	Ω	<50
温度范围	℃	−30~70
湿度范围	%RH	0~95

a)　　　　　　　　　　　　　b)

图 10-24　减振器异响测量传感器
a) 传声器　b) 加速度传感器

声压及加速度共布置 10 个测点，具体布置位置见表 10-7。图 10-25 所示为减振器侧面及驾驶人右耳旁传声器的安装。

表 10-7　传感器布置位置

传感器编号	位　置	类　型	数　量
1	前悬架左侧减振器活塞杆顶端	加速度传感器	1
2	前悬架右侧减振器活塞杆顶端	加速度传感器	1
3	前悬架左侧减振器上支点车身侧	加速度传感器	1
4	前悬架右侧减振器上支点车身侧	加速度传感器	1
5	前悬架左侧下摆臂球头销附近	加速度传感器	1
6	前悬架右侧下摆臂球头销附近	加速度传感器	1
7	前悬架左侧减振器侧面 10cm 处	传声器	1
8	前悬架右侧减振器侧面 10cm 处	传声器	1
9	驾驶人右耳/副驾驶左耳附近	传声器	1
10	发动机机舱内	传声器	1

4. 数据处理与分析

测试中，首先将试验现场测试车内噪声的主观评价和车内传声器记录下来的声音文件进行比对，把"异响"的减振器挑选出来，实现初步分级；然后对相关传感器信号进行频域分析，得出相关传感器信号的特征。

实际测试数据较多，这里仅给出部分测量结果。其中，图 10-26 所示为有无异响时活塞杆顶端加速度频谱对比，图 10-27 所示为有无异响时左右减振器旁的传声器信号与车内传声器信号频谱比较。

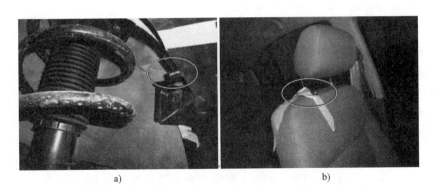

图 10-25　减振器侧面及驾驶人右耳旁传声器的安装

a）减振器侧面传声器　b）驾驶人右耳旁传声器

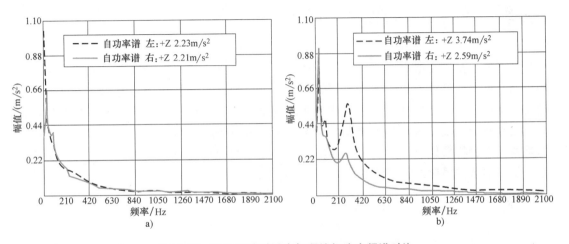

图 10-26　有无异响时活塞杆顶端加速度频谱对比

a）无异响　b）有异响

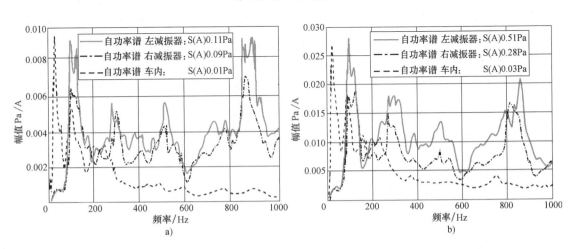

图 10-27　有无异响时左右减振器旁的传声器信号与车内传声器信号频谱比较

a）无异响　b）有异响

分析上述频谱曲线，可以得到以下结论：

1）车内声音的频域特性存在四个明显的频率段：20～60Hz、70～130Hz、170～300Hz、680～730Hz。有异响与无异响相比，这四个频段内频谱曲线明显升高，所以可以判定减振器的异响来自这四个频段。减振器的异响是由这四个频段声音的合成所致。

2）有异响时杆端加速度有效值高于无异响时活塞杆顶端加速度有效值。同时，在频域中有异响与无异响相比，会在270～300Hz左右出现一个峰值，从频响函数可知，270～300Hz附近出现峰值与路面激励没有关系，是悬架系统的固有特性。

3）初步判断异响中20～60Hz频率成分为结构激励噪声，70～130Hz频率成分是左右减振器旁声音传递进车内的，170～300Hz频率成分为结构激励噪声。

4）关于结构噪声产生的具体原因还需进一步深入开展研究。

10.5　结构模态分析案例

模态分析是研究结构动力特性的一种近代方法，是系统辨别方法在工程振动领域中的应用。模态是机械结构的固有振动特性，每一个模态具有特定的固有频率、阻尼比和模态振型。这些模态参数可以由计算或实验分析取得，这样一个计算或实验分析过程称为模态分析。这个分析过程如果是由有限元计算的方法取得的，则称为计算模态分析；如果通过实验将采集的系统输入与输出信号经过参数识别获得模态参数，则称为实验模态分析。本节主要讨论实验模态分析。

10.5.1　模态分析方法简介

模态分析为研究各类结构的动态特性提供了一条有效途径。利用模态分析方法可以搞清楚结构在某一易受影响的频率范围内的各阶主要模态的特性，从而可预言结构在此频段内在外部或内部各种振源作用下产生的实际振动响应。因此，模态分析是结构的振动分析、结构的动态设计以及设备故障诊断和预报的重要方法。

1. 模态分析理论基础

连续机械结构在实际分析过程中常常会被简化成多自由度系统。对于线性时不变系统，假如不考虑阻尼，则多自由度振动系统可以用矩阵写成耦合方程，即

$$M\ddot{x}(t) + Kx(t) = f(t) \tag{10-27}$$

式中，$x(t)$ 为系统每个自由度的位移向量；M 为系统的质量矩阵；K 为系统的刚度矩阵；$f(t)$ 为系统所受的外力向量。

为了求解上式，先考虑外力为0时的自由振动齐次解。设其解为 $x = \psi e^{j\omega}$，可得

$$(K - \omega^2 M)\psi = 0 \tag{10-28}$$

若使上式成立，必有下述特征方程

$$\det|K - \omega^2 M| = 0 \tag{10-29}$$

由特征方程可以求得特征值，也即系统的固有频率 ω_r，以及与固有频率一一对应、

且满足式（10-28）等于 0 的 $\boldsymbol{\psi}_1$，$\boldsymbol{\psi}_2$，$\cdots$，$\boldsymbol{\psi}_n$ 值，即为求得的特征向量。每一个特征向量都是与相应固有频率对应的振动模态振型。

模态振型具有正交性，即满足

$$\boldsymbol{\psi}_r{}^{\mathrm{T}}\boldsymbol{M}\boldsymbol{\psi}_s = 0 \quad (r \neq s) \tag{10-30}$$

$$\boldsymbol{\psi}_r{}^{\mathrm{T}}\boldsymbol{K}\boldsymbol{\psi}_s = 0 \quad (r \neq s) \tag{10-31}$$

该运动方程式（10-27）的解向量可以表示为互相独立的 n 组模态振型的线性组合，即

$$\boldsymbol{x}(t) = \gamma_1\boldsymbol{\psi}_1 + \gamma_2\boldsymbol{\psi}_2 + \cdots + \gamma_n\boldsymbol{\psi}_n = \sum_{r=1}^{n} \gamma_r\boldsymbol{\psi}_r \tag{10-32}$$

式中，γ_r 是解向量中 r 阶振动模态的贡献量。

将式（10-32）代入式（10-27），然后左乘 s 阶振动模态 $\boldsymbol{\psi}_s{}^{\mathrm{T}}$ 得

$$-\omega^2\boldsymbol{\psi}_s{}^{\mathrm{T}} - \boldsymbol{M} \sum_{r=1}^{n} \gamma_r\boldsymbol{\psi}_r + \boldsymbol{\psi}_s{}^{\mathrm{T}}\boldsymbol{K} \sum_{r=1}^{n} \gamma_r\boldsymbol{\psi}_r = \boldsymbol{\psi}_s{}^{\mathrm{T}}\boldsymbol{f} \tag{10-33}$$

利用振动模态的正交性，可得下式

$$-\omega^2\boldsymbol{\psi}_s{}^{\mathrm{T}}\boldsymbol{M}\boldsymbol{\psi}_s\gamma_s + \boldsymbol{\psi}_s{}^{\mathrm{T}}\boldsymbol{K}\boldsymbol{\psi}_s\gamma_s = \boldsymbol{\psi}_s{}^{\mathrm{T}}\boldsymbol{f} \tag{10-34}$$

令 $\boldsymbol{\psi}_r{}^{\mathrm{T}}\boldsymbol{M}\boldsymbol{\psi}_r = m_r$，$\boldsymbol{\psi}_r{}^{\mathrm{T}}\boldsymbol{K}\boldsymbol{\psi}_r = k_r$，其中 m_r、k_r 分别为 r 阶振动模态的等效质量和等效刚度，分别称为模态质量和模态刚度。同时令 $\omega_r^2 = k_r/m_r$，ω_r 为 r 阶固有频率。由上式求解出系数 γ_s，就可得到 $\boldsymbol{x}$ 的表达式为

$$\boldsymbol{x} = \sum_{r=1}^{n} \frac{1}{k_r} \frac{\boldsymbol{\psi}_r\boldsymbol{\psi}_r{}^{\mathrm{T}}\boldsymbol{f}}{1 - \left(\dfrac{\omega}{\omega_r}\right)^2} \tag{10-35}$$

式（10-35）中，左边的 $\boldsymbol{x}$ 为机械结构上各点的振动位移，右边表示各个振动模态的 m_r、k_r、ω_r 以及 $\boldsymbol{\psi}_r$ 的组合，这就是模态叠加原理，它是模态分析的理论基础。

对于实际机械结构，一般存在着与速度成正比的黏性阻尼，则多自由度振动系统可以写成如下耦合方程形式

$$\boldsymbol{M}\ddot{\boldsymbol{x}}(t) + \boldsymbol{C}\dot{\boldsymbol{x}}(t) + \boldsymbol{K}\boldsymbol{x}(t) = \boldsymbol{f}(t) \tag{10-36}$$

式中，$\boldsymbol{C}$ 为系统的阻尼矩阵。当阻尼为比例阻尼时，阻尼矩阵满足

$$\boldsymbol{C} = \alpha\boldsymbol{M} + \beta\boldsymbol{K} \tag{10-37}$$

式中，α 和 β 为比例系数。

显然，在比例阻尼假设下，系统方程的求解可以大大简化。我们可以同样得到 $\boldsymbol{\psi}_r{}^{\mathrm{T}}\boldsymbol{C}\boldsymbol{\psi}_r = C_r$，称其为模态阻尼。类似于单自由度系统，定义第 r 阶模态阻尼比

$$\zeta_r = \frac{C_r}{2\sqrt{M_r K_r}} \tag{10-38}$$

则可得到系统在物理坐标系下的响应 $\boldsymbol{x}$ 为

$$\boldsymbol{x} = \sum_{r=1}^{n} \frac{\boldsymbol{\psi}_r\boldsymbol{\psi}_r{}^{\mathrm{T}}\boldsymbol{f}}{k_r\left[1 - \left(\dfrac{\omega}{\omega_r}\right)^2 + 2i\omega\zeta_r\dfrac{\omega}{\omega_r}\right]} \tag{10-39}$$

设激振力向量为 $f=(0\ \ 0\ \ 0\ \ f_j\ \ 0\ \ 0)^{\mathrm{T}}$，由式（10-39）可得，系统在第 i 点的传递函数为

$$H_{ij}=\frac{x_i}{f_j}=\sum_{r=1}^{n}\frac{\boldsymbol{\psi}_r\boldsymbol{\psi}_r^{\mathrm{T}}}{k_r\left[1-\left(\dfrac{\omega}{\omega_r}\right)^2+2i\omega\zeta_r\dfrac{\omega}{\omega_r}\right]}\qquad(10\text{-}40)$$

式（10-40）表明，反映固有频率的分母与激振点 j、响应点 i 无关。因此，求一个结构的固有频率，只需要测量一个频响函数即可。若求一个结构物的模态振型，则需要测试能反映整体振动特性的各点的频响函数。对于频率响应函数矩阵，当采用固定点激振测量全部自由度的响应时，可得到频率响应函数矩阵的一列；当采用固定点测量振动、移动激振点位置的方法时，可得到频率响应函数矩阵的一行。

2. 实验模态分析方法

实验模态分析通过人为对结构施加一动态激励，采集激振力信号和各点的振动响应信号。通过傅里叶变换，可得到任意两点之间的传递函数。借助模态分析理论中的各种参数识别方法获取结构的各阶模态频率、模态阻尼和模态振型参数。

实验模态分析主要有如下步骤：

（1）建立实验测量系统　实验模态分析首先需要将被测结构按照一定的要求悬挂或支承起来。采用悬挂方式时，悬挂绳必须足够软，保证悬挂系统的刚体共振频率小于结构一阶固有频率的十分之一；采用支承方式时，支承系统的固有频率须高于结构分析的最高固有频率三倍以上。

（2）激振点和测振点确定　实验模态分析分为单输入单输出、单输入多输出和多输入多输出三类。不论哪一种方法都需要确定测试时的激振点和测振点位置。为此，首先要在结构上划分网格，图10-28给出了对一个柱结构的网格划分。网格划分后，需要确定各个网格节点为激振点或测振点。例如，对于单输入单输出方法，可以确定一个固定的激振点和多个逐次测量的测振点，也可以确定一个固定的测振点和多个逐次激振的激振点。

网格划分要避免激振点处于所测量结构的某一阶模态节点上，否则测量信息会漏掉该阶模态。网格划分的粗细程度要根据精度要求、结构尺寸、实验成本等选择。

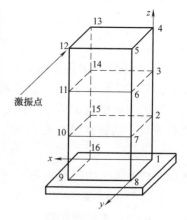

图 10-28　结构网格划分

在结构轮廓位置应有网格节点。网格划分好后应对各个网格编号，以便后续处理。将结构尺寸及编号输入计算机。

（3）激励　按照确定的激振方式和激励类型对结构进行激振。按照激振力信号特征，实验模态分析激振可分为正弦慢扫描、正弦快扫描、稳态随机、瞬态激励等类型。瞬态激励一般采用锤击激励。锤击激振时应注意锤头材料和附加质量的选取，保证产生的激振力有一定的频率范围和足够的功率或强度。另外，激振时要注意激振力的方向，保证将各个方向上的模态都能够激励出来。

（4）信号采集　同时采集输入的激振信号和振动输出信号。对于单输入单输出的方法要求用不断移动激振点位置的方法或者不断移动响应点位置的方法取得振型数据。对于单输入多输出的方法，需要同时测量激振力信号和多点的振动响应信号。采样首先需要满足采样定理对频率的要求，保证采样频率大于最高频率的两倍以上，同时进行抗混滤波处理。

（5）频响函数的测量　信号分析过程中，为了防止泄漏的影响，对测量数据还要进行加窗预处理。图10-29给出了模态测试中对激励信号和响应信号常用的窗函数。对于锤击激励的响应信号一般采用的窗函数是指数衰减的窗函数，对于随机激励信号采用汉宁窗函数，而对于锤击激励信号一般采用矩形窗或者四分之一余弦窗函数。

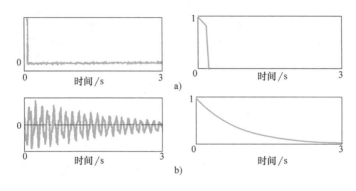

图 10-29　窗函数

a）激励信号和窗函数　b）振动响应信号和窗函数

根据测量的激励信号和振动响应信号，可估计各个网格处的频率响应函数。频率响应函数估计通常采用以下两种方法或两种方法估计结果的算术或几何平均来计算。

$$\hat{H}_1 = \frac{\hat{G}_{fy}(f)}{\hat{G}_{ff}(f)} \tag{10-41}$$

$$\hat{H}_1 = \frac{\hat{G}_{yy}(f)}{\hat{G}_{yf}(f)} \tag{10-42}$$

（6）模态参数识别　根据已知条件建立描述结构状态及特征的模型，作为计算机识别参数的依据。一般假定系统为线性的。按识别域的不同可分为频域法、时域法和混合域法。根据识别方法的不同，建立的模型分为时域建模和频域建模。具体的模态参数识别方法有分量分析法、导纳圆辨识方法、正交多项式曲线拟合法、非线性优化参数辨识法等。参数识别方法的选择应根据精度及计算工作量选择。

（7）输出结果　参数识别的结果是结构的模态参数，即一组固有频率、模态阻尼以及相应的各阶模态振型。由于结构复杂，由许多自由度组成的振型也相当复杂，因此，振型输出采用动画的方法，可将放大了的振型叠加到原始的几何形状上，可以比较形象地观察各阶振动。

10.5.2 机床模态分析实例

本节介绍某机床厂研制的铣削加工中心模态分析实际案例，目的是利用模态分析方法研究其动态分析，在此基础上提出相应的结构改进方案，以提高其动态特性。该机床的结构设计如图 10-30 所示。

机床模态实验的测试框图如图 10-31 所示，实验中，采用力锤激振，加速度传感器测量的响应信号和力锤瞬态力信号经过信号处理进入计算机，利用 DASP 模态分析软件分析获得系统的相关模态信息。

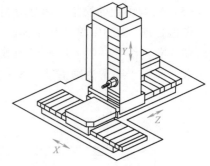

图 10-30　铣削加工中心

模态实验中，采用了 INV3020C 高性能数据采集仪、INV9828 ICP 型单向压电式加速度传感器、DFC-2 高聚能弹性力锤 1 套以及 DASP 专业版模态分析软件。图 10-32 是数据采集仪及模态分析软件。INV3020C 高性能数据采集仪可同时进行 32 通道的信号采集，采样分析频率最高达 102.4Hz，适合多通道、高精度、高速度的振动、冲击、噪声、压力、应变、电压等各种物理量信号采集。压电式加速度传感器自身频率较高，在被测体固有频率远低于传感器

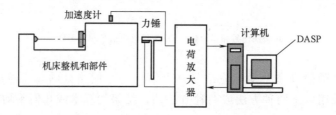

图 10-31　机床模态实验的测试图

a)

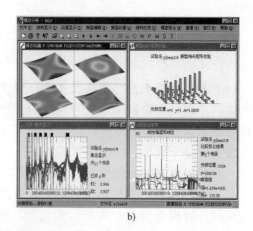

b)

图 10-32　数据采集仪及模态分析软件
a) INV3020C 数据采集仪　b) DSAP 分析软件

频率时，力信号和加速度信号成正比，而我们关心的机床前几阶的模态频率较低，因此测试所得信号精度好。DFC-2 高聚能弹性力锤的内部采用特殊的高聚能弹性材料，有效地增强激振力的大小和作用时间，将力的能量主要聚集在中低频，比较适合大型中低频结构的激振。采用 DASP 专业版模态分析软件进行模态分析，模态拟合方法提供六种频域方法，并有可视化的结构生成和彩色振型动画显示。

该机床的模态分析具体步骤如下：

1. 激振点及测振点布置

本实验采用单点激励多点拾振的方法来完成。激振点的选取原则有两个：一是要避免出现在某阶模态的节点处，从而激不起该阶模态；二是此处可施加足够大的力，从而使响应点的振动信号足够强，使各响应点信号具有足够大的信噪比。测振点布置应该构成结构大体轮廓，对关心的部件可以多布置一些点。由之前的有限元分析可知，机床的前三阶模态主要发生在立柱部位，因此，重点对立柱部位进行测点的布置，共布置了 66 个测点，如图 10-33 所示。由于机床比较大，为了敲击方便，激振点选择在立柱中下部的 10 号测点。不同约束条件下，机床的模态是不同的，在本次实验中，机床装配在车间的生产线上，与实际加工过程一样，因此，实验结果可表达实际工作时机床的模态特性。

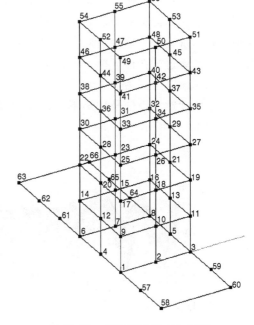

图 10-33　模态实验测点布置图

2. 实验的可靠性检验

为了保证实验的可靠性，实验之前先做以下两个实验：

（1）互易性实验　通过交换测点和敲击点的位置来看系统传递函数的波形有没有明显变化，经过测试观察发现，没有明显变化，说明机床系统大体上属于线性系统。

（2）相干性实验　通过力信号和响应信号计算出两者的相干系数。相干系数取值在 0~1 之间，越靠近 1 说明相干性越好，测试干扰小，结果精度高。一般来讲，相干系数取值应该在 0.8 之上。经过验证表明，本次测量获得的力与响应信号之间的相干系数基本都在 1 附近，满足要求。

3. 测试步骤

为了保证测试信号具有良好的信噪比，实验过程中采取了以下几点措施：

1）三次敲击求平均值，这样可以较好地消除一些实验过程中的随机误差。

2）力锤采用橡胶锤头，可以增加接触时间，激起低阶模态，每次敲击力度尽量适中，免得系统过载或者激不起结构振动。

3）压电式传感器精度高，因此环境中的干扰因素很容易引起一些随机误差，实验中采用磁座式固定方式，避免接近干扰源，由于工厂实验条件较差，干扰较大，因此我们选择晚上进行测试，从而避免不必要的随机信号干扰。

4）变时基采样。进行一系列相关的预试验后，发现加工中心的主要模态主要集中在100Hz以内，高阶模态对机床结构的动态特性影响很小，几乎可以忽略。所以，试验设定的分析频段为0~100Hz。按照采样定理，信号的采集频率不低于分析最高频率的2倍即可。但对于采用脉冲激励的大型结构模态分析，由于力信号与响应信号的特征时间与特征频率的差异太大，就存在频率分辨率（采样频率越低，分辨率越高）和时域波形精度（采样频率越高，时域波形精度越高）之间的矛盾。由于力信号作用时间短，需要较高的采样频率，以保证力脉冲时域特征能被准确地采样；而对于响应信号，由于具有窄带和低频的特性，则需要一个较低的采样频率以保证低频处的频率分辨率，据此，我们进行变时基采样，设置加速度响应信号以250Hz采样频率，锤击产生的脉冲力采用10kHz的高采样频率。这样在保证模态参数识别精度的前提下减少数据采集和分析的工作量。

4. 实验结果及分析

数据处理时，力信号加矩形窗，加速度信号加指数窗，得到系统的传递函数集总显示，如图10-34所示。

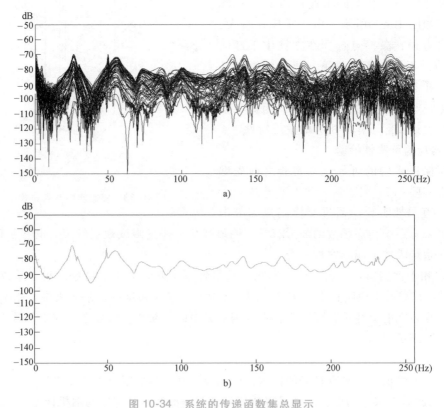

图 10-34 系统的传递函数集总显示

a）66个传递函数集总显示 b）传递函数集总平均显示

选用复模态单自由度方法对集总平均系统传递函数进行拟合，最后采用阵型归一法求得结构的固有模态。结果表明，机床前三阶模态分布在 60Hz 之内，其固有频率和振型描述见表 10-8。由表可见，第三阶模态固有频率与电源频率比较靠近，为了避免共振发生，应该从结构上进行改进，提高其固有频率。

表 10-8 前三阶模态的固有频率和振型描述

模态	第一阶模态	第二阶模态	第三阶模态
固有频率	27.3Hz	30.4Hz	53.3Hz
振型描述	立柱和主轴箱部分 X 向摆动	立柱和主轴箱部分 Z 向摆动	立柱和主轴箱扭摆

10.6 旋转机械的网络化监测诊断

前面几节给出了一些典型实用的单参数测试系统的设计，让我们了解了一些测试系统的设计方法和设计过程。本节将在上述基础上介绍机械行业中一个非常重要的机电设备综合测试分析系统——旋转机械故障监测诊断网络化系统。

10.6.1 设计任务

大型旋转机械是我国国民经济发展依托的重大装备，随着技术的发展与进步，大型、高效、自动的连续化生产设备投入运行，使单套设备的生产能力不断提高，如以往的乙烯生产装置年产 3×10^5t，现已达到 5×10^5t，以往的发电机组为 2×10^5kW，现为 3×10^5kW 或 6×10^5kW，从而具有更高的效率和更好的经济运行指标。在这种情况下，保障设备的长周期安全、高效运行成为企业生产中的中心工作之一。这些设备一旦发生故障必将产生巨大的经济损失，因此，迫切需要功能完善、可靠性高的监测诊断系统提供支持，及时、准确地反映设备的运行状态，捕捉设备的运行隐患，确诊设备的故障类型与部位，预测设备状态的未来发展变化趋势，以消除灾难故障，避免严重故障，减少一般故障。

本设计任务就是基于国内外网络化设备状态远程监测、故障诊断与服务系统的技术发展现状及趋势，以大型关键设备为对象，开发出先进适用的网络化设备状态远程监测与故障诊断系统。具体目标为：

1）选择安装合适的传感器，对大型旋转设备运行中的振动、转速、工艺等信号进行检测和处理。

2）设计可靠性高、实时处理能力强的监测单元，对设备运行全过程中状态信号进行自动并行采集、特征提取和实时监测。

3）利用网络，实现旋转设备状态信息分析、存储和传输等。

4）采用图形化语言设计监测诊断分析软件，提供支持系统组态的基本模块库和分析诊断模块（专业）库。

10.6.2 网络化监测诊断系统方案

为了充分发挥网络的功能，满足应用企业不断增长的设备监测诊断的技术要求，针对上述目标，设计的基于网络的设备状态监测诊断系统总体结构图如图10-35所示。

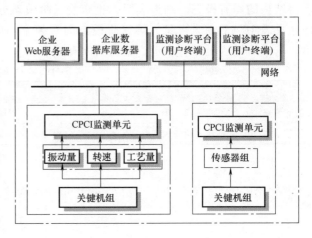

该网络系统从功能上分为四个部分：传感器组、CPCI设备状态监测单元、网络数据库和网络化监测诊断软件平台。所构建的网络化监测诊断系统主要通过现场传感器组检测关键机组的振动量、工艺量和转速等信号，CPCI设备在线监测单元则自动采集和处理这些状态数据，并在网络上进行广播发布，另外通过网络导入到企业数据库中。企业用户则可以使

图10-35　基于网络的设备状态监测诊断系统总体结构图

用网络化监测诊断软件平台直接访问企业数据库服务器中的数据，或接收CPCI监测模块在网络上广播的实时数据，进行设备状态的监测和分析诊断。

下面四小节将分别对这四部分进行详细介绍。

10.6.3　传感器组

传感器组的任务就是检测设备的运行状态信号。发电厂的燃气发电机组是一个典型关键机组，其结构示意以及运行状态监测的测点分布如图10-36所示。

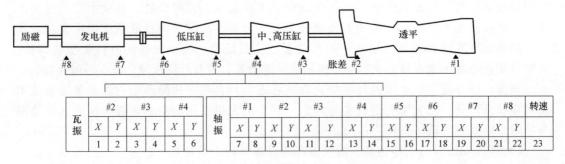

图10-36　发电机组结构示意及测点分布图

整个机组的转子由8副轴承支承，构成一个轴承转子系统，监测的重点就是每个轴承支承面上的转子振动状态，一是监测转子的径向振动，也称为轴振，分为 X 和 Y 方向；二是监测固定轴承的轴承座振动，也称为瓦振，也分 X 和 Y 方向；还有一个重要参数就是整个转子转动的速度，也即转速。下面详细介绍这些参数的测量方法。

1. 转子径向振动测量

转子径向振动测量要求测振传感器是非接触式的，并且适应工业现场环境，一般选择电涡流位移传感器。传感器参数为：量程0.25~2.3mm，灵敏度7.87V/mm，频响0~10kHz，精度±4%。转子径向振动测量如图10-37所示。

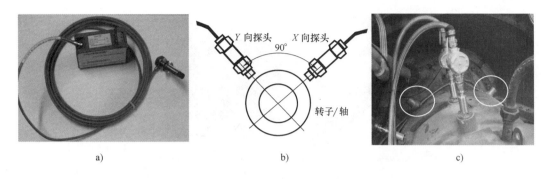

图 10-37 转子径向振动测量
a）电涡流位移传感器　b）电涡流传感器径向 90°夹角安装　c）实际安装的电涡流传感器

2. 轴承座振动测量

轴承座振动测量一般采用接触式测量。可采用磁电式速度传感器，传感器参数为：速度范围 0～100mm/s，频响 2Hz～1kHz，输出电流 4～20mA；也可采用压电式加速度传感器，传感器参数为：灵敏度 100mV/g，量程 50g，频率范围 0.5～8000Hz。轴承座振动测量如图 10-38 所示。

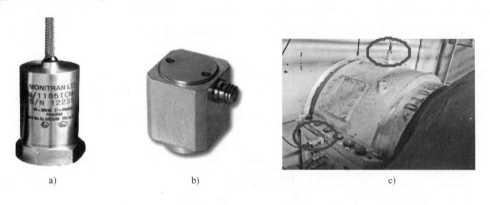

图 10-38 轴承座振动测量
a）磁电式速度传感器　b）压电式加速度传感器　c）实际安装的测振传感器

3. 转速测量

转速测量也采用非接触式测量。主要采用电涡流位移传感器，测量转盘上齿的个数来计算转动速度，一般安装有多个电涡流传感器，分别用于系统控制、测量等多个方面。这种方法简单、准确、可靠，是大型机组转速测量的首选方法。转轴转速测量如图 10-39 所示。

4. 其他工况参数测量

除了上述三类参数测量传感器之外，一般还需监测机组工况参数的传感器，例如测量油温、瓦温、气温等的温度传感器，测量气压、油压、液压等的压力传感器，流量传感器等，由于这些信号可以从原机组系统的仪表中给出，作为缓变信号进入监测诊断系统，所以这里不做进一步介绍。

a)　　　　　　　　　　　　　　　　　b)

图 10-39　转轴转速测量

a）电涡流传感器测速　b）实际安装的测速传感器

10. 6. 4　CPCI 采集监测单元

1. 监测硬件

CPCI 总线技术把计算机技术、通信技术和仪器测量技术有机地结合起来，集中了智能仪器、分立仪器和自动测试系统许多特长，因为是模块化结构，组建和使用灵活，易于充分发挥计算机效能和提高标准化程度，所以应用 CPCI 技术可以解决由于技术进步而造成的测试设备过时或更新换代问题。CPCI 总线平台已成为工业领域推广应用的自动化测试系统首选平台。

基于 CPCI 总线的设备监测单元系统硬件结构如图 10-40 所示。选用高可靠性的 CPCI 主机箱和零槽控制器，设计设备状态采集和处理的 CPCI 模块，以满足对设备状态监测系统的模块化、标准化、互换性、扩展性、开放性和高可靠性的要求。

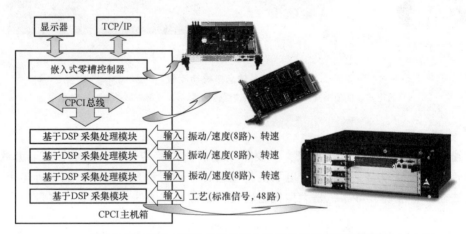

图 10-40　基于 CPCI 总线的设备监测单元系统硬件结构

2. 监测软件

从功能上讲，基于 CPCI 总线的设备监测单元主要完成设备信息的可靠、实时、高效的获取、存储、传输工作；将事件（升降速过程、报警运行）的过程数据导入到企业级数据库服务器上；通过数据广播或应邀传数的方式为网上的监测系统提供监测、分析所用的实时数据；通过网络，进行整个监测单元的组态、维护和设置。

基于 CPCI 总线的设备监测单元的功能和数据流程如图 10-41 所示。

整个软件设计分为三层：

（1）数据采集管理存储模块　它是实施设备实时监测的底层，也是关键部分，具体以 DSP 自适应采集模块为主，进行设备的振动/位移、转速、速度、工艺等信号的自动采集、特征提取、状态识别、数据管理和通信等工作。

（2）基于事件驱动的设备数据管理模块　它处于系统软件的中间层，管理众多的 DSP 自适应采集模块（包括初始化、配置、组态和信息传输），获取机组完整的状态信息（振动量、工艺量和转速），一方面将这些信息及时在网络上进行广播，另一方面可将事件（升降速过程、报警运行）的过程数据导入到企业级数据库服务器上。

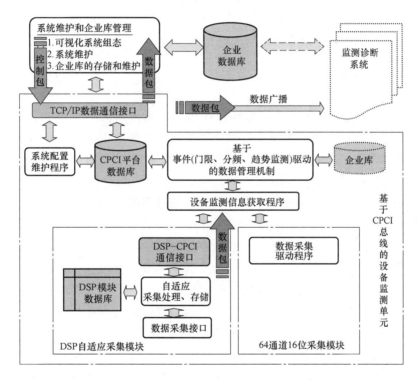

图 10-41　基于 CPCI 总线的设备监测单元的功能和数据流程

（3）网上系统组态和维护模块　它是脱离 CPCI 监测单元而运行在网络层面上的系统测控软件，既可进行设备监测单元的初始化、组态等，又可维护数据库、在线分析和监测设备的状态。

采集监测单元的系统软件是建立在一组控制信息上，使得监测单元智能化和易于维护。

在 CPCI 设备监测单元中建立两个数据库：一个是 DSP 采集模块上的数据库，作为实施实时监测的关键库，进行实时信号缓存、管理工作；另一个是 CPCI 平台数据库，接收、缓存、合并和管理来自各个 DSP 采集模块上数据库的实时数据，也存放和管理用于整个系统运行的控制参数，以及用于存库决策而提取的大量特征数据。原则上，可直接将设备监测单元的实时数据导入企业数据库，但是，在无法连接企业级数据库的情况下，会启用 CPCI 平台上的临时企业库，等恢复网络连接后，会自动将临时企业的数据导入企业数据库。

为了方便设备状态数据的存储和共享，推进设备信息标准化的应用，在设备状态数据的组织、管理和传输中应遵循国际组织 MIMOSA 发布的标准 CRIS V2.1。

由于网络化的基本构架，信息交换已成为 CPCI 设备监测单元不可缺少的组成部分，承担着桥梁作用，完成数据广播、数据存库、网上测控等。这里主要指两类数据流的设计：一类包含设备状态样本和采集基本信息的数据集合，主要用于数据广播、网上存库等，从监测单元经由网络流向远程机，属于数据信息；另一类包含对 CPCI 监测单元控制的数据集合，用于系统初始化、硬件配置、功能组态等，它从远程机经由网络流向监测单元，属于控制信息。两类信息构成网上信息的主体。

10.6.5 网络数据库

MIMOSA 为状态监测系统、维护管理系统和其他测控系统间的连接建立起相应的标准，它发布的标准 CRIS V2.1 为设备监测、维护等系统制定了一个关系数据库规范，以避免数据在存储和共享方面所出现的各种冲突。依据 CRIS 规范建立企业数据库，分为以下几个层次：

（1）数据库定义　包括企业站点基本信息表和数据库表的建立，它确立了企业以及数据库在全球范围内的唯一合法地位，即站点 code 和数据库 id，这两个字段贯穿了所有相关的数据表。

（2）节点结构　用于定义从工厂、车间、系统、机组直至某台机器所涉及的关系、参数、特征的描述。其中，一个节点可以有多个子节点，一个节点可以包含多个节点参数。例如：发电厂→1 号发电线路→1 号发电机组→汽轮机组→发电机。

（3）测点结构　描述信息的具体测量位置及类型、传感器相关参数等，一个设备节点可以定义多个测点，每个测点对应于一种类型。

（4）测点监测　说明测点上的报警门限、测量事件和测量数据。其中，报警门限定义测点的安全极限；测量事件和测量数据记录所发生的测量事件及其触发采集的数据。一个测点可以对应多个测量事件，一个测量事件也可以对应多组测量数据。

此外，在数据库中还设有专门的测量单位表，由工程单位类型（包括变换）和参考单位类型（不支持用户定义）构成，以涵盖各种不同的数据类型；设有记录状态表。图10-42 所示为基于 CRIS V2.1 规范设计的企业数据库结构示意图。

10.6.6 网络化监测诊断软件平台

网络化设备监测诊断平台面向企业用户，主要用于企业的监测和诊断。设计的设备

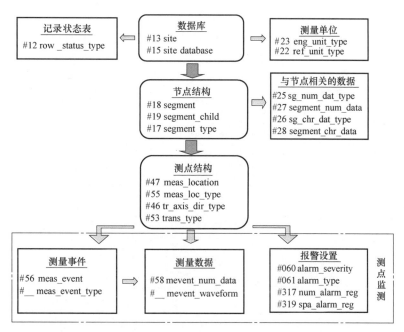

图 10-42　基于 CRIS V2.1 规范设计的企业数据库结构示意图

监测诊断平台的软件结构如图 10-43 所示。其中，采用 DataSocket 技术实现现场设备状态数据的网络化传输，而采用 ADO 实现访问企业设备信息数据库中的历史监测数据，从而满足监测诊断平台的状态监测、趋势监测、故障诊断以及预警等功能的要求。

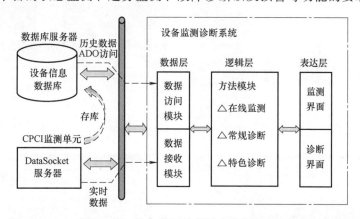

图 10-43　设备监测诊断平台的软件结构

图 10-44 所示为监测诊断系统的具体实施流程图。主要分为两步进行：第一步是获取机组状态数据，第二步是监测诊断分析。数据获取有两个途径：一个是接收 CPCI 监测单元通过 DataSocket 服务器在网络上广播的实时数据包，从而实现在线监测功能，能够实时监测机组当前运行状态，帮助用户及时了解机组运行情况，并时刻监视机组报警情况；另一个是访问设备信息数据库，获取机组的历史数据进行分析诊断。

在分析方法中，提供了测点分析、截面分析、趋势分析以及启停车的瞬态分析，以满足监测中的不同要求。图 10-45 所示为监测诊断系统典型界面。

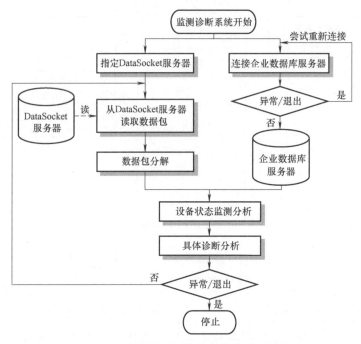

图 10-44　监测诊断系统的具体实施流程图

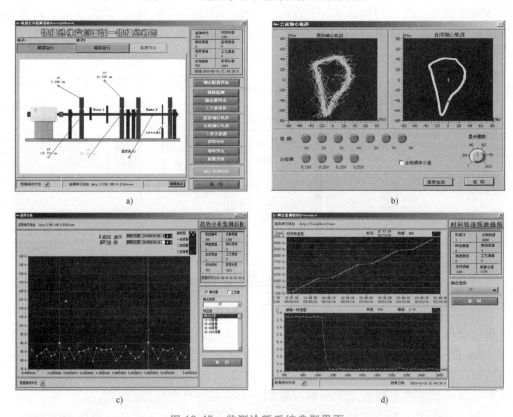

图 10-45　监测诊断系统典型界面

a）机组状态总览　b）轴心轨迹分析　c）趋势分析图　d）时间-转速图——波德图

参 考 文 献

[1] 黄长艺，卢文祥，熊诗波. 机械工程测量与试验技术 [M]. 北京：机械工业出版社，2000.

[2] 黄长艺，严普强. 机械工程测试技术基础 [M]. 2版. 北京：机械工业出版社，1999.

[3] 熊诗波，黄长艺. 机械工程测试技术基础 [M]. 3版. 北京：机械工业出版社，2006.

[4] 王光铨，毛军红. 机械工程测量系统原理与装置 [M]. 北京：机械工业出版社，1998.

[5] 王伯雄，王雪，陈非凡. 工程测试技术 [M]. 2版. 北京：清华大学出版社，2012.

[6] 秦树人，张明洪，罗德扬. 机械工程测试原理与技术 [M]. 重庆：重庆大学出版社，2002.

[7] 秦树人，等. 机械测试系统原理与应用 [M]. 北京：科学出版社，2005.

[8] 陈花玲. 机械工程测试技术 [M]. 2版. 北京：机械工业出版社，2009.

[9] 杜向阳，周渝斌. 机械工程测试技术基础 [M]. 北京：清华大学出版社，2009.

[10] 李晓豁. 机械工程测试技术 [M]. 沈阳：东北大学出版社，2005.

[11] 曲云霞，邱瑛. 机械工程测试技术基础 [M]. 北京：化学工业出版社，2015.

[12] 祝海林. 机械工程测试技术 [M]. 北京：机械工业出版社，2012.

[13] 周传德，文成，李俊，等. 机械工程测试技术 [M]. 重庆：重庆大学出版社，2014.

[14] 胡耀斌，李胜，谢静，等. 机械工程测试技术 [M]. 北京：北京理工大学出版社，2015.

[15] 韩建海，马伟，尚振东，等. 机械工程测试技术 [M]. 北京：清华大学出版社，2010.

[16] 厉彦忠，吴筱敏. 热能与动力机械测试技术 [M]. 西安：西安交通大学出版社，2007.

[17] 王子延. 热能与动力工程测试技术 [M]. 西安：西安交通大学出版社，1998.

[18] 奎恩 T J. 温度测量 [M]. 凌善康，赵琪，等译. 北京：中国计量出版社，1986.

[19] 陈焕生. 温度测试技术及仪表 [M]. 北京：水利电力出版社，1987.

[20] 潘儒文，叶华宝，王凤城. 玻璃液体温度计 [M]. 北京：中国计量出版社，1988.

[21] 张秀彬. 热工测量原理及其现代技术 [M]. 上海：上海交通大学出版社，1995.

[22] 程大亨. 热工过程检测仪表 [M]. 北京：中国电力出版社，1997.

[23] 卢文祥，杜润生. 工程测试与信息处理 [M]. 武汉：华中理工大学出版社，1994.

[24] 梁德沛，李宝丽. 机械工程参量的动态测试技术 [M]. 北京：机械工业出版社，1996.

[25] 林明邦，赵鸿林. 机械量测量 [M]. 北京：机械工业出版社，1992.

[26] 韩捷，张瑞林. 旋转机械故障机理及诊断技术 [M]. 北京：机械工业出版社，1997.

[27] 张贤达，保铮. 非平稳信号分析与处理 [M]. 北京：国防工业出版社，1998.

[28] 陈行禄，秦永元. 信号分析与处理 [M]. 北京：北京航空航天大学出版社，1993.

[29] 颜景平. 精密检测技术 [M]. 南京：东南大学出版社，1992.

[30] 侯国章，肖增文，赖一楠. 测试与传感技术 [M]. 3版. 哈尔滨：哈尔滨工业大学出版社，2009.

[31] 阮德生. 自动测试技术与计算机仪器系统设计 [M]. 西安：西安电子科技大学出版社，1997.

[32] 赵茂泰. 智能仪器原理及应用 [M]. 4版. 北京：电子工业出版社，2015.

[33] 马明建，周长城. 数据采集与处理技术 [M]. 西安：西安交通大学出版社，1998.

[34] 苏铁力，关振海，孙继红，等. 传感器及其接口技术 [M]. 北京：中国石化出版社，1998.

[35] 何立民. 单片机应用系统设计 [M]. 北京：北京航空航天大学出版社，1990.

[36] 赵新民. 智能仪器设计基础 [M]. 哈尔滨：哈尔滨工业大学出版社，1999.

[37] 周明光，马海潮. 计算机测试系统原理与应用 [M]. 北京：电子工业出版社，2005.

[38] 周航慈，朱兆优，李跃忠. 智能仪器原理与设计 [M]. 北京：北京航空航天大学出版社，2005.

［39］　戚新波. 检测技术与智能仪器［M］. 北京：电子工业出版社，2005.

［40］　曹玲芝，崔光照，吴刚. 现代测试技术及虚拟仪器［M］. 北京：北京航空航天大学出版社，2004.

［41］　张毅，周绍磊，杨秀霞，等. 虚拟仪器技术分析与应用［M］. 北京：机械工业出版社，2004.

［42］　张琳娜，赵凤霞，刘武发. 传感检测技术及应用［M］. 北京：中国计量出版社，2011.

［43］　赵负图. 现代传感器集成电路［M］. 北京：人民邮电出版社，2000.

［44］　黄贤武，曲波，郑筱霞，等. 传感器实际应用电路设计［M］. 成都：电子科技大学出版社，1997.

［45］　吴兴惠，王彩君. 传感器与信号处理［M］. 北京：电子工业出版社，1998.

［46］　ELGAR P. Sensors for Measurement and Control［M］. Upper Saddle River：Prentice Hall，1998.

［47］　BENTLY J P. Principles of Measurement Systems［M］. 4th ed. Upper Saddle River：Pearson Education US，2004.

［48］　刘迎春. 传感器原理、设计与应用［M］. 长沙：国防科技大学出版社，1989.

［49］　郁有文，常健，程继红. 传感器原理及工程应用［M］. 4版. 西安：西安电子科技大学出版社，2014.

［50］　赵玉刚，邱东. 传感器基础［M］. 2版. 北京：北京大学出版社，2013.

［51］　李科杰. 新编传感器技术手册［M］. 北京：国防工业出版社，2002.

［52］　宋文绪，杨帆. 传感器与检测技术［M］. 2版. 北京：高等教育出版让，2009.

［53］　余成波. 传感器与自动检测技术［M］. 2版. 北京：高等教育出版社，2009.

［54］　松井邦彦. 传感器应用技巧141例［M］. 梁瑞林，译. 北京：科学出版社，2006.

［55］　石来德，卞永明，简小刚. 机械参数测试与分析技术［M］. 上海：上海科学技术出版社，2009.

［56］　孙传友，孙晓斌，张一. 感测技术与系统设计［M］. 北京：科学出版社，2004.

［57］　PALLÀS-ARENY P，WEBSTER J G. 传感器和信号调节：第2版［M］. 张伦，译. 北京：清华大学出版社，2003.

［58］　王春麟. 提高超声回波检测测距精度的方法［J］. 电测与仪表，1995（12）：22-24.

［59］　高飞燕. 基于单片机的超声波测距系统的设计［J］. 信息技术，2005，29（7）：128-129.

［60］　BECKWITH T G，等. 机械量测量：第5版［M］. 王伯雄，译. 北京：电子工业出版社，2004.

［61］　徐熙平，张宁，姜会林. 光电尺寸检测及应用技术［M］. 北京：国防工业出版社，2014.

［62］　周秀云，张涛，尹伯彪，等. 光电检测技术与应用［M］. 2版. 北京：电子工业出版社，2015.

［63］　郭培源，付杨. 光电检测技术与应用［M］. 3版. 北京：北京航空航天大学出版社，2015.

［64］　范志刚. 光电测试技术［M］. 北京：电子工业出版社，2015.

［65］　郝晓剑，李仰军. 光电探测技术与应用［M］. 北京：国防工业出版社，2009.

［66］　梅雪松，许睦旬，徐学武. 机床数控技术［M］. 北京：高等教育出版社，2013.

［67］　况淑青. 亚表面缺陷的磁光涡流成像检测技术研究［D］. 成都：四川大学，2005.

［68］　耿荣生，景鹏. 蓬勃发展的我国无损检测技术［J］. 机械工程学报，2013，49（22）：1-7.

［69］　韩博奇. 车载倒车雷达系统的研究［D］. 哈尔滨：哈尔滨工业大学，2006.

［70］　索会迎. 超声波无损检测技术应用研究［D］. 南京：南京邮电大学，2012.

［71］　寇威. 超声波检测技术的应用及检出缺陷的对比研究［D］. 西安：西北大学，2015.

［72］　廖强. 数字化超声波探伤仪的设计与实现［D］. 重庆：重庆大学，2009.

［73］　陶有恒. 数字化超声波探伤仪控制系统的设计与实现［D］. 重庆：重庆大学，2009.

［74］　陆广振. 超声波无损探伤技术［J］. 仪表技术与传感器，1986（4）：44-46.

［75］　孙灵霞，叶云长. 工业CT技术特点及应用实例［J］. 核电子学与探测技术，2006，26（4）：486-488，453.

［76］　张朝宗. 工业CT的系统结构与性能指标［J］. CT理论与应用研究，1994，23（3）：13-17.

［77］　张朋，王小璞，李爱民，等. 工业CT机成像专用软件的研制［J］. CT理论与应用研究，2000

（S1）：100-101.

[78] 王增勇，汤光平，李建文，等. 工业 CT 技术进展及应用 [J]. 无损检测，2010，32（7）：504-508.

[79] 肖永顺，胡海峰，陈志强，等. 大型工业 CT 在机车关键部件无损检测中的应用 [J]. CT 理论与应用研究，2009，18（3）：72-78.

[80] 刘磊. 全自动荧光磁粉检测系统的分析与改进 [D]. 北京：北京工业大学，2005.

[81] 徐国良. 浅谈在用压力容器磁粉检测技术 [J]. 现代制造，2010（12）：99-100.

[82] 潘荣宝，袁榕. 压力管道焊缝的磁粉检测技术 [J]. 中国特种设备安全，2003，19（4）：33-36.

[83] 贺树春. 铸锻件的磁粉检测和渗透检测 [J]. 无损检测，2011，33（5）：69-70.

[84] 关洪光. 焊缝渗透检测应用分析 [J]. 山东电力技术，2010（2）：58-61.

[85] 任学冬，丛长林. 国内渗透检测材料分析 [J]. 航空制造技术，2009（S1）：104-107.

[86] 刘斌. 利用渗透检测技术检验人工关节金属零件的表面缺陷 [J]. 材料工程，2009（5）：73-75.

[87] 田欣利，王健全，但伟，等. 工程陶瓷微缺陷无损检测技术的研究进展 [J]. 中国机械工程，2010（21）：2639-2645.

[88] 周兆，白海龙，张泽彪，等. 荧光渗透法无损检测的原理与应用 [J]. 实验科学与技术，2009，7（1）：50-53.

[89] 郁有文. 涡流传感器在无损探测中的应用——金属管道、导线探测仪 [J]. 传感器与微系统，1996（3）：52-54.

[90] 王瑞峰，米根锁. 霍尔传感器在直流电流检测中的应用 [J]. 仪器仪表学报，2006，27（S1）：312-313，333.

[91] 姚中博，张玉波，王海斗，等. 红外热成像技术在零件无损检测中的发展和应用现状 [J]. 材料导报，2014，28（7）：125-129.

[92] 陈玉平. 润滑油膜厚度的光纤检测技术研究 [D]. 西安：西安交通大学，2004.

[93] 陈萍. 滑动轴承润滑油膜厚度动态精密检测技术研究 [D]. 西安：西安交通大学，2005.

[94] 张周锁，胥永刚，何正嘉. 新型高速机车轴温监测系统的研究与开发 [J]. 西安交通大学学报，2001，35（3）：280-283.